군사전략
합동작전개념
작전술

군사전략 합동작전개념 작전술

초판 1쇄 발행 2026년 1월 20일

지은이 김정익
펴낸이 장길수
펴낸곳 지식과감성#
출판등록 제2012-000081호

교정 주경민
디자인 정윤솔
편집 정윤솔
검수 정은솔, 이현
마케팅 김윤길

주소 서울시 금천구 벚꽃로298 대륭포스트타워6차 1212호
전화 070-4651-3730~4
팩스 070-4325-7006
이메일 ksbookup@naver.com
홈페이지 www.knsbookup.com

ISBN 979-11-392-3041-3(93390)
값 18,000원

지식과감성#
홈페이지 바로가기

전작권 전환에 대비한 이해

군사전략 합동작전개념 작전술

김정익 지음

지식과감성#

목차

Ⅳ. 합동작전개념

Ⅴ. 작전술

Ⅵ. 합동기획체계의 한국적 적용

머리말

일국의 군사력 운용과 건설은 일정한 개념에 기초하여야 한다. 이러한 개념들은 국가목표를 군사적으로 구현하기 위해 도출되는 것이며, 궁극적으로 작전계획과 군사력 건설 소요, 즉 무기체계 및 기타 체계의 구축으로 나타나게 된다. 한정된 국방자원으로 국가의 안보를 유지하기 위해서는 일관된 개념 아래 군사력이 건설되어야 자원의 낭비가 없을 것이다.

이러한 의미에서 군사전략이나 합동작전개념은 군사력 운용과 건설을 위한 출발이라고 할 수 있다. 모든 국가는 이러한 개념하에 군사력을 건설하고 전시에 운용한다. 북한의 위협을 마주하고 있고, 강력한 군사력을 보유하고 있는 주변국과 인접해 있는 한국은 자원의 낭비 없는 효율적인 군사력 건설이 필요한데, 그 출발이 군사력 운용과 건설에 지침이 되는 전략개념이 될 것이다. 우수한 전략개념을 수립하여 그에 따른 군사력 건설방향을 추진하여야 효율적인 국방자원의 활용이 이루어질 수 있다.

한국군은 군대의 태동기에 1950~1960년대 당시의 미군 체계를 모델로 하여 군사력을 건설 및 운용하여 빠른 시기에 합참의 기획체계를 확립할 수 있었으나, 그로 인한 혼란도 만만치 않았다. 가장 큰 문제는 미군이 세계를 대상으로 전쟁을 기획하기 때문에 같은 용어라 하더라도 수준과 개념상의 차이가 있다는 것을 간과하고 있는 것이다. 이후 이러한 문제로 인한 혼란은 지속적으로 발생하여 오늘날에 이르고 있어 그 차이를 시원하게 규명하지 못하고 있다. 더구나 미군은 오늘날도 군사 선진국이고 한국은 여전히 미군의 군사기술과 문화를 받아들이고 있는 입장이어서 독자적인 개념 정립의 시도가 이루어지지 않고 있다. 또한 전시작전통제권을 미군이 보유하고 있고, 미군이 한반도 작전계획의 주도적 역할을 하기 때문에 한국이 특별히 독자적으로 추구할 수 있는 분야도 제한적이어서 규명되어야 할 부분을 모호하게 놓아두어도 큰 문제가 발생하지 않고 있어, 문제점만 인식한 채 과거의 관행대로 합동기획이 이뤄지고 있는 실정이다.

합참에서 적용하고 있는 합동기획체계에서 가장 상위 개념이면서, 모든 장교들이 수시로 언급하고 있는 개념들이 바로 군사전략, 합동작전개념, 작전술과 같은 용어들일 것이다. 이러한 개념들은 합동기획문서의 중심개념으로서 군사력 운용과 건설의 지침이 되는 개념이 된다. 육군대학 이상의 과정에나 가서야 이런 개념들을 접할 수 있으니, 용어의 언급만으로도 고급장교가 된 것 같은 기분이 들게 하는 용어다. 그러나, 영관급 이상의 장교들이 수시로 언급하는 용어요 내용임에도 불구하고, 유식한 체할 수 있는 것에 상응하는 지식을 습득하기 쉽지 않은 용어이기도 하다.

이러한 이유로 여기서는 한국군 고급 장교들이 가장 자주 언급하면서도 혼란스러운 상태로 남아있는 군사전략, 합동작전개념, 작전술에 관해 설명함으로써 한국군의 개념화에 이바지하고자 한다. 용어나 개념들을 미군으로부터 수용하였고, 그 때문에 혼란이 발생하기 때문에 불가피하게 미군의 개념부터 설명하지 않을 수 없다. 미군이 그러한 개념을 사용하고 적용하는 분야를 살펴본다면, 한국군이 적용할 수 있는 부분을 식별할 수 있을 것이다.

Ⅰ.
How to Fight의 의미

1. 문제와 혼란

수차례 연기되고 있지만, 전작권 전환이라는 이슈가 대두되면서 한국군에게 부과된 문제는 여러 가지가 있다. 그중에서도 전쟁을 주도하고, 평시에는 그 능력을 건설해야 하는 전쟁 지도력을 보유하는 것이 특히 중요하다. 지금까지는 연합사에서 만든 작계를 한국군이 수행하는 입장이었으나, 이제는 주도적으로 작전계획을 만들고, 한국군의 싸우는 방법을 정립할 수 있어야 한다.

이러한 개념들은 한국군의 행동을 규정할 뿐 아니라 각 군 및 예하부대의 교리와 훈련, 군사력 건설, 조직 등 이른바 전투발전요소(DOTMLPF)[1]의 모든 부분에 영향을 미치는 일국의 군사력 건설과 운용에 대한 최상위 개념이다. 이 개념에 혼돈이 있을 경우 일국의 군사력은 전시에 제대로 효력을 발휘할 수 없는 형태로 건설되며, 예산의 낭비 및 체계와 조직의 혼란을 초래하게 된다.

How to Fight, 즉 어떻게 싸울 것인가에 대한 요구는 과거부터 꾸준히 제기되어 온 문제이다. 육군이 제일 먼저 이 문제에 대한 해답을 찾기 위한 가시적인 노력을 시작하였다. 수차례의 토론 과정에서 우

---

1 DOTMLPF는 Doctrine, Organization, Training, Material, Leadership/Education, Personnel, Facilities를 의미.

리 군의 싸우는 방법이 무엇인가에 대한 요구가 제기되었으며, 마침내 육군에서는 지상군 연구소를 설립하여 이에 대한 해답을 찾는 노력을 시작하기도 하였다. 우리 군의 중추적인 역할을 담당하는 육군의 입장에서 볼 때, 우리 군의 싸우는 개념이 정립되어야 육군의 조직과 편성, 무기체계 등을 구체화할 수 있기 때문에 이러한 요구는 당연하다고 할 수 있다. 심지어는 육군에서 주도적으로 싸우는 방법을 정립하여 군 전체에 제시하는 방안도 제시되었다.

군보다 상위제대에서 싸우는 방법을 먼저 제시하고 각 군의 역할을 규정하면, 각 군은 그것을 수행하기 위해 자신들에게 요구되는 사항을 실천하는 것이 순서이다. 각 군과 기능체계들은 선정된 싸우는 방법을 효과적으로 수행하기 위해 필요한 능력들을 구비하고, 훈련하면 되는 것이다. 이러한 요구에 의해 마침내 2015년 국방부에서는 한국의 싸우는 방법을 정립하고, 그에 따른 군사력 건설의 필요성을 인식하고, 그 방법을 연구하라는 지침을 하달하였다. 일국의 싸우는 방법은 이미 제시되었어야 하는 사항이나, 늦더라도 그러한 문제가 국방부 차원에서 제기되었다는 것은 전작권 전환이라는 중요한 전환점을 앞둔 한국군에게는 매우 중요한 계기가 아닐 수 없었다.

한국은 2013년을 기점으로 군사전략서와 합동작전개념서에 해당하는 문서를 발간하였는데, 이 두 문서의 작성과정을 보면 싸우는 방법의 개발을 위한 우리의 수준을 가늠해 볼 수 있다. 이 두 문서의 제목이 시사하는 바와 같이 서로 다른 내용이 기술되는 것이 타당하다. 군사전략서는 전시 군사력을 운용하기 위한 내용과 평시 그 전략을 수행하기 위한 군사력 건설을 다루는 내용이고, 합동작전개념서는 그 군대가 어떻게 싸우는가를 기술하는 내용이다. 전자는 전시에 각 부대의 행동에 대한 지침을 내리는 문서이며, 후자는 그것을 어떻게 달성하는가를 기술한 방법에 대한 문서이다.

합동작전개념서의 내용을 결정하는 장군급 회의에서 이 문제가 대두되었다. 각 군의 주요 직위자를 비롯하여 합참의 주요 직위자들이 참석했는데, 참석한 인원의 과반수는 합동작전개념서가 군사전략과 작전계획의 중간단계 역할을 하기 때문에 군사전략서에 기술된 내용을 보다 상세하게 기술하는 것이 타당하다는 의견이었으며, 다른 일부 인원은 합동작전개념서는 우리가 어떻게 싸우는가에 대한 개념을 설정하는 것이며, 이 개념에 의해 군을 훈련시키기 때문에 이 개념은 수시로 변할 수 없으니 따라서 이것이 군사전략이나 작전계획과 같이 상황에 따라 변화하는 내용으로 기술하는 것은 타당하지 않다는 의견이었다. 이러한 의견의 대립은 문서의 방향을 좌우하는 근본적인 문제였음에도 불구하고 문제만 인식한 채 회의는 종료되고, 결국 다수의 의견대로 두 문서의 내용이 유사하게 발간되었다. 국방부와 합참의 수뇌부들도 문제를 제대로 인식하지 못하기는 마찬가지였다. 그 결과 군사전략서를 모체 문서로 해서, 합동작전개념서의 내용은 이와 유사하며 약간 더 세부적으로 기술되었다. 같은 주제의 비슷한 내용이 기술된 것이다.

싸우는 방법이란 무엇이며, 어떤 내용이 포함되어야 하는가? 이러한 개념에 대해 우리는 여전히 모호한 상태이다. 싸우는 방법의 필요성만 강조되었지, 그것이 무엇을 의미하는지에 대해서 진전도 합의도 도출되지 않고 있다.

군의 평시 군사력 건설과 훈련, 전시 운용에 대한 지침을 제공하는 이들 두 문서는 합동성 구현과 각 군의 군사력 건설 및 교리에 영향을 미치는 기준문서가 된다. 이 때문에 어떻게 싸우는가에 대한 행동지침이 개념적으로 뚜렷하게 제시되어야 논리적인 개념체계를 이룰 수 있고, 상위문서를 참고하는 각 군에서 혼란 없이 자신들의 역할을 이해할 수 있다. 예를 들어 육군에서 발간하는 지상전개념서에는 미래의 아무 시점, 아무 국가에서도 통용될 수 있는 일반적인 내용이 아니라, 상위문서에서 제시된 육군의 역할을 수행하기 위한 개념이 기술되어야 하는 것이다. 각 군은 상위문서에서 제시된 내용 중 해당 군에 해당하는 개념을 도출하여 보다 더 세부적으로 기술하면 되는 것이다.

합동성 관련된 토의에서는 여전히 우리의 싸우는 방법은 무엇인지의 구체화가 필요하다고 요구하고 있고, 소요제기의 근거가 될 수 있는 개념이 모호하다고 말하고 있다. 이런 상태로 문제점만 인식하고 지낼 수는 없다.

2. 군사전략과 합동작전개념

싸우는 방법을 언급하는 사람들 중에 싸우는 방법이 의미하는 바가 두 가지라는 것을 인식하는 사람은 매우 적은 것 같다. 사실 싸우는 방법이 의미하는 바가 두 가지이기 때문에 단순한 것 같으면서도 개념의 혼란이 발생하고, 일관된 논리의 전개가 되지 못한다. 앞선 예에서 보듯이 기획문서나 각종 토론 시에 이 두 개념은 혼동되어 사용되고 있고, 고급 장교들에게도 논리적 구분이 쉽지 않은 것 같다.

싸우는 방법의 첫 번째는 군사전략과 관련되는 싸우는 방법이다. 적과 전쟁을 하려고 할 때, 전략적 상황에 따라 공격 또는 방어하는 방법을 다르게 구상할 수 있는데, 이 개념을 싸우는 방법이라고 할 수 있다. 즉 적을 격멸하기 위해 또는 국가이익을 구현하기 위해 우리 군을 어떻게 운용할 것인가에 대한 방법이다. 전쟁 상황에서 군을 운용하기 위한 방안은 무수히 많다. 그 많은 방안 중에서 하나를 선택하고, 군대와 무기체계를 배치하는 것이 바로 싸우는 방법이다. 이 싸우는 방법을 고안하는 것이 군사전략이며, 이 개념에 의해 각 부대가 행동할 수 있도록 명시해 놓은 것이 작전계획이다. 지휘관은 작전계획에 의해 부대를 움직이며, 자신의 목적을 달성하려고 한다.

이 싸우는 방법 즉 군사전략은 전략상황과 적에 따라 계속 변한다.

즉 자신의 부대를 운용하기 위한 개념은 상황에 따라 변할 수 있는데, 당연히 변화하여야 한다. 최초 계획이 있다 하더라도 상황이 변하면, 그 계획은 폐기하고 다른 계획을 발전시켜야 한다. 작전 중에도 계획의 변화가 일어날 수 있다. 이와 같이, 상황에 따라 부대를 운용하는 방법을 변화시키는 것이 군사전략이다. 이 싸우는 방법은 전략을 구상하고, 방책을 발전시키며, 최선의 방책을 선정하여 작전개념을 결정하고, 그 개념에 따라 작전계획을 작성한다. 한국의 예를 들면, 군사전략과, 작전기획과, 작전계획과 등에서 수행하는 임무이다.

두 번째의 싸우는 방법은 적과 관계없이 우리 군의 작전하는 스타일을 싸우는 방법이라 한다. 이 싸우는 방법은 우리 군의 무기체계, 사상, 능력 등에 영향을 받는다. 보유하고 있는 무기체계의 성능이 어떠한지에 따라 싸우는 방법이 달라질 수 있다. 예를 들어 정밀타격이 가능한 군대와 그렇지 못한 군대, 기동성이 뛰어난 군대와 그렇지 못한 군대의 싸우는 방법은 달라야 한다. 공군력이 우세한 국가는 공군력을 중심으로 싸우는 방법을 고안할 것이며, 지형이 험한 지역의 국가는 지형을 이용한 싸우는 방법을 고안할 것이다. 1차 대전시 프랑스와 같이 공세사상이 팽배한 국가는 공세적 작전을 고안할 것이고, 전통적으로 수세 및 후퇴 작전을 수행한 국가는 그러한 작전 스타일을 배양하기 쉽다. 이와 같은 싸우는 방법은 그 국가의 실정에 맞는 싸우는 방법이 될 것이며, 국가는 그러한 방법대로 평소 훈련을 할 것이다.

축구를 예를 들어 설명하자면 다음과 같다. G 감독은 매우 정교하고 기술적인 축구를 선호한다. 기술을 바탕으로 점유율을 높게 가져

가며, 상대방 진영에서 오밀조밀한 패스를 통해 상대방의 방어망을 뚫고 들어가 득점하기를 좋아한다. 따라서 그는 덩치 크며 둔한 선수보다는 개인기가 좋고, 볼을 잘 다루며, 순간적인 드리블이 좋은 선수를 선호한다. M 감독은 수비를 강조하며, 역습을 선호한다. 그래서 그는 체격이 큰 선수 위주로 선발하며, 수비 후 역습하기 위해 키가 크고 빠른 공격수를 선호한다. F 감독은 전원공격, 전원수비 스타일이다. 그래서 그는 기술적으로 우수하지만 수비 가담이 안 되는 유명 선수보다는 지치지 않고 뛰어서 공수에 모두 가담할 수 있는 선수를 선호한다. 선수들이 잘 뛰지 않으면, 휴식시간에 불호령이 떨어진다. K 감독은 체격 조건이 좋고 빠르며, 킥력이 좋은 선수를 선호한다. 이 팀의 선수는 대부분 체격이 좋고 빠르며, 1~2명의 킥이 좋은 선수를 보유한다. 이 팀은 체력을 이용한 헤딩이나, 빠른 패스나 속도에 의한 득점을 추구한다. 이 팀은 축구에서 이상적이라 할 수 있는 구성원을 보유하고 있다.

각 팀은 평소에 감독의 스타일대로 훈련하고, 그 개념에 적합한 선수를 충원한다. 그래서 감독에 따라 팀의 색깔이 달라지는 것이다. 그러나 이들도 상대에 따라 경기의 전략을 변화시키는데, 수비형태를 변화시키든가, 공격 라인을 내리든가 올리든가, 상대에 더 잘 대응할 수 있는 선수를 기용한다든가, 공격의 패턴을 바꾸든가 하는 등의 변화를 추구한다. 앞선 예에서 평소 감독의 스타일대로 팀의 색깔이 나타나는 것이 합동작전개념이라 할 수 있고, 상대에 따라 그 스타일에 변화를 주는 것이 군사전략이라 할 수 있다. 감독의 스타일대로 필요한 선수를 충원하는 것이 군사력 건설 소요가 된다.

일정한 형태로 훈련된 군대는 전쟁에 투입되어 그러한 스타일로 작전을 수행할 것이다. 전략상황에 따라 부대의 운용개념이 다르다 하더라도, 그 군대는 평소 훈련된 스타일로 싸우게 될 것이다. 따라서 적의 전력과 행동 양식을 잘 살펴보면 적이 어떤 스타일로 싸우는 것인가를 알 수 있고, 이에 대한 대비를 할 수 있게 되는 것이다. 한국이 북한군의 협동동작 개념을 안다는 것은 북한의 공격하는 스타일을 아는 것이다. 2차 대전시 소련군은 수년간의 경험을 통해 독일군의 작전 스타일을 알았기 때문에 스탈린그라드, 쿠르스크 등에서 독일군에 대한 대비를 할 수 있었던 것이다. 이러한 의미에서의 싸우는 방법은 우리의 합동작전개념을 작성하는 것이며, 합동전투발전과, 각 군의 교육사 등에서 임무를 수행하는 것이 타당하다.

그러나 이 두 개념은 각각 별개의 개념이 아니라 서로 긴밀히 연결되어 있다. 특히 특정한 적이 존재하는 국가는 그 국가에 대한 전략이 수립되어 있을 것이며, 합동작전개념은 그 전략을 구현하기 위한 싸우는 방법을 개발하여 적용할 것이기 때문이다. 미군과 같이 세계를 대상으로 하는 국가는 특정한 적을 대상으로 할 수 없기 때문에 특정한 대상에 대한 맞춤형 합동작전개념을 구사할 수 없고, 다양한 상황에 적용될 수 있는 공통된 개념을 창출한다. 그래서 미군은 특정한 적이 아니라 자신들의 능력에 기반한 합동작전개념을 고안하게 되는 것이다. 그러나 요즘은 미국도 테러와 안정화작전과 같은 작전소요가 많아지게 됨에 따라 그러한 상황에 적합한 개념을 발전시키고 있다.

반면, 한국과 같이 북한이라는 특정한 적이 있는 상황에서는 우선 이에 대한 작전을 성공적으로 완수할 수 있는 합동작전개념을 고안하는 것이 타당하다. 우리의 무기체계를 기준으로 하여, 우리의 싸우는 방법을 고안하는 것이 필요한 것이다.

군사전략(Military Strategy)

군사전략을 정의하는 사람들은 저마다 조금씩은 다르나 대부분 평시에 군사력을 건설하고 전시에 군사력을 운용 즉 적용하는 기술 또는 술과 과학 등으로 정의하고 있다. 이러한 개념들은 공통적으로 전시 상황에 따라 군사력을 적용하는 기술을 협의의 군사전략, 평시에는 이와 같은 능력을 보유하기 위해 필요한 군사력을 건설하는 부분을 포함하여 광의의 군사전략이라 하고 있다. 그러나 평시 군사력 건설도 결국 전시 운용에 필요한 군사력을 건설하기 때문에 상호 밀접하게 연관되어 있다.

전략(戰略)이란 전시에 적을 물리치기 위한 꾀를 낸다는 것이다. 략(略)의 의미가 꾀, 계략, 슬기, 지혜, 지략 등의 의미로 쓰이는데, 전략이란 적을 쉽게 이기기 위해 머리를 짜내는 것을 의미한다. 지혜를 쓰지 않는 방법은 무턱대고 정면공격 하는 것이다. 고대 그리스에서와 같이 팔랑스 대형을 이루고 정면공격을 하거나, 양측이 소총을 가지고 1열, 또는 2열, 또는 3열로 서서 서로 쏘는 중세의 전쟁이 이와 같은 것이다. 이런 정면공격은 무모한 것이기에 상대방을 이기기 위해 머리를 쓰게 되는데 이것이 바로 군사전략인 것이다. 전략적 머리를 쓰는 요소를 크게 3개의 요소로 설명할 수 있는 것이 바로 군사전략의 3요소라고 할 수 있는 것이다.

목표는 적이 예기치 않는 목표를 지향함으로써 승리를 노린 것을 의미한다. 프리드리히 대왕의 사선대형은 적에 대한 정면 공격이 아니라, 적의 한쪽 측익을 공격하기 위해 자신의 대형을 변화시켰다. 적에게는 정면공격 하는 것처럼 보이게 하고, 사실상 한쪽 측면에 집중함으로써, 적을 신속히 격파하고 상대적 우위를 달성하는 전략인 것이다. 나폴레옹은 적의 중심부로 기동하여 적을 분리하고, 약한 쪽을 먼저 목표로 설정하였다. 2차 대전 이후 리델하트는 적 전력이 아니라 적 후방의 병참선, 지휘부 등을 공격하는 간접접근전략을 채택하라고 하였다. 강력하게 배비된 정면은 피하고, 최소저항선으로 돌파하여 적의 후방으로 기동함으로써 적의 조직력 마비를 추구하는 전략을 택한 것이다. 이러한 간접접근전략은 이후 미국을 비롯한 거의 대부분의 군대에 적용되는 전략이 되었다.

수단은, 이전에 사용되지 않았던 무기체계를 사용하면, 적보다 월등한 전투력을 발휘하여 쉽게 이길 수 있기 때문에 전략이다. 적이 모르는 새로운 무기체계를 가지고 전투에 임하면 적을 이기는 것은 아주 쉽다. 그래서 각국은 은밀히 무기체계의 갱신을 위해 노력하는 것이다. 이 점이 평시 군사력 건설이라는 광의의 의미를 지닌다. 스웨덴의 구스타브 아돌프 장군이 소총탄 및 탄약통을 개발하여 발사율을 높인 것, 구스타브 아돌프와 나폴레옹이 포병의 기동성을 향상시킨 것, 임진왜란 당시 조선을 공격하기 위해 일본이 조총으로 무장한 것, 프리드리히 대왕이 소총의 발사속도를 향상시킨 것, 1차 대전 경에 후장총의 등장, 그 이후 기관총, 전차, 항공기를 비롯하여 최근의 위성정찰 및 정밀타격 무기체계의 등장에 이르는 군사과학 기술의 혁신은 적이 보유하지 않는 무기체계를 사용함으로써 적을 격멸하고자 하는 전략으로 볼 수 있다.

수단이 유사할 경우에는 이들을 이용하는 방법을 변화시킴으로써 적에게 대응하게 되는데, 이것이 바로 방법 또는 운용이 된다. 신무기를 장착하였을 경우에는 기존의 방법대로 전쟁을 하여도 쉽게 이길 수 있다. 신무기는 살상력이 뛰어나기 때문에 재래식 무기체계를 보유한 상대에게 쉽게 이길 수 있다. 그러나 양측이 유사한 무기체계를 보유하고 있을 경우에는 전력을 운용하는 방법에 따라 승패가 달라질 수 있다. 이웃 국가가 어떤 무기체계를 발명하고 있는지 모를 경우에는 전쟁에 임하여 비로소 적의 무기체계를 알게 되지만, 요즘과 같이 정보의 유통이 빠른 시기에는 독점적인 무기체계를 보유하는 것이 어렵다. 오늘날 미국과 같은 국가를 제외하고는 대부분이 유사한 무기체계를 보유하고 있는데, 이러한 국가 간의 전쟁 시에는 전력을 어떻게 운용할 것인가가 중요한 요소가 된다. 따라서 군사전략 중에서도 전력 운용의 방법이 핵심적인 요소가 된다. 그래서 대부분의 국가들은 다양한 전력의 운용방법 즉 역사적으로 군사전략이라고 일컬을 수 있는 방법을 창의적으로 고안하고 적용하는 것이다. 소모전, 섬멸전, 역공격, 포위 등의 공세적 전략이나 지연전, 지역방어, 파비안 전략 등의 수세적 전략들이 이에 속한다.

적에 대해 이러한 요소들을 적용하는 것이 군사전략이다. 전사(戰史)에 길이 남은 전쟁은 위 요소가 하나 이상 작용하였기에 상대방의 예상을 뛰어넘는 결과를 이루어 내었다. 무릇 군사전략이란 이런 계략을 고안해 내는 것이고, 상황에 따라 다른 방법이 필요하다.

합동작전개념(Joint Operational Concept)

오늘날에는 무기체계가 다양하게 발달하여 '합동'이라는 용어를 사용하지만, 합동이라는 용어의 유무에 관계없이 여기에서 말하는 '작전개념'은 일국의 군이 어떻게 싸우는가를 설명하는 개념이다. 2차 대전의 예를 들면, 독일군과 연합군 양측이 모두 유사한 무기체계를 보유하고 있었다. 보병, 포병, 전차, 항공기, 군함 등을 보유하고 있었다. 그러나 이들 무기체계를 조합하여 운용하는 방식은 양측이 달랐다. 연합군과 독일군 참모부에서는 기존의 방법대로 전력을 운용하였으며, 구데리안·만슈타인 등은 다른 개념으로 이들을 운용하였다. 마치 똑같은 재료를 보유하고 있더라도 조합하는 방법에 따라 다른 음식을 만들어내는 것과 같다.

이와 같이 주어진 전력을 이용하여 전투력을 운용하는 방식이 바로 합동작전개념이다. 그 나라의 군대는 이 합동작전개념대로 전투를 수행한다. 즉 합동작전개념은 그 군대의 행동양식이요, 사고의 틀(Framework)이 된다. 작전개념(Operational Concept)이 교리(Doctrine)가 되고 교리는 교범(Manual)화되어 부대와 병사를 교육시키고 훈련시킨다. 따라서 일국의 군대는 모두 이러한 양식(Style)

대로 훈련되고 전쟁을 수행하게 되는 것이다. 전격전 개념으로 훈련된 군대는 전차 중심으로 기동하고, 급강하 폭격기가 포병의 역할을 하며, 보병은 전차를 후속하기 위해 기동화되어 운용한다. 모든 부대가 이와 같이 훈련되고, 장비를 갖추게 되고, 지휘체계를 확립하며, 네트워크가 달라지고, 편성이 달라지게 된다. 만일 기존의 작전개념대로 전쟁한다면, 보병과 포병이 선두에 서고, 전차는 이들을 지원하며, 항공기는 공중에서의 폭격에 한정될 것이다. 부대는 기동화될 필요가 없고, 보병 중심의 지휘체계와 네트워크가 구성되었을 것이다. 이와 같이 훈련된 부대는 어떤 상황에서든지 이와 유사한 개념으로 전쟁을 수행하게 된다. 그들이 훈련받은 내용과 전쟁 준비가 그런 것이기 때문이다. 따라서 어떠한 전략을 구사하든 그들의 싸우는 방법은 동일할 수밖에 없다. 전시 상황에 따라 새로운 싸우는 방법을 훈련시킬 수 없기 때문이다.

한편, 합동작전개념의 싸우는 방법은 전략의 요소일 수 있다. 전력을 운용하는 방법이 바로 전략이며, 전격전과 같이 상대방이 예상하지 못한 방법을 적용하는 것이 바로 전략이기 때문이다. 그런 의미에서 전격전 개념은 군사전략도 될 수 있고, 합동작전개념도 될 수 있다. 소련의 OMG(Operational Manoeuvre Groups) 전법이나, NATO의 FOFA(Follow-on Forces Attack) 개념, 미군의 공지전투(Air-Land Battle) 개념도 마찬가지로 전략이자 합동작전개념이라 할 수 있다. 이러한 개념의 고안 자체가 상대방을 효과적으로 공격하기 위해 창조해 낸 개념이기 때문에 전략이며, 동시에 작전개념이 되는 것이다.

합동작전개념은 자국의 군대를 동일한 준거틀에 의해 훈련시키기 위한 개념이 된다. 앞의 독일군의 경우에서 본 바와 같이 어떠한 작전개념을 채택하느냐에 따라 교리, 조직, 훈련, 편성, 네트워크, 지원체계 등 모든 것이 달라질 수밖에 없다. 전력의 조합과 운용이 달라지기 때문에 모든 것이 달라져야 하는 것이다. 그렇기 때문에 작전개념은 군의 모든 것에 영향을 미치는 것이다. 이른바 전투발전요소인 DOTMLPF의 모든 면에 영향을 미치는 것이다.

합동작전개념이 군의 모든 행동양식을 결정하기 때문에 일국의 합동작전개념의 변화는 그 국가의 많은 것을 변화시킬 것이다. 군이 다른 방법으로 싸워야 하기 때문이다. 따라서 합동작전개념의 변화는 매우 어려운 것이고, 힘든 것이고, 위험한 것이다. 그럼에도 불구하고 일국의 합동작전개념을 변화시켜야만 하는 경우가 있다. 그것은 기존의 합동작전개념으로 해결하지 못할 새로운 문제가 발생한 경우나, 새로운 기술의 개발로 인해 현재의 문제를 해결하기 위한 더 효과적인 방법이 등장하였을 경우이다.[2] 여기서 새로운 문제의 발생이란 특정 작전지역에서의 상황이 아니라 군사력을 적용하는 전반적인 상황의 변화를 말한다. 예를 들어 냉전이 종료되고 미국에 대응할 만한 주요 위협이 사라지면서 새로운 소규모 무장단체, 테러집단, 비정부 집단 등이 주요 위협으로 떠오른 것과 같은 전반적인 상황의 변화를 말

---

2 US Army TRADOC, *The U.S. Army Training and Doctrine Command Concept Development Guide* Pamphlet 71-20-3 (2011), p. 7.

한다. 두 번째, 보다 더 훌륭한 기술을 보유한 무기체계가 등장하였을 경우의 변화는 설명할 필요도 없을 것이다. 훨씬 효과적인 무기체계가 도입되면, 전군이 새로운 양식의 싸우는 방법을 개발·실험·교리화·훈련하여 습득하여야 한다.

일반적으로 군사전략이 전략상황에 따라 달라진다면, 작전개념 즉 싸우는 방법은 무기체계에 의해 달라지는 경우가 대부분이다.

싸우는 방법에 대한 혼란의 원인

싸우는 방법에 대한 혼란의 첫 번째 원인은 '싸우는 방법(How to fight)'의 개념에 대한 혼란에서 출발한다. 앞에서 설명한 것처럼 'How to fight'에는 두 가지 개념이 있기 때문이다. 한국에서 이 두 가지를 혼동하고 있기 때문에 많은 혼란이 생기고 있으며, 통상 'How to fight'를 연구하라고 하면, 전략~작계와 연계된 개념으로 인식하고 있다.

둘째 이유는 앞에서 설명한 바와 같이 합동작전개념도 군사전략의 일부이기 때문이다. 전격전, OMG, 공지작전과 같은 개념들은 합동작전개념도 되고 군사전략도 된다. 이러한 개념들이 현재에는 이미 합동작전개념의 의미만 있음에도 불구하고 전략, 작전술, 작전개념 등으로 사용됨으로써 혼동을 초래하고 있다.

셋째의 이유는 '작전개념'이라는 용어 사용의 혼동 때문에 발생한다. 작전개념의 용어도 두 가지 의미가 있다. 첫째는 군사전략과 관련된 작전개념이다. 어떤 상황에서 군사력을 운용하기 위해 목표를 결정하고, 군사력 운용개념을 결정하는 것이 군사전략이라고 하였다. 군사력 운용개념을 결정하였다면, 이 개념을 수행하기 위해 예하부대를 사용하는 방책을 고려한다. 방책은 전략을 수행하기 위한 고려로서 여러 개가 고려될 수 있으며, 고려된 방책은 워게임을 비롯한 다양한 요소에 의해 비교되어 그중에서 최선의 방책이 선택된다. 이렇게 하여 선택된 개념을 '작전개념(Concept of Operations)'이라 하며, 작계 작성의 지침이 된다. 여기서 사용되는 작전개념이라는 용어는 주어진 상황에서 지휘관이 예하부대를 어떻게 사용(use)하겠다는 개념이다. 즉 임무를 수행하기 위해 목표를 선정하고, 부대를 활용하겠다는 의미의 작전개념인 것이다.[3] 이 개념을 모두 숙지하고 있어야 예하부대 지휘관들은 작전 전반의 개요를 이해하고 그 목적에 맞도록 행동할 것이다. 결국 여기서의 작전개념에는 군사전략의 운용개념이 녹아들어 있게 된다. 이 작전개념을 보다 구체화하여 각 부대가 행동할 내용을 기술한 것이 작전계획이다. 두 번째의 작전개념 용어의 의미는 합동작전개념의 '작전개념(Operational Concept)'이다. 여기서의 작전개념은 전시 부대를 어떻게 운용하겠다는 개념과는 전혀 다른

3 US Army, *Decisive Force: The Army in Theater Operations* FM 100-7 (Washington D.C.: Department of the Army, 1995), Chapter 1, Decisive Victory, pp. chapter 1의 1-4.

그 국가의 싸우는 스타일을 말하는 것이다.[4] 그런데 통상 한국군에서 일반적으로 작전개념이라 하면 전시 부대운용과 관련된 개념으로 인식하기 때문에 합동작전개념에서도 군사전략과 유사한 내용을 기술하게 되는 것이다. 전시 상황에서의 작전개념은 그 상황에서 임무를 달성하기 위해 부대가 활용되는 방법을 말하는 것이고, 합동작전개념에서의 작전개념은 군의 일반적인 전쟁수행 스타일을 말하는 것이다. 전자는 전쟁 상황에 따라 변화되나, 후자는 전쟁 상황의 변화와는 무관하며, 통상 무기체계의 발전에 따라 변화된다. 이 둘을 혼동하기 때문에 합동작전개념이 군사전략과 작전계획의 중간역할을 하는 것으로 인식하는 현상이 발생하고, 합동작전개념이 군사전략과 유사한 내용으로 기술되게 된다.

넷째는 한국의 군사전략이 군사전략의 3요소를 식별할 수 있는 내용을 포함하지 않아 구체적인 행동을 할 수 있는 개념을 제시하지 않고, 어떤 방향으로도 해석이 가능한 추상적이며 단계적인 내용만을 기술하고 있기 때문에 발생한다. 군사전략이 작계의 상위 개념으로서 역할을 할 수 있는 내용으로 기술되어 있다면, 합동작전개념과의 차이를 분명하게 할 수 있을 것이다.

---

4 Concept of Operations(CONOPS)는 작계의 기초가 되는 지휘관의 개념을 말한다. 이 개념은 작전에 대한 구체적인 목표, 작전의 진행계획, 예하부대 운용 방법 등을 설명한 개념이다. 작계와 관련된 작전개념이라고 할 때는 통상 이것을 말한다. Operational Concept는 작전의 전체의 그림 또는 Idea적인 성격의 기술로서 검증되지 않은 개념을 말한다. 실현되기 위해서는 워게임, 워크숍, 강약점 등의 검증이 필요하다.

다섯째, 한국군은 합동기획 및 관련 내용을 작성하기 위해 미군의 개념을 많이 참고하는데, 미군의 개념을 참고하기 때문에 혼란이 발생한다. 미군은 세계를 대상으로 하기 때문에 전쟁기획의 수준이 한국군의 그것과 다르고, 개념도 매우 세부적으로 기술하고 있기 때문에 이러한 개념들을 모두 이해하고, 한국에 필요한 부분을 식별해 내기가 어렵다. 미군의 각 부서에서 담당하고 있는 일의 수준도 한국군과 다른데, 이러한 차이가 한국군에게 어려움을 발생하게 한다.

앞에서 언급된 두 개념은 군사력 건설과 운용에 관한 거의 모든 것과 관련이 있는 상위개념이다. 따라서 이 두 개념의 차이가 명확히 인식되어야 'How To Fight'에 대한 개념이 명확해질 수 있고, 'How To Fight'를 통해 어떤 것을 추구하려고 하는지 식별될 수 있다. 이 두 개념에 대한 각국의 적용이 그 국가의 군사전략서와 합동작전개념서에 기술되게 되는 것이다. 개념에 대해 명확한 인식이 부족하면, 각종 전사(戰史)를 공부하여도 그 내용이 어디에 해당하는지를 인식하기 어렵게 된다. 또한 그러한 개념들은 여러 절차를 거쳐 작성되고 담당부서가 존재하게 되는데, 개념에 대한 인식 혼란은 바로 업무에 대한 혼란으로 이어질 수 있다. 명확한 인식을 위해서는 군사이론과 합동기획절차에 대한 지식이 필요하다. 그래야 이론이 기획절차의 어떤 부분에 해당하는지, 과거 전쟁의 역사가 어떤 부분에 해당하는지에 대해 이해할 수 있다. 전쟁을 연구하다 보면 과거 전례(戰例)를 참고하게 되는데, 과거의 사례가 이론과 실제의 어떤 부분에 해당하는지도 대조해 볼 수 있을 것이다.

3. 작전술

1987년 교육사에서 발간된 군사이론연구는 작전술을 "군사전략목표를 달성하기 위하여 대부대가 가용부대를 배비시키고, 기동하는 실질적인 부대운용의 기술"이라 정의하며, 군사전략과 전술의 중간적 즉 교량적 위치로서 전쟁목적 달성을 위해 배비된 부대를 전구작전에 운용하는 기술이고, 전장 밖에서 전투에 가장 유리하게 개입할 수 있도록 부대를 기동시키고 배비하는 기술이며, 전술적인 수준에서 배비된 전투부대가 최대한의 충격효과를 발휘할 수 있도록 사용하는 기술로 인식된다고 하였는데,[5] 이러한 설명은 타당하다. '군사전략목표를 달성하기 위하여'란 것은 전략적 수준에서 선정한 군사전략목표를 달성한다는 것이며, '전투에 유리하게 개입할 수 있도록'이란 것은 전투 이전의 단계에 적용된다는 것을 의미한다. 즉 작전술은 작전적 수준의 제대에서 수행하여야 할 임무라는 것을 알 수 있다.

한국에서 작전술의 의미가 혼란스러운 이유는 작전술이 기획체계상에서 가지는 위치와 작전술을 발휘하는 제대에 대한 이해가 불충분하기 때문이다. 전략과 전술을 연계시키는 중간 역할을 하는 개념인

5 육군 교육사, *군사이론연구* (1987), p. 243.

것은 이해 가능하지만, 한국군이 이를 적용할 때, 어떻게 적용하는 것인지에 대한 이해가 모호한 것이다.

작전술이란 미군이 처음 사용하기 시작한 용어이며, 미군의 기획 체계를 이해하여야만 완전한 이해가 가능한 개념이다. 즉 미군이 군사전략을 어떤 수준으로 작성하는지를 이해하여야 작전술에 대한 이해가 가능한데, 작전술 개념은 미군의 군사력 적용 수준 또는 미군의 기획체계에 의해 도출된 개념이기 때문이다. 작전술이란 작전적 수준의 지휘관이 전략제대에서 선정한 전략목표를 달성하기 위해 발휘하는 기술인데, 미 합참의 군사전략은 전구의 군사력 운용에 대한 개념을 제시하지 않기 때문에 작전술이 필요한 것이다. 후술하겠지만, 미국의 군사전략은 전력운용이 아닌, 그보다 상위개념을 제시하며, 따라서 전통적인 의미에서 군사전략이 아니다. 이는 미국이 전 세계를 대상으로 군사전략을 수립하기 때문에 발생하는 현상이며, 따라서 개별 전구에서의 군사력 운용은 맥아더와 같은 작전지역 지휘관이 구상하는데, 이것이 바로 작전술인 것이다. 즉 미 합참의 군사전략과 작전지역에서의 전투행위 사이에는 커다란 갭이 존재하게 되고, 이러한 갭을 메우기 위해 작전 지휘관이 전략목표에 부합하도록 군사력 운용에 대한 구상을 하게 되는 것이 바로 작전술인 것이다. 이렇게 볼 때, 작전술이란 작전지역 최고사령관이 군사력을 운용하기 위한 복안이 되는 것이다. 다른 말로 표현하면, 적에 대해 승리하여야 하는 지휘관의 군사력 운용 구상이 작전술인 것이며, 이것은 협소한(전통적) 의미에서의 군사전략과 같은 개념인 것이다.

군사이론연구는 아르덴느의 기동이나 인천상륙작전은 작전술 차원에서 이루어진 것이라고 하고 있는데,[6] 아르덴느로의 기동이나 인천상륙작전을 작전술 차원의 행위라고 하는 것은 독일군의 총참모부나 미 합참에서 전략적 수준의 결정을 한다는 것을 전제로 하고 있는 것이다. 독일군 총참모부는 서부전선과 동부전선을 포함한 유럽 전체의 국가군사전략을 고려하고 있었을 것이고, 서부전선에서의 전략적 목표 달성을 위해 전격전이라는 운용개념을 사용하였다. 서부전선에서의 전략목표 달성을 위해 전구전략을 고민하였고, 점진적 공격이라는 총참모부의 의견과 전격전이라는 구데리안과 룬드슈테트의 의견이 대립되었으나, 마침내 전격전의 개념을 선택하였다. 맥아더는 미 합참 차원에서 보면 태평양 전구의 지휘관이고, 그는 부여받은 전력을 활용하여 스스로 작전을 계획하여야 하는 전구사령관이었던 것이다. 따라서 한반도 탈환은 미 합참에서 부여한 작전적 목표이고, 인천에 상륙하기로 한 것은 작전술적인 결정인 것이다. 이 또한 전구사령관으로서 한반도 탈환을 위한 전략개념을 결정한 것이다.

전략목표의 달성은 군사력 운용을 통해 달성하기 때문에 군사력을 운용하여 전략목표를 달성하기 위한 '술(Art, 術)'로 정의될 수 있다. 전략목표를 달성하기 위해 작전적 수준의 지휘관은 과학적 및 비과학적 요소를 동원하여 최선의 방법 즉 방책을 선정하여야 한다. 여기에는 워게임과 같은 정량적 분석의 요소도 필요하겠지만, 측정할 수 없

---

6 육군 교육사, *위의 책*, p. 243.

는 요소 즉 경험, 통찰력, 영향력, 느낌, 예하부대에 대한 신뢰, 적 행동 예측, 날씨 등등 많은 요소를 종합적으로 고려하여야 한다. 이 때문에 작전적 수준의 지휘관이 발휘하는 결정 과정을 '술'이라고 하는 것이다. 현대 군사작전에서 작전술의 발휘는 전구지휘관이 군사력을 운용하기 위한 가장 중요한 과정이며, 이 과정에 대한 혼란은 군사력 운용에 대한 혼란이 될 수 있으며, 중소국가에서는 군사력 건설에 대한 혼란으로 이어질 수 있다.

작전술은 작전적 수준의 지휘관이 전략목표 달성을 위해 군사력 운용을 결정하는 술로서, 최종산물인 전역계획 또는 작전계획 작성의 기초가 된다. 미 합참의 합동작전기획(Joint Operation Planning) 교범에 의하면, 전역계획이나 명령은 작전술과 작전구상(Operational Design), 그리고 합동작전기획과정(JOPP: Joint Operation Planning Process)에 의해 발전된다. 여기서 작전술, 작전구상, 합동작전기획과정 등의 용어가 등장하는데, 이 세 가지 내용이 바로 전역계획을 작성하기 위해 거쳐야 하는 과정이다. 동 교범은 작전술을 지휘관 및 참모가 지식, 경험, 기술을 활용하여 전략목표 달성을 위해 창의력을 발휘하는 것이라고 하고 있으며,[7] 작전구상을 지휘관 및 참모가 작전술을 발휘하는 데 있어서 필요한 기술과 방법을 제공하여 문제를 해결하는 과정이라 하고 있다.[8] 즉, 작전술은 군사

---

7 US JCS, *Joint Operation Planning* Joint Publication 5-0 (Washington D.C.: Joint Chiefs of Staff, 2011), p. III-1.

8 US JCS, *위의 책*, p. III-1.

력 운용을 결정하는 과정인데, 그 작전술을 발휘하기 위해서 작전구상이라는 툴(tool)을 이용한다는 의미가 된다. 즉 작전구상과 작전술은 동일한 결과를 도출하기 위한 과정이며, 작전술은 곧 작전구상을 적용한다는 것과 같다고 할 수 있다. 작전술은 상황을 이해하고, 지휘관 및 참모의 경험과 지식, 창의력, 직관, 교육내용, 판단 등을 통해 문제해결을 위한 목적, 방법, 수단, 감수할 위험 등을 결정하는 작전구상을 거쳐 작전의 접근(Operational Approach)을 결정하는 과정이라고 표현하고 있다.[9] 즉 작전술은 작전구상을 통해 작전의 접근을 도출하는 과정이라 할 수 있는 것이다. 작전구상은 문제해결을 위한 방법론을 말하는 것인데, 작전구상 요소를 통해 논리적 사고가 가능하도록 함으로써 작전술 발휘를 지원하는 과정인 것이다. 이 과정을 통해 지휘관 및 참모가 전반적인 상황을 이해할 수 있도록 하며, 복잡한 문제의 해결을 위해 불확실성을 제거하는 데 기여할 수 있다. 예를 들어 중심(COG: Center of gravity)이나 작전선(LOOs: Lines of Operation)과 같은 요소를 통해 논리적인 사고를 할 수 있고, 상호 소통을 할 수 있다.

작전의 접근은 최종상태를 달성하기 위해 어떻게 싸울 것인가를 제시하는 개념으로서, 실제로 부대를 운용하는 방법을 말한다. 미국의

9 Operational Approach는 부대를 운용하기 위한 대략적인 설명으로 정의되는데, 여기서는 작전의 접근으로 번역한다. (참고: 직접접근, 간접접근) US JCS, *Department of defense Dictionary of military and Associated Terms* Joint Publication 1-02 (Washington D.C.: Joint Chiefs of Staff, 2010), p. 174.

경우, 전략지침은 전쟁에서의 승리나 성공이 무엇을 의미하는지 즉 목표와, 그 목표를 달성하기 위한 전력과 자원 즉 수단을 제공하며, 어떻게 싸울 것인지 즉 방법을 구사하는 것은 전구사령관의 임무인데, 이 작전의 접근이 바로 방법(Ways)이라고 명시하고 있다.[10] 즉 전구사령관은 목표와 수단을 전략제대인 미 합참으로부터 이미 부여받았으며, 싸우는 방법을 결정함으로써 전구전략의 목표, 수단, 방법의 3요소가 완성되는 것이다. 이러한 개념들은 다음의 미군 기획체계의 보다 상세한 이해를 필요로 한다.

---

10 It (Strategic guidance) should define what constitutes "victory" or success **(ends)** and allocate adequate forces and resources **(means)** to achieve strategic objectives. The operational approach **(wars)** of mploying military capabilities to achieve the ends is for the supported JFC to develop and propose. US JCS, *Joint Operation Planning* Joint Publication 5-0 (Washington D.C.: Joint Chiefs of Staff, 2011), p. III-7.

II.

합동기획체계

1. 전쟁기획 수준과 절차

지금까지 한국은 작전통제권(Operational Control)을 미국에 이양한 상태에 있으며, 전시에 한국군은 연합사령관의 지휘를 받게 되어있다. 그 결과 한반도에서의 군사전략 수립은 미군이 주도적으로 수행하여 왔으며, 이에 의해 작전계획도 미군이 주도적으로 작성하였고, 한국군은 이를 협의 및 이행하는 형태의 동맹관계가 유지되어 왔다. 이러한 동맹관계가 의미하는 것은 한국에서의 전쟁을 대상으로 하는 전쟁기획이 미국의 전쟁기획 절차에 의해 주도된다는 것이다. 한반도에서의 군사적 행위 또는 한국군의 사용과 그를 위한 작전계획이 미군 전쟁기획의 산물인 것이다. 한미동맹의 일환으로 연합작전을 수행하는 한국군은 궁극적으로 미군의 전쟁기획과정의 결과에 의해 운용된다.

한국군에 대한 작전지휘권이 유엔군 사령관에게 이양된 것은 한국전쟁이 한창이던 1950년 7월 17이었다. 당시 이승만 대통령은 맥아더 유엔군 사령관에게 보낸 서신에서 한국군에 대한 작전지휘권(Operational Command)을 '현재의 적대상태가 지속되는 동안' 유엔군 사령관에게 위임하였다. 이렇게 이양된 작전지휘권은 1954년 11월 17일 발효된 한미 상호방위조약과 그 후 개정된 한미 합의의사

록에 작전통제권이라는 용어로 변경되었다. 그리고 한미 연합사령부가 창설된 1978년 11월부터는 연합군 사령관이 작전통제권을 행사해 왔는데, 이 가운데 평시(정전 시) 작전통제권은 1994년 12월 1일을 기해 우리 군이 환수하였다. 이를 계기로 한국군은 평시 작전활동 전반에 관한 사항을 독자적으로 수행할 수 있게 되었다.[11] 한미 양국은 상호 긴밀한 협의를 통하여 한국군이 평시 작전통제권을 환수하여 독자적인 작전지휘체계를 확립하면서도, 전시에 대비한 연합방위체제는 기존의 체계를 유지하면서 보완조치를 강구하였다. 즉 정전 시에도 전쟁 억제기능을 수행하고 억제 실패 시 전쟁수행능력이 보장되도록 '전시 연합 작전계획 수립 및 발전', '연합연습 준비 및 시행', '조기경보 제공을 위한 연합정보관리' 등과 같이 유사시 전쟁수행과 직결된 사항은 연합사령관이 계속 유지 발전시킬 수 있도록 하였다. 이렇게 하여 유지된 한미 연합군 지휘체계는 다음의 도표와 같다.

11 한국군의 평시 작전통제권 환수는 1980년대 말부터 1990년대 초 탈냉전 이후의 변화된 안보환경과 한국의 국력 신장을 바탕으로 '한국 방위의 한국화' 추진에 대한 논의에서부터 비롯되었다. 한국 입장에서는 당시 변화하는 전략환경 속에서 북한의 군사적 위협뿐만 아니라 장기적 미래에 대비한 방위태세로의 발전이 필요하게 되었다. 한편, 미국은 '기존의 쌍무적 안보관계와 전진배치 전력은 유지하되, 점진적으로 미군의 역할을 주도적 역할에서 지원역할로 전환시켜 나간다'는 넌 워너 보고서를 통한 동북아 전략 속에서 이 문제를 검토해 왔다. 이러한 배경하에 한미 군사 당국자 간 협의를 진행시켜 왔고, 평시 작전통제권 환수조치가 이루어진 것이다.

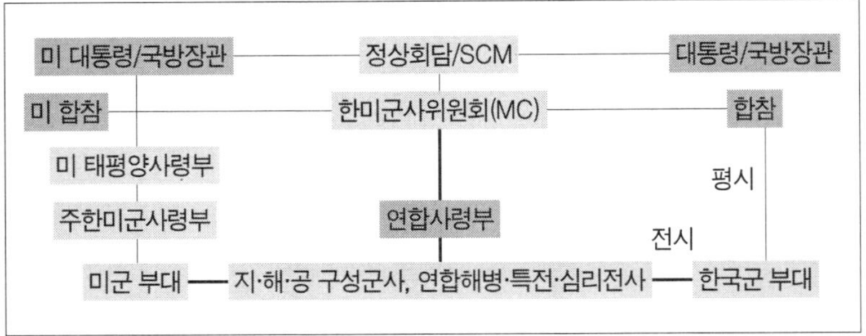

〈그림 1〉 한미 연합지휘관계

한국과 미국의 합참은 각각 양국 대통령을 중심으로 한 국가통수 및 군사지휘기구의 지시를 받는다. 한미 간에는 각국의 합참의장을 대표로 하는 한미 군사위원회를 설치하며(MC: Military Committee) 여기에서 양국의 군사문제를 포함한 안보문제를 협의하고, 연합사령부에 대한 전략지시를 하달한다. 연합사령관은 한미 군사위원회의 지침을 근거로 하여 한미 양국군을 지휘한다. 한국군은 평시에는 한국합참의 지휘하에 있으나, 전시가 되면 연합사령부에 설치된 각 구성군사로 작전통제가 변환되어 각 구성군사령관의 지시, 즉 궁극적으로는 연합사령관의 통제를 받아 작전을 하게 되어있다.

이러한 지휘관계에 의하면, 한국에서의 전쟁수행에 관한 구체적인 군사전략의 수립은 연합사령관의 임무가 된다. 미국의 전 세계적인 군사적 고려를 하며, 그러한 임무는 미 합참에서 수행한다. 미 합참은 세계적인 군사전략적 고려의 결과를 전략지시의 형태로 한미 군사위원회에 하달하는데, 이 과정에서 한국 합참과 협의하며, 양국 합참의 협의 결과가 전략지시로 연합사령관에게 하달된다. 이러한 전략지시를 받은 이후, 한반도에서의 구체적인 군사력 사용을 위한 군사전략 수립의 임무는 연합사령관에게 부여된다. 이 단계는 이미 미군의 전쟁기획과정 속에 있는 것이며, 구체적인 군사전략 및 방책의 결정과 작전계획의 수립 또한 미군의 전쟁기획 절차에 의해 이루어진다. 이렇게 하여 작성된 것이 한반도 작전계획이다. 연합사령관은 미군의 세계 및 전구전략과 전략지시를 바탕으로 한반도 군사전략을 수립하며, 그의 작전구상은 그의 작전통제를 받는 모든 한국군과 미군의 운용에 적용된다. 이러한 지휘관계의 결과 한국 합참은 한반도 작전에 관해 독자적인 군사작전 구상 및 군사전략 수립이 어렵게 되어 있고 그럴 필요도 없었다. 한국군은 작전계획을 수령하여 그것을 수행하는 역할을 하면 되었다.

그러나 한국군이 전시 작전통제권을 인수해 올 경우, 상황은 달라지게 된다. 한국 전구의 작전을 지휘하는 전구사령관에 한국군 사령관이 보직되면, 모든 작전은 한국군 사령관의 개념에 의해 수행되게 될 것이다. 작전 전체를 보는 접근방법이 미군의 눈에서 한국군의 눈으로 변화되는 것뿐만 아니라, 전쟁기획을 한국군이 주도적으로 담당해야 한다. 과거에는 전략지시를 근거로 연합사령관이 한국에서의 군사전략을 구상하고 이를 구체화하던 전쟁기획에서, 한국군이 전쟁기획을 주도해 나가야 하는 상황으로 변화되게 되는 것이다. 양국 합참의 장을 대표로 하는 한미 군사위원회는 여전히 역할을 할 것으로 예상되나, 여기에서 결정된 사항은 연합사령관이 아닌 양국군의 사령관에게 전달되며, 전쟁 수행의 총 지휘권은 한국의 사령관이 담당하게 될 것이다. 한국군이 주도적 역할을 하고 미군이 지원역할을 한다 하더라도 미군은 기존의 전쟁기획 절차를 유지할 것이고, 그들의 의도를 한국군과 협조하여 반영하려고 할 것이다. 반면, 한국군은 기존에 수행하지 않던 전쟁기획 절차를 수행하고, 전략개념을 개발하는 한편, 그 결과를 미군과 협의하여야 한다. 더구나 주도적 역할로서 미군의 지원을 요구하려면 미군의 능력과 운용개념도 파악하여야 한다. 전작권 환수와 더불어 한국군에는 이러한 요구가 발생되는 것이다. 과거의 한국 합참은 미 합참과 함께 전략지시를 하달하면 되었지만, 전작권 환수 이후의 합참은 전략지시 하달의 역할과 함께, 직접 작전개념과 작전계획을 작성하는 작전의 주도적 역할도 하여야 하는 것이다. 그만큼 군사력 운용에 관한 구체적인 복안을 가지고 있어야 하는 것이다.

지금까지 한국군은 미군의 전쟁기획 절차를 준용하여 왔다. 기획절차, 기획문서, 담당부서의 구성에 이르기까지 대부분 미군의 절차와 조직과 유사한 형태로 운용하여 왔다. 이는 한국군과 합참이 일정한 형태를 갖추기 시작하면서, 동맹국이자 지원국인 미군 체제를 모방하여 수용한 것으로 볼 수 있다. 미군 체제를 준용하는 것은 한국군에게 적절한 선택으로 보인다. 그 첫째 이유는 미군은 지속적인 전쟁을 통해 이론과 실제를 접목하여 전쟁기획 절차를 만들었고, 이에 근거하여 전쟁을 기획하고 있기 때문에 현실을 반영한 기획 절차라고 볼 수 있다. 둘째, 한미동맹에 의해 전쟁을 수행하고 협조하기 위해서는 미군의 전쟁기획 절차와 동일한 절차를 유지하는 것이 상호 이해와 협조를 위해 필요할 것이기 때문이다. 셋째, 현재 한국군은 대부분 미군의 교범이나 이론을 참고하여 교범을 만들고, 교육하기 때문에 기존에 한국군에게 인식되어 있는 미군의 이론을 적용하는 것이 타당하다고 생각되며, 넷째, 오늘날 서방 세계 즉 NATO, 영국군, 캐나다군, 호주군 등도 미군과 동일하거나 유사한 개념체계를 유지하고 있기 때문에 군사교류 및 개념의 통일성 측면에서도 한국도 이를 준용하는 것이 타당하다고 보인다.

다만 미군의 이론을 적용함에 있어서, 이를 우리의 상황에 적절하도록 변화시켜야 할 것이다. 미군은 세계를 대상으로 군사전략을 수립하고 시행하는 국가인 반면, 한국군은 한반도라는 제한된 지역에서의 군사전략 수립과 시행이 주 임무이다. 이러한 차이는 사고의 수준과 절차에서의 큰 차이를 내포하고 있는데, 미군의 이론과 절차를 수용하되 이러한 차이를 잘 인식하고 창의적으로 적용하여야 한다.

한국과 미국처럼 강대국과 약소국이 동맹관계에 있을 경우 양국 전쟁기획의 수준은 차이가 날 수밖에 없다. 미국은 전 세계를 대상으로 군사전략을 구현하기 때문에 군사전략이 거시적일 수밖에 없다. 유럽이냐 아시아냐, 전력의 건설은 어떤 분쟁을 대상으로 할 것인가, 핵무기를 사용할 것인가 재래식 전력을 우선 사용할 것인가, 제한전을 수행할 것인가, 원상회복이냐 적 지역 석권이냐 등이 군사전략의 범위에 들어갈 것이다. 미 합참에서는 세계적 차원의 군사력 운용에 대한 결정을 먼저 할 것이다. 그리고 이 결정을 바탕으로 하여 전구에서 해당 지역의 작전에 대한 전구 군사전략을 수립할 것이다. 미국의 입장에서 보면 한국은 태평양 전구의 일부분에 해당되는 작전지역일 뿐이다. 따라서 한국에서 전쟁을 한다면 미국의 군사전략은 전 세계적인 고려-태평양 전구에서의 고려-한반도 작전환경에서의 고려 등의 순으로 군사전략을 수립하게 될 것이다. 이러한 고려에서 미 합참이 담당하여야 할 부분도 있을 것이고 전구 사령관이나 해당 지역 사령관이 고려해야 할 부분도 있을 것이다. 이 모든 것이 군사전략의 고려가 된다.

반면, 한국은 대부분 이러한 문제에 대한 고려가 불필요하다. 한국에게는 당면한 적대행위에 대한 군사력 운용 자체가 군사전략의 핵심이 될 것이다. 미 합참에서 고려하는 군사전략의 대부분은 한국에는 필요 없는 고려가 될 수 있다. 한국은 당면한 문제만을 해결하면 되기 때문이다. 이러한 측면에서 한국의 전쟁기획은 미국의 전쟁기획과 같은 수준이 될 수 없다. 미국의 입장에서는 한반도 전구는 세계 군사전략의 일부분이며, 이 관계는 미국의 역할이 주도적에서 지원적으로 변화된다 하더라도 변하지 않을 것이다. 한국은 그 차이를 인식하여야 하며, 군사전략에 포함되어 있는 수준 차이를 인식하여야 한다.

〈그림 2〉는 미군의 전쟁기획에서 전략과 작전, 전술의 범위를 잘 나타내고 있다. 그림에서 전략적 고려의 범위는 작전적 중간대기기지 이전까지의 전력이동 및 배치를 의미하는 것으로 나타나 있는데, 이는 통상적인 미군의 전략 및 작전적 수준을 보여준다고 할 수 있다. 미군의 입장에서 전략은 전구전략(Theater Strategy)까지를 전략이라 하고, 중간대기기지에서부터 작전지역에서의 활동을 모두 통틀어 작

전이라 호칭한다. 즉 작전지역으로의 이동 및 목표로 이동하는 작전적 기동에 이르는 과정과 작전지역에서 실제 전투를 수행하는 단계를 모두 작전적 단계로 구분한다.

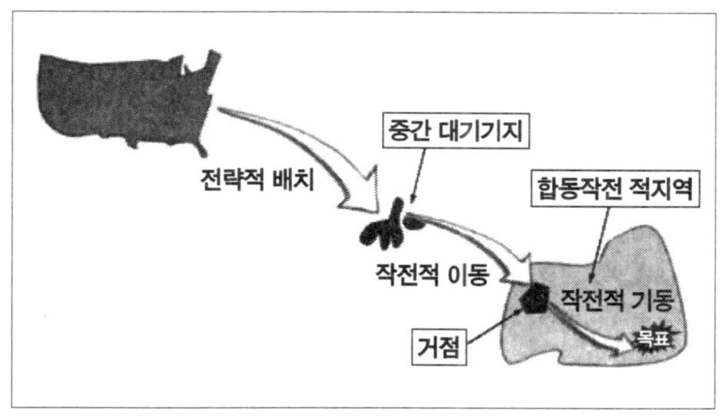

〈그림 2〉 미군의 전략 및 작전의 범위

* 출처: 육군대학 역, 『작전(U.S. Army, Operations, FM 3-0)』 (2008), p. 239.

미군은 합참 차원에서 고려하는 군사전략과 전구 차원에서 고려하는 전구 군사전략을 전략의 수준으로 구분하며, 특정 작전지역(예: 한반도, 이라크 등)에서의 작전과 같은 작전을 '작전적'이라고 호칭하고 있다. 전 세계를 상대로 군사력을 운용하여야 하는 미국의 입장에서 보면 이러한 수준의 구분은 타당하다고 할 수 있다. 미군의 군사전략은 세계적 차원의 전략목표 수립, 전구목표의 설정, 군사력의 배분 등부터 다루어야 하기 때문이다. 즉, 전략은 전역과 주요작전 이상의 수준에서 이들을 운용하기 위한 구상의 의미를 갖는다. 군사전략은 국가의 군사전략과 전구 군사전략을 포함한 수준으로, 전구사령관은 국가전략의 최종상태를 기초로 하여 전구의 군사전략을 작성한다.[12] 전구 내에서 특정한 지역에서 상황이 발생할 경우 작전사령관을 임명하며, 작전사령관은 상급부대의 지침을 근거로 하여 작전지역 내에서의 군사전략을 수립하는데, 미군은 이를 작전이라 한다. 작전적 수준은 주어진 시간과 공간 내에서 전략적 및 작전적 목표를 달성하는 데 초점을 맞춘 관련된 주요작전들의 집합인 전역(Campaign)과 단일 또는 다양한 병과들의 전투부대들에 의해 수행되는 일련의 전술적 행동인 주요작전(Major Operation)을 포함하는데, 작전사령관은 전략의 최종상태를 규정하는 조건들을 달성하기 위해 전역과 주요작전을 수행한다.

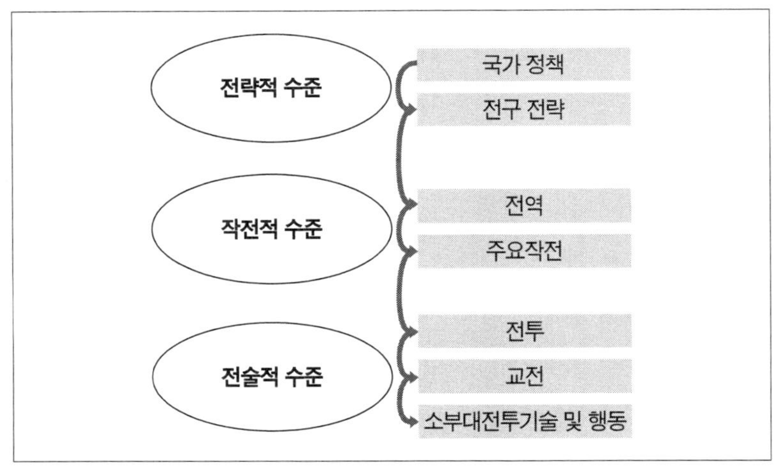

〈그림 3〉 전쟁의 수준

* 출처: 육군대학 역, 『작전(U.S. Army, Operations, FM 3-0)』(2008), p. 178.

---

12 육군대학 역, *작전(U.S. Army, Operations, FM 3-0)* (2008), p. 178.

이러한 미군의 체계에서 한반도는 태평양 전구에서의 하나의 작전 지역에 불과하다. 즉 미군에게 한반도는 작전사령관에 의해 주요작전이 수행되는 작전적 수준인 것이다. 그러나 여기서 미군의 작전적 수준은 한국의 입장에서 보면 군사전략이나 마찬가지이다. 미군은 이러한 과정을 '작전적'이라 하고 있으며, 이 과정에 적용되는 과정을 '작전술'이라고 표현하고 있다. 그리고 작전지역에서의 모든 활동을 '작전적'으로 표현하고 있다. 한국이 미군의 기획문서를 참고하는 데 있어서 주의해야 할 점이 바로 이 점이다. 미군이 '전략적'이라고 표현하는 것은 세계나 전구를 대상으로 하는 개념이고, '작전적'이라는 표현이 작전지역에서 이루어지는 모든 고려를 의미한다는 것이다. 따라서 한국군의 입장에서는 미군이 '작전적'으로 표현하는 것부터 '전략적' 고려로 보아야 하는 것이다. 즉 미군의 작전적 고려는 한국의 전략적 고려에 해당하는 부분이 포함되어 있는 것이다. 그렇기 때문에 한국군이 미군의 기획문서를 참고할 경우나, 실무를 할 경우에 이러한 점에 유의하여야 한다. 한국군이 용어에 고착되어 미군의 '작전적' 개념을 작전분야에 국한되는 것으로 이해하고, 한국 합참은 미 합참과 같은 수준의 전략적 고려를 하는 제대라고만 인식한다면, 주요 개념의 이해에 착오가 발생할 것이다. 이러한 관계를 표로 나타내면 다음과 같다.

〈표 1〉 한미 전쟁기획의 수준 차이

국가	대상지역	기관	내용	비고
미국	세계	합참	세계 군사력 운용	국가군사전략
	전구	전구사령부	전구 군사력 운용	전구군사전략
	작전지역	연합사 (한반도)	작전지역에서의 군사력 운용	작전지역 군사력운용
한국	한반도	합참	작전지역에서의 군사력 운용	군사전략

미군이 작전적 수준으로 호칭하는 활동은 전통적 의미에서 볼 때, 군사전략의 본연의 활동이라고 할 수 있다. 즉 적을 대상으로 하여 전쟁 수행 개념을 모색하는 활동인 것이다. 미군의 전쟁기획 수준의 구분은 미군의 대상 지역이 세계로 확대되었기 때문에 발생하는 특수한 경우인 것이다. 한국이 북한에 대한 대응개념을 구상하는 것은 전통적인 군사전략에 속하는 활동이며, 한국군은 이를 군사전략이라고 명명하는 데 주저하지 말아야 할 것이다. 다만, 한국군이 미군과 긴밀한 관계를 유지하고, 연합작전을 수행하여야 하기 때문에 미군의 체계를 준용하기는 하되, 이러한 관계를 확실히 인식하고 반영하는 것이 필요하다.

전쟁을 수행하기 위해 행해지는 미국의 전쟁기획절차는 전쟁을 위한 논리적인 체계를 잘 갖추고 있으며, 그러한 절차는 한국이 교훈으로 삼을 만하다. 현재 한국군도 미군의 이러한 절차를 준용하고 있으며, 발간 기획문서나 업무분장 및 담당부서도 미군의 절차와 유사하게 이루어지고 있다. 따라서 미군의 절차를 이해하고 준용하는 것은 한국군의 전쟁기획에 큰 도움이 될 수 있다. 다만 이러한 절차는 미군의 전쟁 수준을 반영하고 있기 때문에 그 차이를 식별하여 적용하는 것이 필요하다.

미 합참에서 군사력을 운용하기 위한 출발점은 국가차원의 전략과 지침에서부터 출발한다. 국가차원에는 국가안전보장회의(NSC: National Security Council)에 의해 대통령의 승인을 받아 국가안보정책이 결정되며, 정부에서는 국가안보전략(NSS: National Security Strategy)을 발간한다. 국방부에서는 이를 근거로 국가방위전략(NDS: National Defense Strategy), 4개년 미국방정책 검토보고서(QDR: Quadrennial Defense Review), 통합군사령부계획(UCP: Unified Command Plan), 전력운용지침(GEF: Guidance for Employment of the Force) 등을 발간한다.[13] 이러한 문서들은 미국의 안보상의 국가이익, 국가전략적 목표, 전력운용에 대한 지침 등을 기술한 문서들이며, 합참 이하의 미군이 군사력을 운용하기 위한 지침이 된다. 미 합참은 이러한 문서에 근거하여 임무를 염출하고, 목표 달성을 위한 군사력 운용을 하는 것이다.

전략목표를 달성하기 위한 미군의 군사력 운용은 두 가지 기획체계에 의해 수행된다. 그것은 합동전략기획체계(JSPS: Joint Strategic

---

13 UCP는 통합군 사령부의 작전범위 지정, 전력할당, 지휘관의 임무, 전력운용지침, 지휘관계 등을 기술한 문서이며, GEF는 전투 지휘관이 작전계획을 수립할 때 군사력 사용 판단에 참고가 될 수 있도록 전략적 우선순위, 시나리오의 우선순위, 세계적 군사력 배치, 군사력 지정 및 할당의 방법, 안보협력 우선순위 등을 제시한 문서이다.

Planning System)와 합동작전기획체계(JOP: Joint Operation Planning)이다. 합동전략기획체계는 미 합참에서 이루어지는 체계로서, 합참의장의 주도 아래, 국가 또는 국방부의 지침에 따라 전략을 수립하고, 전체 군사력을 운용할 계획을 발전시키며, 미군의 싸우는 방법인 교리를 발전시키기 위한 지침을 제공할 수 있도록 하며, 상부에 조언할 수 있도록 하는 체계이다. 이 체계를 통하여 미 합참의장이 미국의 국가목표와 군사력에 관한 전반적인 이해를 갖도록 하며, 안보전략과 국가방위전략에 제시된 전략적 목표를 달성하기 위한 목표, 수단, 방법을 고안하여 조언을 하고, 예하부대에 지침을 제공한다. 한편, 합동작전기획체계는 합동전략기획체계에서 부여된 임무를 수행하기 위해 실제로 군사력을 운용하기 위한 기획체계로서, 합동전략기획체계에 의해 작성된 국가군사전략(NMS)에서 설정한 목표를 달성하기 위해 군사적 최종상태(End state)를 설정하고, 이를 달성하기 위한 방법과 계획을 수립하는 체계를 말한다. 합동작전기획체계는 전쟁을 수행하는 작전사령관의 책임하에 작전지역에서의 전력운용개념과 계획을 수립하고, 명령을 작성하여 예하부대를 움직인다. 이 두 체계를 통하여 미군은 국가안보전략에서 수립한 전략목표를 군사력 운용으로 구현하는 것이다. 이 두 체계를 거치는 동안 개념적인 목표가 실제 군사력 운용으로 구현된다.

두 체계의 연결은 다음의 그림에서 보는 바와 같이 합동전략능력기획서(JSCP: Joint Strategic Capabilities Planning)에 의해 연결된다. 후술하겠지만, 합동전략능력기획서는 합동전략기획체계의 목표를 구현하기 위해 각 전구 또는 작전사령부에 임무를 명시하고, 전력을 할당하며, 작전수행에 대한 지침을 하달한다. 그러면 합동작전기획체계에서 전력운용에 대한 작업을 수행한다. 적응형 기획 및 시행체계(APEX)는 합동작전기획체계의 일부이며, 과거의 JOPES 체계를 대체한 체계이다.

한편, 합참 이하 미군에서 수행하는 두 체계와 국방부와의 연결은 합참의장 계획평가(CPA)와 합참의장 계획추천(CPR)에 의해 수행된다. 이 두 기획문서는 군사력 건설에 필요한 합참의 의견을 제시하는 문서로서, 국방예산의 할당을 요구한다. 국방부에서는 군의 요구를 받아서 국방기획관리제도(PPBS)에 의해 자원 할당을 결정하고, 전력 획득의 결정을 한다.

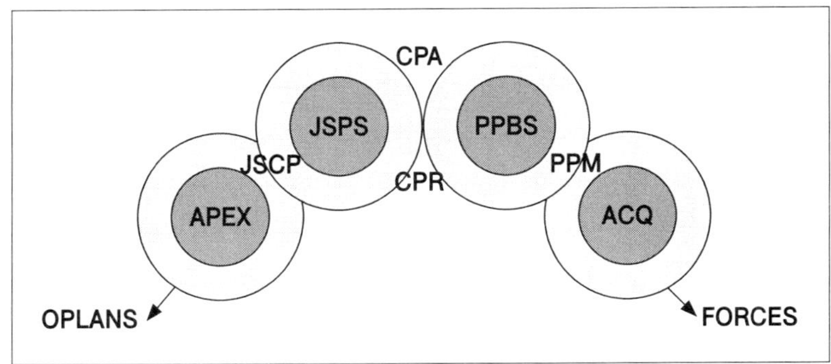

JSPS: Joint Strategic Planning System(합동전략기획체계)
JSCP: Joint Strategic Capabilities Planning(합동전략능력기획)
APEX: Adaptive Planning and Execution(적응형 기획 및 시행)
PPBS: Planning, Programming, and Budgeting System(국방기획관리제도)
CPA: Chairman's Program Assessment(합참의장 계획평가)
CPR: Chairman's Program Recommendation(합참의장 계획추천)
PPM: Program, Project Management(사업 및 계획관리)
ACQ: Acquisition(획득)

〈그림 4〉 합동기획과 국방기획의 관계

* 출처: Lt, Col. Bob Barthelmess, 『Joint Strategic Planning System(JSPS); Planning, Programming, and Budgeting System(PPBS)』, CWPC, USAF Documents, Updated, 98. 5. 29. (원문의 JPD, JOPES는 이후 각각 CPR, APEX로 변경되었음)

한국의 전쟁기획 절차도 이와 동일한 절차로 수행되고 있다. 한국군의 합참에서는 미군과 동일한 절차대로 합동전략기획체계와 합동작전기획체계를 운용하고 있고, 국방부에서도 국방기획관리제도를 통해 군의 요구에 대해 자원을 할당한다. 따라서 미군의 합동기획체계를 이해하면, 한국군의 그것도 자연히 논리적으로 이해될 수 있을 것이다. 다만, 한국군에서는 전쟁기획의 수준 차이에서 발생하는 차이점에 대한 창의적인 적용이 필요하다.

2. 미군의 합동전략기획체계

체계의 구성

합동전략기획체계는 합참의장의 상부지침 및 군사력 운용에 관한 전반적인 상황에 대한 이해 및 평가로부터 출발하여, 정치권에 대한 조언 및 군사력 운용에 대한 지침을 하달하는 체계이다. 미군의 합동전략기획체계를 그림으로 나타내면 다음과 같다.

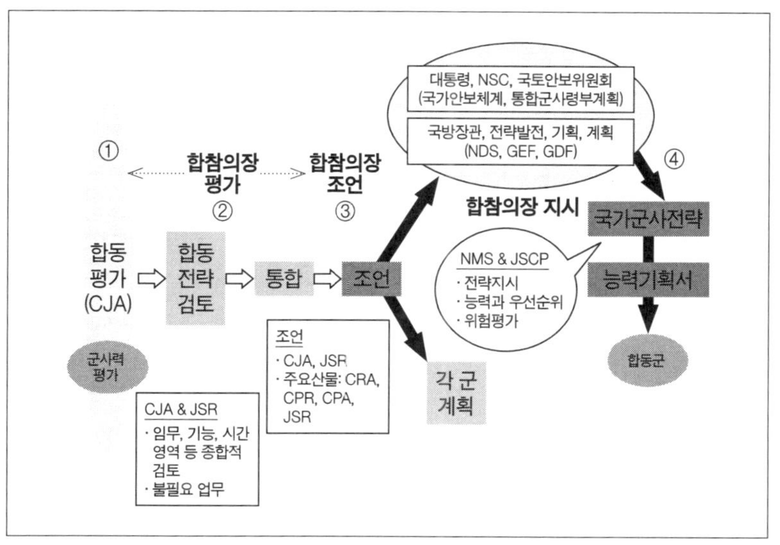

〈그림 5〉 미군의 합동기획체계

* 출처: US JCS, 『Chairman of the Joint Chiefs of Staff Instruction』, 2013. 9., p. A-5.

합동전략기획체계는 크게 3개의 과정으로 구분되는데, 그것은 합참의장의 평가, 조언 및 지시이다. 합참의장의 평가(Chairman's Assessments)는 전반적인 상황판단과 기존 문서에 대한 검토, 그리고 현재 및 가까운 장래(Near-term)의 능력에 대한 평가 등이 주요 내용이다. 합참의장은 국가전략 목표를 구현하기 위한 군사력 운용을 구상함에 있어서 위로는 국가목표를 파악하는 한편, 군사력 운용에 필요한 제반 사항들을 판단하여야 한다. 그러한 판단은 전략환경에 대한 평가로부터 출발하여, 군사력 운용에 관련된 전반적인 상황에 대한 정확한 판단이 선행되어야 한다. 합참의장이 수행하는 평가에는 다음과 같은 것들이 있다. 합동평가(CJA: Comprehensive Joint Assessment)는 전략환경에 대한 평가, 기회와 도전, 조직, 소요 등에 대한 평가이다. 합동전략검토(JSR: Joint Strategic Review)는 앞의 합동평가의 요소에다 합참의 참모들에 의한 합동참모 판단과 기존 합동문서에 대한 판단이 추가된 판단 내용이 포함된다. 합동전략검토는 전략환경에 대한 중장기 기간을 대상으로 위협, 임무, 기술, 조직, 교리, 군구조와 현재 전략, 군사력, 목표 등에 대한 검토를 수행하는 것으로서 전략수립에 필요한 대부분의 내용에 대한 검토가 이루어진다. 합동전략검토 결과 발행되는 산물로서는 단기(Near-term)의 대상기간에 해당하는 NMS(National Military Strategy, 국가군사전략)와 CPA(Chairman's Program Assessment, 합참의장 계획평가) CPR(Chairman's Program Recommendation,

합참의장 계획추천)에 대한 검토[14]를 수행하는 JSR Issue Papers와 향후 20년에 대한 전략검토를 수행하는 Long-Term Vision Paper, Issue Paper에서 중요사항을 발췌하여 매년 발간하는 JSR Annual Report 등이 있다. 또한 CJA, JSR과 함께 수행되는 합참의장 평가로서, 합동전투능력평가(JCCA: Joint Combat Capability Assessment)가 있다. 이는 단기(Near-term) 전투능력 평가로서 미군의 전투능력을 평가한다. 이로써 미군은 군사전략 수립에 필요한 전투능력 평가를 비롯하여, 위협, 임무, 군 구조, 기존의 전략 등에 대한 종합적인 검토가 이루어진다.

합참의장 평가가 이루어진 이후에 합참의장은 평가 결과를 바탕으로 향후 수행하여야 할 미군의 임무를 염출하고, 수행방법인 군사전략을 작성하며, 군사전략을 구현하기 위한 군사력 건설에 대한 건의를 국방부와 대통령 및 의회에 하게 되는데, 이러한 과정이 합참의장 조언(Chairman's Advice)이다. 합참의장 조언은 전략환경과 그에 따른 군사적 행동, NSS 및 NDS의 목표달성을 위한 군사전략, 자원/국방비 사용의 우선순위, 예산사용과 사업에 대한 조언 등을 상부에 제시하는 것으로서, 다음과 같은 산물을 통해서 수행한다. 합참의장 위협평가(CRA: Chairman's Risk Assessment)는 미국에 대한 위협 및 개략적인 대응 군사적 행동 개념을 기술한 것이며, 이에 대한 미

14 Lt, Col. Bob Barthelmess, *Joint Strategic Planning System(JSPS); Planning, Programming, and Budgeting System(PPBS)* CWPC, USAF Documents (1998).

군의 전략을 나타낸 것이 국가군사전략이다. NMS는 NSS 및 NDS의 목표달성을 위해 군사력을 운용하기 위한 군사전략이다. 그리고 CPR 및 CPA는 군사력 건설에 해당하는 내용으로서, 한국의 합동전략목표기획서(JSOP: Joint Strategic Objective Plan)에 해당하는 내용이며, 군사전략을 구현하기 위해 필요한 전력을 건설하기 위해 상부에 제출하는 문서이다.

합참의장의 군사력 운용에 가장 직접적으로 영향을 미치는 기획문서는 합참의장의 지시(Chairman's Direction)에 해당하는 NMS와 JSCP이다. 이 두 문서는 대통령 및 국방장관을 대신하여 각 전구 및 작전사에 미군 운용에 대한 임무와 지침을 하달한다.

국가군사전략서(National Military Strategy)

미군의 NMS는 미국의 국가이익을 구현하기 위해 전 세계적으로 미군을 운용하기 위한 전략서이다. 따라서 전쟁기획에서 NMS의 수준은 세계를 대상으로 하는 수준이며, 이러한 수준의 군사전략을 제시하는 국가는 오늘날 미국이 유일할 것으로 생각된다. 군사전략의 대상과 수준의 차이는 한미 간의 군사전략서를 읽거나 작성할 때 항상 염두에 두어야 하는 사항이다. 우리의 수준이 미군의 수준과 다르기 때문에 미군과는 다른 수준 즉 미국보다 구체적인 내용이 한국의 군사전략서에 기술되어야 한다는 것이다.

미군이 세계적 수준에서 군사력을 운용하는 것을 당연하게 생각할 수 있으나, 이 또한 심각한 고려를 필요로 하는 대목이다. 미국이 세계를 대상으로 군사력을 운용하는 것은 미국의 국가이익이 세계적이기 때문이다. 만일 미국이 고립주의를 택하거나 미국의 이익이라고 생각되는 지역을 일부 지역으로 제한한다면, 세계적 차원에서 미군을 운용할 필요가 없을 것이다. 오늘날 미국은 안보전략적 중요성을 세계의 주요 지역에 부여하고 미국의 이익과 직결된다고 판단하고 있기 때문에, 이를 보호하고 분쟁의 발생을 억제하고, 필요시 국가이익을 실현하기 위해서 미군을 운용하는 것이다. 따라서 미국은 항상 당연히 세계적 차원에서 군사력을 운용하는 것이 아니라 그들의 국가이익의 판단에 따라 현재와 같은 군사력을 운용하는 것이다.

NMS는 이러한 목적 달성을 위해 전략상황을 평가하고, 주어진 자원과 수단으로, 국가안보전략 및 국가국방전략에 명시된 목표를 달성하기 위하여 최선의 군사력 운용 방법을 제시하는 문서이며, 군사력 운용과 건설과 관련된 모든 문서의 기준 문서가 된다. 국가이익을 구현하기 위한 군사력 운용에 관한 기본적인 내용이기 때문이다. NMS는 군사전략이므로 군사전략의 3요소에 대한 내용을 제시하고 있다. 즉 국가이익을 구현하기 위한 목표, 수단, 방법을 제시하고 있다. 여기서 목표란 군사력으로 이루어야 할 목표를 의미하며, 방법은 군사력을 통하여 군사적 목표를 달성하는 방법 즉 군사력 운용개념이다. 이를 전략개념이라고 한다. 한편 수단은 목표달성을 위해 필요한 능력을 의미하며, 미군의 군사력이다. 수단의 한 방편으로서 미국은 동맹국의 지원을 필요로 하는데, 이를 위해 동맹국은 적절한 군사능력을 보유하여야 하고, 상호운용이 가능한 전력을 구비하여야 한다는 등의 내용을 기술하고 있다. NMS는 군사력 운용 면에서는 JSCP에 대한 지침이 되며, 군사력 건설 면에서는 CPA, CPR에 대한 지침이 된다. 군사력 운용에 관한 관계는 〈그림 6〉과 같다. NMS에 기술된 내용을 전장에서 전력운용으로 구현하기 위해서는 각 전구별로 임무와 자원을 할당하는데 그 역할을 JSCP가 수행하며, JSCP의 지침에 따라 전구 및 작전사령부에서 작전지역에서의 군사력 운용을 계획하고 실현한다. 작전지역에서의 군사력 운용에 관해서는 합동작전기획체계에 의해 수행된다.

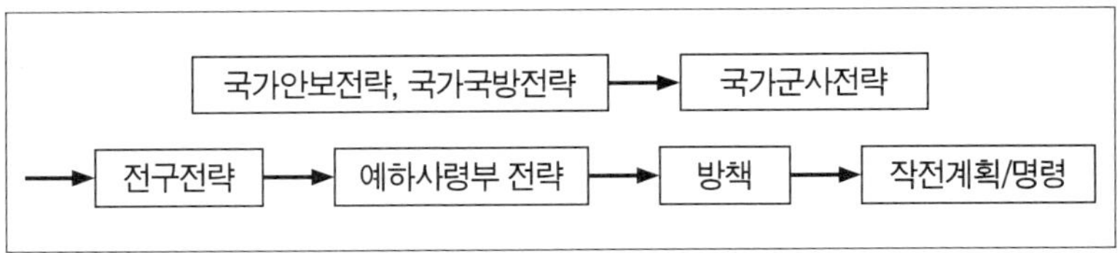

〈그림 6〉 군사력 운용개념의 도출 과정

참고적으로 2011년의 평문 NMS 내용은 다음과 같다. 군사전략의 기조는 세계의 군사적 리더십 유지, 동맹국과 유대 강화, 모든 유형에 대응할 수 있는 능력 유지 등이다. 이러한 기본 목표 아래 세부적인 목표 및 이를 달성할 수 있는 방법을 다음과 같이 제시하고 있다.

〈표 2〉 미 군사전략의 목표 및 방법(2011 NMS)

목표(Ends)	방법(Ways)
폭력적 극단주의 대응	단기적: 테러분자의 색출 및 격멸 장기적: 경제지원, 법치를 통한 테러 발생 요인 제거, 관련국과 유대강화를 통한 잠재요인 제거
침략의 억제 및 격퇴	억제: 미국의 핵무기를 통한 억제, WMD 확산 방지, 재래식 억제력 유지 격퇴: 군사력 유지, 동맹국과 연합, Anti-access & Area denial(접근 및 지역거부) 전략
국제/지역 안전 강화	세계 분쟁 대비를 위해 전방배치, 주요 기지/항구/비행장 접근 유지 아태지역: 한국, 일본에 미군 유지, 한국군 작통권 유지, 동맹관계 지속
미래 군사력 건설	인력: 지도자 양성, 군인의 사회정착 지원, 군 복지 등 능력: 예산 압박시대에 기술적 우위의 군 유지, 전방위 작전능력 보유, 합동능력 강화, 핵무기에 의한 억제, ISR 능력에 의한 효율적 군 건설 준비태세: 단기적으로 부대 및 장비의 재/순환 배치, 장기적으로 보다 신속히 반응할 수 있는 전력 개발

2011년도의 미국 군사전략서의 주제는 미국이 세계의 '지도적인 역할(Military Leadership)'을 지속하여야 한다는 것으로서, 이를 위하여 즉각적으로 세계 도처에 군사력을 투사할 수 있는 능력을 보유하여야 한다는 것을 강조하고 있다. 그 내용으로는 알카에다와 같은 극단주의자들에 대응하며, 억제와 억제 실패 시 격퇴하며, 국제 및 지역안정을 강화하고, 미래에 대응할 수 있는 능력을 향상시켜야 한

다는 것 등이 포함되어 있다.[15] 즉 미국은 고립주의가 아니라 적극적인 능력을 바탕으로 군사적 지도력을 계속 발휘하겠다는 것이 미국의 군사전략인 것이다. 미 NMS의 결론은 미국은 세계의 군사적 지도자 역할을 유지할 것이며, 이를 위해 보다 융통성, 효율적, 적응력 있는 합동군으로 변화시킨다는 것이다. 미군의 주요 전략은 세계적 군사력을 유지하고, 신속히 투입될 수 있는 주요 기점을 확보하고, 동맹국과 긴밀한 협의하에 군사적 협력을 유지한다는 것이다. 주요 전략으로는 Anti-access & Area denial(접근 및 지역거부)에 대한 전략을 택한다.

미 합참의 군사전략서는 이러한 수준의 내용을 포함하고 있으며, 여기에는 전구나 작전지역에서 적용될 수 있는 군사력 운용에 관한 내용은 전혀 언급되지 않고 있다. 미 합참의 입장에서는 보다 높은 차원의 개념 규정을 할 필요가 있기 때문에 당연하다. 세계를 대상으로 군사력을 운용함에 있어서 군사적 지도력을 계속 발휘할 것인지, (예를 들어) 고립주의를 택할 것인지에 따라 미국의 군사력 운용이 완전히 달라지기 때문이다. 군사적 지도력을 유지하기 위해서는 해외주둔, 사전배치, 즉각적인 투사능력 등을 보유하여야 하지만 고립주의를 택한다면, 이러한 능력이 필요 없고, 사활적 이익이라고 생각되는 매우 협소한 범위에서만 군사력을 운용하면 되는 것이다. 세계적으로 군사력을 할당하여야 하는 미국에게는 어떤 지역을 중요하게 생각하는지,

15 US DOD, *The National Military Strategy of the United States of America* (Washington D.C.: Department of Defense, 2011).

어떤 형태의 작전에 대비하기 위해 어떤 능력을 보유하여야 하는지, 군사력의 배분은 지역별로 어떻게 하여야 하는지, 전체적으로는 어느 정도 규모의 전력이 필요한지 등이 미 군사전략의 핵심 내용이 되는 것이다. 미 합참에서는 이러한 수준의 내용부터 규정하는 것이 타당하며, 이를 군사전략이라 하고, 각 전구에서는 이를 근간으로 하여 각 전구에 해당하는 군사력 운용을 하는 것이다. 미국의 군사전략은 세계를 대상으로 하기 때문에 이런 내용이 되는 것이다. 군사적으로 지도자적인 역할을 하느냐 아니면 다른 형태를 추구하느냐에 따라 군사력 운용과 건설, 배치의 개념이 달라지기 때문이다.

우리에게 통상적으로 익숙해 있는 미국의 군사전략들은 "대량보복(Massive Retaliation)", "유연대응(Flexible Response)", "실질적 억제(Realistic Deterrence)" 등이다. 또한 군사전략이라기보다는 군사력 건설을 위한 지침이 되는 개념으로서 "2½ 전략", "1½ 전략" 등을 들 수 있다. 이 외에도 소모전, 섬멸전, 등가(Countervalue), 무력대응(Counterforce), 전쟁(Warfighting), 직접 및 간접 접근, 탐색 및 격멸, 확실한 파괴(Assured Destruction), 봉쇄(Containment), 상쇄(Countervailing) 등을 들 수 있는데, 군사전략을 정의한 Lykke 대령은 이러한 용어보다는 그 내용이 중요하다고 하고 있다. 즉 이러한 미국의 기본적인 전략이 현지의 작전상황에 어떻게 적용되는가가 중요하다고 하고 있다. 그래야 그의 말과 같이 전략개념이 실제적 상황에서 군 구조나 전개의 규모 및 성격

(Worldwide deployment)을 결정할 수 있다는 것이다.[16]

한국 합참이 미 합참과 같이 이런 수준의 군사전략을 작성할 수는 없다. 한국 합참은 세계적인 군사력 운용을 고려할 필요가 없으며, 미 합참의 수준보다는 낮은 차원 즉 구체적인 작전지역 수준의 군사전략을 제시하여야 한다. 한국은 미국과 같은 거시적인 수준의 군사전략이 필요한 것이 아니라 한반도 전구에서 실질적으로 운용되어야 할 군사전략이 요구된다. 실질적으로 군사력을 운용하기 위한 목표, 수단, 방법이 포함된 개념을 제시하여야 하는 것이다. 그래야 군사력 운용과 건설에 관한 방향이 제시될 수 있다.

합동전략능력기획서 (JSCP: Joint Strategic Capabilities Planning)

NMS가 거시적인 차원에서 미군의 군사력 운용의 틀을 제시하였다면, 보다 세부적인 군사력 운용의 차원으로 들어가기 위해서는 합동능력기획서가 필수적으로 중요하다. 앞의 합동기획과 국방기획과의 관계에서 보듯이 JSCP는 합동전략기획체계와 합동작전기획체계를 연결시켜 주는 역할을 하며, 합동작전기획체계에 대한 지침의 역할을 한다. JSCP는 NMS의 목표 달성을 위해 현재 능력을 기준으로 각 전구의 임무를 부여하고, 임무수행을 위한 군사력을 할당하며, 군사력 운용지침을 제시한다. JSCP의 작성 목적은 이렇게 NMS에서 설정된

16 Col. Arthur F. Lykke Jr., "Defining Military Strategy," *Military Review* (1997), p. 185.

목표를 구현하기 위해 전구사령관에게 임무와 자원을 할당하는 것이다. 즉 JSCP는 전구사령관이 임무를 수행할 수 있도록 하며, 그뿐만 아니라 군사력 운용에 관한 구체적인 틀을 제공함으로써 전구사령관 및 각 군 총장이 군사력을 건설·준비·활용하는 지침을 제공한다.[17] 목표의 제시는 NMS에 근거한 일반적 목표와 각 지역에서 구현해야 할 목표로 이루어진다. 미군의 군사력 건설의 목표와 기조는 NMS와 동일하게 세계에서 군사적 지도적 지위를 유지하는 것이다. JSCP는 이러한 목표를 구현하기 위해 각 전구별로 특정한 목표를 제시하고 임무를 부여한다. 또한 일반적으로 군사력 운용에 관한 다양한 상황에서의 군사력 운용지침을 제공한다. JSCP에서의 이러한 목표 제시는 전구 및 작전사령관이 군사력을 운용하여 달성하여야 할 목표가 된다. 작전사령관은 제시된 목표와 할당된 군사력으로 작전상황에 부합하도록 군사력 운용개념을 수립하고 발전시키면 되는 것이다.

JSCP는 미군의 전체 전력규모를 제시하고 있는데, 미군의 기본 규모는 2개 주요전구작전을 동시 수행하는 능력을 보유하는 것이다. 이에는 10개 육군사단, 3개 기병연대, 15개 주방위군 여단, 200대의 폭격기, 12개 상비 및 8개 예비전투비행단, 200척의 전투함, 3개 해병원정단, 핵무기 등이 포함된다. 이러한 미군 규모는 냉전 종식 이후 지속적으로 유지되어 온 미군의 규모이다. 1993년 클린턴 정부는 냉전체제에서 과도하게 유지되어 온 국방예산을 대폭 감축해 나가기

17 "Joint Strategic Capabilities Plan 2010," http://www.fas.org/man/dod-101/dod/docs/jscp99.htm

위해 미군 규모에 대한 재검토 작업을 수행하였는데(BUR: Bottom up Review), 그 결과 결정된 규모가 한반도와 중동 등 2개의 대규모 분쟁이 발생할 경우 이에 동시에 대응할 수 있는 능력을 보유한다는 내용이다. 2개 주요전구작전 수행능력은 클린턴 정부에서 결정된 이후 그 기본적인 규모가 현재에도 유지되고 있는 것이다. 이 계획에 의하면, 각각의 주요 분쟁에 대비한 전력을 약 5개 사단 규모로 예측하였다.

이러한 미군을 운용하기 위한 기본 지침은 미군의 해외 주둔과 본토로부터의 전력투사의 개념으로 시행된다. JSCP는 작전지역에 이용되는 군사력을 그 성격에 따라 구분하고 있는데, 그것은 신속억제방안(FDO: Flexible Deterrent Options), 결정적 능력(DDF: Deploy Decisive Force), 반격전력(Counterattack)의 3개 범주이다. 이러한 구분은 분쟁지역에 투입되는 전력의 성격을 의미하는 것으로서 분쟁의 억제 및 최초에는 FDO 전력이, 그 이후에는 DDF 전력과 반격전력을 투입한다는 의미이다. 그리고 JSCP는 각 범주에 속하는 전력에 어떤 전력들이 속해 있는지를 명시하고 있다. 이와 같은 범주와 전력을 제시하는 이유는 작전사령관이 전력 운용계획을 수립할 때, 앞의 범주를 구분하여 상황에 적절한 군사력을 운용하라는 계획지침인 것이다. 또한 JSCP에서는 각 범주의 전력들을 어떤 경우에 사용할 수 있는지를 적용지침을 통해 제시하고 있다. 즉 주요전구 작전에는 충분한 반격전력을 사용하며, 소규모 분쟁에는 해당지역 및 증원전력들

을 사용한다는 것 등이다.[18]

〈표 3〉 군사력 운용계획 및 적용지침

계획지침		적용지침	
군사력 운용 기본 범주	신속억제방안(FDO: Flexible Deterrent options)	세계전략 임무	JSCP에서 미 기술
	결정적 능력 전개(DDF: (Deploy Decisive Force)	주요전구 작전	제1MRC: 충분한 반격능력 제2MRC: 충분한 DDF
	반격전력(Counterattack)	소규모 분쟁	해당지역 및 증원전력
		NBC 전쟁	생/화학무기 미보유. 핵 대응은 재래식 전력 우선

또한 JSCP는 3개 범주에는 어떤 전력들이 포함되는지를 제시하고 있다. 〈표 4〉에서 보는 바와 같이 FDO, DDF, 반격전력에는 각각 어떤 전력들이 해당되는지를 명시하고 있다.

18 “Joint Strategic Capabilities Plan 2010,” http://www.fas.org/man/dod-101/dod/docs/jscp99.htm

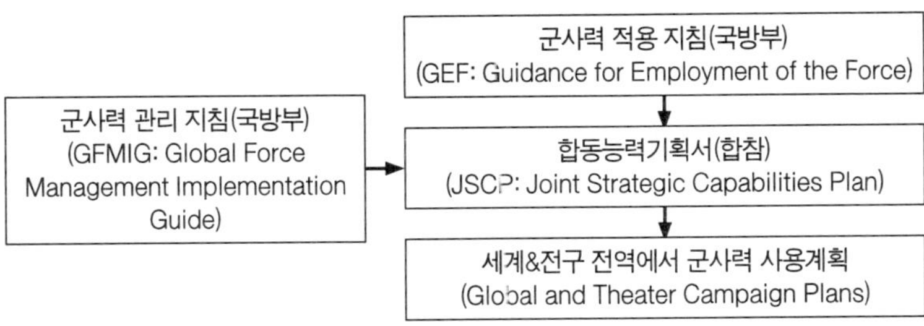

GEF: 전투 지휘관이 작전계획을 수립할 때 군사력 사용 판단에 참고가 될 수 있도록 전략적 우선순위, 시나리오의 우선순위, 세계적 군사력 배치, 군사력 지정 및 할당의 방법, 안보협력 우선순위 등을 제시함.

JSCP: 국방부의 군사력 사용 지침(GEF)에 따라 전구 작전에서 군사력 사용계획의 지침 제시. (군사력 사용의 범주를 구분하고, 각 범주에서 군사력 사용의 수준 제시) 소집될 수 있는 군사력을 전투력 발휘 정도에 따라 구분.

GFMIG: 각 군별 현역/예비역의 지정, 할당, 전투력 발휘 수준 제시.

Global and Theater Campaign Plans: 전구 작전의 진행에 따른 예상 전력운용을 전구 지휘관이 작성.

〈그림 7〉 미 군사력 할당 및 운용체계

〈표 4〉 전력할당

범주	부대 유형	구분 (Case)
FDO	현역, 해당지역 배치 전력, 증원전력, 여단, 비행대대, 전투단 규모	1
Major FDO	현역, Case 1 전력, 대응전력, 우발사태대응전력, 증원전력, 지원병	2
DDF	현역, Case 1, 2 전력, 중부대, 증원전력, 대통령 동원/부분동원 전력	3
Counterattack	Case 1~3의 현역/예비역, 부분동원전력	4
2개의 전쟁	Case 1~3의 전력	

또한 JSCP는 이용 가능한 전력 규모를 구체적으로 제시하고 있다. 즉 운용될 수 있는 군사력을 구체적으로 제시하고 있다. 여기에는 공통적으로 이용할 수 있는 공통전력(General Apportionment)과 지역에서 이용 가능한 전력(Regional Planning Forces)으로 구분하고 있다. 예를 들어 전략 폭격을 위한 공통전력은 5개의 B-1/B-1B 폭격기 대대, 2개의 B-2 폭격기 대대 등이다. 이와 같은 형태로 동원자원, 전략핵, 전략폭격기, 공중수송, 전략방공, 지역방어, 해상 사전배치전력, 지원전력 등의 규모를 식별하여 제시하고 있다. 또한 이용 가능한 군별 전력도 식별하고 있다. 즉 지역의 주요전쟁 및 소규모 분쟁을 위해 사용할 수 있는 전력을 식별하고 있는데, 육군 현역 ○개 사단, 예비군 ○개 사단, 해군 ○개 함대, ○개 항모, 공군 F-15 ○개 대대, F-22 ○개 대대 등으로 수록하고 있다. 이러한 전력규모와 부대는 작전사령관이 작전을 계획할 때, 참고할 수 있는 전력이기도 하지만, 각 군에서 준비하여야 할 전력이기도 하다. 이런 의미에서 JSCP는 각 군이 어떤 성격의 전력을 어떤 규모로 준비하여야 된다는 지침이 되기도 한다.

한편, JSCP는 NMS에 근거하여 각 지역의 전구에서 수행하여야 할 임무와 작전기획지침, 그리고 전구에서 운용할 수 있는 전력을 할당하고 있는데 이를 통해 전구에 임무 부여 및 수단을 제공하게 된다. 작전기획지침은 전쟁을 위해 작전을 계획할 때 준수하여야 하는 지침이 된다. JSCP는 전구의 목표와 임무를 명시하고 있는데, 예를 들어 중부 및 태평양 사령부는 주요작전에 대한 작전계획과 TPFDD 개념계획의 작성을 지시하고 있다. 중부사령부의 경우 전구목표는 전략자원(원유)에 대한 접근 확보, 우방국 안전, 미국 정책에 대한 우방국 지원 등으로 선정하고, 이를 위한 임무로는 지역 분쟁 억제 및 해결, 호르무즈 해협 안전보장, 테러 방지, 해상교통로 안전, 평화유지 및 인도적 지원 활동 지원, 핵확산 방지 등으로 지정하고 있다. 그리고 가용전력을 제시하고 있는데, 전체전력 규도로서 1개 항모전단, 3개 경사단, 10개 비행단, 5개 E3기 8개 AC-130기를 할당하고, 각 가용전력이 어떤 범주의 전력이며, 어디에 위치하고 있고, 평시의 소속과 부대의 성격 등을 상세히 설명하고 있다.

〈표 5〉 중부사령부 가용전력(1)

Case1(현지)	Case1(증원)	Case 2	Case 3	Case 4
2 APS ⋮	Fld Army HQ Corts HQ/ Spt DFE(-) APS ACR(L) SFG ⋮	DFE(H) ⋮	DFE(H)- Bde(H) ⋮	Corps HQ/ Spt 2DFE(H) DFE(L) 3(e)Bdes ACR SFG ⋮

〈표 6〉 중부사령부 가용전력(2)

구분	부대		가용성	위치	소속	성격 (상비/예)	비고
Case 1	육군	1사전배치		쿠웨이트	중부사		여단 Set
		1사전배치		카타르	중부사		여단 Set + 사단 본부
	⋮		⋮	⋮	⋮	⋮	⋮
	해군	CVBG		페르시아만	중부사	상비	
		DD		페르시아만	중부사	상비	
Case 2	육	1보병사단	N+4	미 본토	본토사	상비	
	공	1FT/3Sdn	N+4	미 본토	본토사	상비	54× F-16
⋮	⋮	⋮	⋮	⋮	⋮	⋮	⋮

이렇게 임무와 군사력을 할당한 다음 JSCP는 이러한 군사력을 적용하는 데에 필요한 지침을 제시하고 있다. JSCP가 제시하는 작전기획지침은 군사력 사용의 여러 가지 경우에 대한 행동지침으로서, 국가이익에 부합되게 전력을 운용하도록 하는 목적을 가진다. 이러한 지침을 준수하지 않을 경우에는 국가이익에 부합되지 않는 방향으로 군사력을 운용할 수 있기 때문이다. 이 지침은 매우 중요한 지침인데, 작전사령관의 작전기획이 국가이익과 결부되게 하는 지침이다. 작전사령관은 이 지침을 준수하여 작전을 기획하여야 한다. 일반적인 군사력 운용지침으로 JSCP는 교전규칙, 부대이동, 지휘관계, 핵무기사용, 정보협조, 특수작전, 민사업무, 주둔국 지원, 종결, 주둔국 지원 복원, 작전지속, 훈련, 정찰작전, 해상작전, 공역통제, NASA 지원, 인도적 지원, 전쟁포로, 기만, 탐색 및 구조, 심리전 등에 대해 언급하고 있

다. 이와 같은 지침은 언제든지 고려하여야 하는 일반적인 사항이며, 특정한 임무가 아니라 하더라도 항시 발생할 수 있는 전력운용에 대한 지침이다. 한편, 주요 분쟁에 대한 작전을 기획할 때의 지침으로는 다음과 같은 내용들이 속하는데, 한국에 적용되는 미군의 작전기획지침이라 할 수 있다. 한미 연합작전을 계획하는 데에 있어서도 미군은 이러한 지침을 준수할 것이니, 한국도 참고해야 하는 사항이다.

〈표 7〉 주요 분쟁 작전기획 지침

당사국 군사력 우선적 사용. 미군 사용은 최후 수단으로 사용
정치적 목적 달성에 중점을 둘 것
정부기관 및 타 국가와의 노력 협조
당사국 정부는 항상 정통성이 있어야 할 것
단기적 목표보다는 장기적 목표에 집중할 것
문제 해결에 필요한 상황에서만 군사력을 사용할 것

이와 같이 JSCP는 NMS에 기술된 미국의 전략목표를 수행하기 위해 각 전구에서 수행하여야 할 모든 것을 제시하고 있는 중요한 문서이다. NMS가 세계차원의 미군의 전략목표와 군사력 운용개념을 제시하고 있다면, JSCP는 그것을 실제로 구현하기 위한 구체적인 행동목표와 수단을 제시하고 있는 것이다. 각 전구에서의 군사력 운용은 작전사령관의 수준에서 이루어지는 것이지만, 이들이 군사력 사용을 통해서 이루어야 할 임무와 작전기획지침, 그리고 군사력을 JSCP가 할당하고 있다. 즉 미 전체전력을 어떻게 구분하고, 어떤 원칙에 의해 전력을 배분하고, 각 전구에 어떻게 할당하는지, 그리고 그 결과에 의

해 어떤 전력이 할당되는지를 설명하고 있으며, 전구사령관이 작전계획을 작성하기 위한 가용한 전력을 식별하여 주고, 전구 계획을 위해 전구별 목표와 임무를 식별하고 있으며, 작전을 기획할 때 참고할 수 있는 지침을 제시하고 있다. 그뿐만 아니라 JSCP는 세계적 임무를 수행하기 위해 각 군에서 준비해야 할 내용을 기술함으로써, 군에 대한 군사력 건설 및 준비의 지침이 되기도 한다. 이러한 상태에서 JSCP는 전구사령관에게 주어진 전력을 사용하여 주어진 목표 달성을 위한 운용계획을 작성하라고 요구하는 것이다. 실로 JSCP는 작전지역에서의 임무 수행을 위한 구체적인 내용의 모든 것을 제시하고 있는 것이다. 따라서 미군의 기획체계에서 JSCP가 갖는 역할은 매우 중요하다고 할 수 있다.

군사력 건설

군사력 건설에 관하여 JSPS 상에 제시되는 현재의 공식적인 문서는 합참의장 계획추천(CPR: Chairman's Program Recommendation)과 합참의장 계획평가(CPA: Chairman's Program Assessment)로서 한국의 합동전략목표기획서(JSOP)와 같은 역할을 한다. 현재 한국의 전력증강과 관련된 문서는 JSOP이지만 이 문서는 1950년대의 미군의 기획체계에 있었던 문서이며, 그 이후 미군의 전력 소요제기 관련 문서는 여러 형태의 변화를 거쳤다. 1950년대 초 JSOP은 중기의 기간에 전구별 임무부여 및 자원할당과 관련된 문서였다. 이러한 문서체계가 1970년대까지 지속된 것으로 보이며, 1970년대 말 JSOP는 합동전략기획문서(JSPD: Joint Strategic Planning Document)로 변경[19]되었다. 1990년에는 합참의장 계획평가(CPA)가 공식 발간되기 시작하였으며,[20] 1993년에는 합동기획문서(JPD: Joint Planning Document)가 공식 발간되었다.[21] 1995년에는 합참의장 계획추천(CPR)이 발간되기 시작하였으며,[22] 이 문서는 1997년부터 공식문서화하였다. CPA와 CPR의 중요성 확대되면서 JPD는 점차 영향력을 상실하여 1990년대 말에는 JPD의 발간이 중단되었다. 이후 CPR과 CPA이 군사력 건설에 대한 합참의 기획문서 역할을 하면서 국방기획관리제도(PPBS)와 연결되게 된다. 따라서 오늘날 CPR과 CPA가 우리의 JSOP과 같은 역할을 한다고 볼 수 있다. 우리는 미국에서는 이미 사라진 JSOP를 여전히 사용하고 있는 실정이다.

이 두 문서는 1급 비밀(Top Secret)이므로 내용 파악이 어렵지만, 문서의 성격은 다음과 같다. CPR은 NMS를 수행하기 위한 합참의장의 전력증강 요구사항과 건설 우선순위, 또한 합참의장이 생각하는 특별한 능력의 건설을 요구하는 문서로서, 미 합참은 이 문서

---

19 Steven L. Rearden, *Council of War* (Washington D.C.: Government Printing Office, 2012), p. 541.

20 Col. Richard M. Meinhart, *Chairmen Joint Chiefs of Staff's Leadership Using the Joint Strategic Planning System in the 1990s: Recommendations for Strategic Leaders* (2003).

21 Jeffrey A. Weber & Johan Eliasson ed, *Handbook of Military Administration* (Boca Raton: CRC Press, 2007), p. 86.

22 Col. Richard M. Meinhart, *Strategic Planning by the Chairmen Joint Chiefs of Staff, 1990-2005* (2006), p. 8.

를 통해 군사력 건설을 미 국방부에 요구하며, 미 국방부에서는 이를 토대로 국방기획관리제도(PPBS)를 거쳐 예산을 할당한다. 건설된 군사력은 합동능력기획서(JSCP)를 통해 각 전구 및 작전사령부로 할당된다. CPA[23]는 각 군, 특수전사령부, 각 기관에서 국방부로 제출한 자원할당계획인 계획목표각서(POM: Program Objective Memorandum)에 대한 평가를 수행하며, 이에 대한 합참의장의 견해를 기술한다. CPA 작성의 고려사항은 균등한 능력발전을 구현하는 관점에서 POM을 평가하고, 안보목표 달성에 요구되는 지원수준을 결정하며, 대체계획을 수립하고, 이의 구현에 필요한 예산 편성안을 작성하는 것이다. 이 두 문서는 합참의장의 스타일과 우선순위에 따라 달라질 수 있는 문서로서, 합참의장이 필요한 소요를 국방장관에게 제기하는 역할을 한다. 합참의장은 이 두 문서를 통해 작전지휘관의 군사력 건설 요구를 반영하는데, 단일 관점(stove-piped)의 건설계획보다는 전략과 작계 수행능력 중심,[24] 합동작전능력(Joint Warfighting Capability) 중심[25]으로 군사력 건설 소요를 판단한다.

군사력 건설 소요는 NMS의 목표와 군사력 운용개념에 의해 영향

---

23 Lt, Col. Bob Barthelmess, *Joint Strategic Planning System(JSPS); Planning, Programming, and Budgeting System(PPBS)* CWPC, USAF Documents (1998).

24 Col. Richard M. Meinhart, *Chairmen Joint Chiefs of Staff's Leadership Using the Joint Strategic Planning System in the 1990s: Recommendations for Strategic Leaders* (2003), p. 31.

25 Col. Richard M. Meinhart, *위의 책*, p. 33.

을 받는다. 따라서 군사전략에 따라 군사력 건설 방향 변화된다. 예를 들어 1990년대에는 3개의 군사전략에 따라 각각 다른 군사력 건설이 요구되었다. 이에 따라 육군, 해병, 공군, 해군 및 운용 유지뿐만 아니라 봉급, 주거, 의료지원 등의 변화도 동반 발생하였다.[26] 이와 같이 군사전략은 군사력 운용 및 군사력 건설의 방향을 좌우하게 된다.

앞서 합동전략기획의 체계와 주요 문서에 대하여 살펴보았다. 미군의 합동전략기획은 NSS 및 NDS에 의해 부여된 전략목표를 군사적으로 구현하기 위해 NMS를 작성하고, 군사력 운용에 관해서는 JSCP에 의해 전구작전에 필요한 목표 및 수단과 작전기획지침을 제시하며, 군사력 건설 분야에서는 CPR 및 CPA를 통해 군사력 건설 소요 및 우선순위를 작성하여 국방부에 제기하는 역할을 한다. 이러한 과정을 통해 미 합참은 군사력 운용과 건설에 해당하는 상급 부대로서의 역할을 하게 된다. 작전지역에서는 이렇게 하여 건설되고 할당된 군사력을 가지고 목표(임무)를 달성하기 위한 전투력 운용개념을 창출하여 군사력을 운용한다. 작전지역에서는 군사력 운용을 위해 일련의 절차를 수행하는데 이를 합동작전기획체계라 한다.

26 Col. Richard M. Meinhart, *위의 책*, p. 30.

3. 미군의 합동작전기획체계

체계의 구성

미군의 합동작전기획체계는 합동전략기획체계에서 부여된 수단으로 부여된 임무를 수행하기 위해 군사력 운용방법을 결정하는 체계이다. 합동전략기획체계에서는 직접적인 전투행위를 대상으로 하지 않고, 전체 전력의 할당이나 배치 등 '태세'에 관련된 결정을 하였다면, 합동작전기획체계에서는 직접 전투를 대상으로 한 군사력 운용계획을 작성하는 것이다. 전통적인 군사전략의 의미에서 볼 때에는 바로 작전기획체계가 그러한 내용을 다루는 것으로서, 미국의 동맹국에게는 이 단계가 군사전략을 고려하는 단계라고 할 수 있다. 미군은 적을 직접적인 대상으로 하는 전력운용을 작전이라 명명한다.

미군은 세계를 6개의 전구로 구분하고 있는데, 여기에는 중부, 아프리카, 유럽, 태평양, 북부, 남부 사령부 등이 있다. 전구사령관(Geographic Combatant Commanders)은 전구전략(Theater Strategy)을 작성하고, 필요시 예하사령부를 운용하는데, 북부전구의 알래스카, 태평양전구의 한국, 전략사령부의 사이버, 과거 중부전구의 이라크사령부 등이 여기에 속한다. 이러한 지역사령부는 평시부터 존재하거나, 필요시 구성된다. 전구사령관(예: 태평양 사령관)은 전구전략을 작성할 책임이 있으며, 전구전략은 전구전역계획(Theater Campaign Plan)으로 발전된다. 전구전략은 상부의 전략지시인 국가전략(NSS)과 국방부의 지시(NDS, QDR, UCP, GEF), 합참의 지침(NMS, JSCP)을 참고하여 작성된다. 전구전략은 해당 전구의 장기적 비전을 기술한 것으로, 전략지시와 합동작전기획(Joint Operation Planning)의 중간 역할을 한다. 전구전략에는 해당 지역(Region)에서의 비전, 임무, 도전, 경향, 가정, 목표, 자원 등이 포함되며, 전구전략의 방법(Ways)으로는 역내 안보협력, 동맹국 군사력 향상, 배치, 준비태세, 관련국에 대한 개입 등의 포괄적인 내용이 포함된다. 이러한 전구전략은 전구 차원의 전쟁행위를 배제하지는 않지만, NMS와 유사하게 장기적인 '태세'적 측면이 강하다. 전구에서 적과 전쟁을 수행할 경우에는 작전사령관을 임명하여 전역계획을 작성한다. 임명된 작전사령관은 전쟁을 위한 계획을 합동작전기획체계에 의해 작성한다.

작전지역에서의 전쟁은 작전지역의 고려에서부터 시작하며, 적에 대해 아군의 행동방안을 결정하는 전통적인 의미에서 군사전략적 고려도 여기서 이루어진다. 이러한 실질적인 군사력의 적용을 위한 기획을 미국은 작전기획(Operational Planning)이라 하고 있으며, 그 최상위 문서는 미 합동교범 5-0 합동작전기획(Joint Operation Planning)이다. Joint Pub. 5-0은 합동작전기획과정(JOPP: Joint Operation Planning Process)을 설명한 문서로서, 그 내용은 작전지역 작전사령관의 전쟁을 위한 전략구상에서부터 작전명령의 작성까지를 다루고 있다. 미군도 전략적, 작전적, 전술적 수준으로 전쟁의 수준을 구분하고 있으나, 작전지역에서 이루어지는 군사작전의 전반, 즉 작전지역에서의 전략과 작전술에 해당하는 부분을 모두 '작전적(Operational)'이라는 용어로 표현하고 있다. 그러나 모든 전쟁기획이 그러하듯, 전략의 수립, 전략을 수행하기 위한 부대운용의 방책, 그리고 작전술 등은 기본적으로 고려되어야 한다. 미군의 작전기획 문서는 이러한 내용을 포괄적으로 '작전적'으로 표현하고 있는데, 굳이 전략과 작전술 등을 구분함으로써 논란의 여지를 남기지 않겠다는 의미로 해석할 수도 있다. 한국군이 미군의 문서를 참조할 때 이러한 점에 유의하여야 한다.

전쟁을 고려하는 수준에 따라 전쟁기획의 단계가 다르고 각 단계별 명칭이 다르다 하여도 전쟁을 수행하기 위해서 대부분의 국가가 공통적으로 준수하여야 하는 절차가 있을 것이다. 적대관계에 있는 양측이 대치하고 있는 상황으로부터 군사력을 행사하고, 작전을 지속하기 위해서 전쟁 당사국은 일정한 틀 또는 절차에 의해서 사고할 수밖에 없을 것이다. 같은 이유로 한국군이 전쟁을 기획한다 하더라도 이와 같은 절차를 준수하여야 할 것이다. 이러한 절차를 잘 나타내고 있는 것이 미군의 합동작전기획(Joint Operation Planning)이다. 미군은 지속적으로 전쟁을 수행하는 국가로서 미군이 수립한 절차는 이론과 현실을 적절하게 반영하여 만들어진 절차라고 할 수 있다. 미군의 합동작전기획과정은 적대적 단계에서부터 시작하여 군사행동으로 이루어지는 일련의 논리적 절차를 기술하였다. 이 과정을 통해서 군사적 임무를 분석하고, 군사적 행동의 대안을 결정하며, 최종적으로 각 부대가 행동하여야 할 작전명령을 작성하여 하달하게 된다. 즉 전쟁기획이다. 한국군이 수령하는 작계는 이런 과정을 거쳐서 배포되는 것인데, 작계 발간 이전의 사고과정이 전쟁기획에서는 더욱 중요하다. 이 과정을 미군은 작전술(Operational Art)이라고 부르는데, 사실 미국이 아닌 한국군의 입장에서 보면 전쟁기획이며, 군사전략을 작성 및 발휘하는 과정이라고 할 수 있다.

합동작전기획은 작전사령관이 목표 달성을 위해 전력을 운용하기 위한 기획체계로서 NMS에서 설정한 목표를 달성하기 위해 군사적 최종상태(End state)를 설정하고, 이를 달성하기 위한 방법과 계획을 수립하는 체계이며, 주요 결과물은 작전의 접근, 방책, 계획 등이다. 이에는 병력을 동원, 배치, 적용, 지속지원, 재배치, 동원해제 등의 행위가 포함된다. 합동작전기획의 역할은 전략지시를 반영하여 필요한 전략개념을 수립하고, 계획으로 발전하여 실행하는 도구(tool)를 제공하는 것이다.

전구 및 작전사령관이 전투력 운용을 위한 합동작전기획을 수행하기 위해서는 합동전략기획에서의 지침에 따라야 한다. 이렇게 합동작전기획에 필요한 지시를 하달하는 것을 전략지시라고 한다. 즉 작전지역에서 작전지휘관이 전략을 수립하기 위해서는 국가와 합참 차원의 지시를 받아 전구전략을 수립하는데, 이 내용들이 전략지시가 된다. 대부분의 전략지시는 NMS 및 JSCP를 통해서 하달되나, 한미 동맹과 같은 경우에는 양국 합참의장의 회의를 통해 전략지시가 추가되거나 변경될 수 있다. 즉 안보협의회의(SCM:

Security Consultative Meeting) 및 군사위원회(MC: Military Committee)에서 이루어진 결정이 전략지시로 작전사령관인 연합사령관에게 하달될 수 있는 것이다. 이러한 전략지시에는 미군의 기본문서에 기술되지 않는 동맹국 간의 협의사항이 포함된다. 작전사령관인 연합사령관은 이러한 상부의 지시를 반영하여 군사력 운용계획을 수립한다. 상부의 지시와 목표가 파악되었다면, 작전사령관은 이를 달성하기 위한 군사력 운용계획을 수립하는데, 이러한 체계가 합동작전기획체계이다. 이에는 작전지역 지휘관이 전략구상을 통해 전략개념을 발전시키는 과정인 작전술과 작전구상의 과정과 임무분석을 통해, 방책을 발전시키고, 작전계획을 작성하는 절차인 합동작전기획과정(JOPP: Joint operational Planning Process)이 있다. 작전지역에서의 작전계획은 이런 과정을 통해 작성된다.

한편, 작전사령관에 의해 발전된 작전구상과 계획은 미 합참 또는 국방부의 관련부서의 회의를 통해 승인을 받아야 하는데, 이러한 과정이 바로 적응형 기획 및 시행체계(APEX: Adaptive Planning and Execution System)이다. APEX 체계는 국방부 예하의 체계로서, 과거의 JOPES(Joint Operational Planning & Execution System, 합동작전기획 및 시행체계)의 반응속도를 더 신속히 하기 위해 발전시킨 체계이다. APEX 체계는 국방부에서 작전사령부와 동일한 과정으로 사고하면서, 작전사령부에서 작성된 개념과 계획을 검토하고 승인하는 임무를 수행한다. APEX 체계의 구성원은 합동작전계획 및 시행기구(JPEC: Joint Planning and Execution

Community)에 해당하는 인원들로 구성된다. 작전지휘관은 JPEC의 일원으로서 JOPP를 통해 작전구상 및 작전계획을 작성하며, 이를 상위체계인 APEX 체계에 보고하여 검토와 승인을 거친다. APEX에서는 보다 큰 차원에서의 고려가 이루어지며, 작전이 전략적 목적에 부합되도록 조정하고, 군사력 운용에 관한 전반적인 지시를 한다.

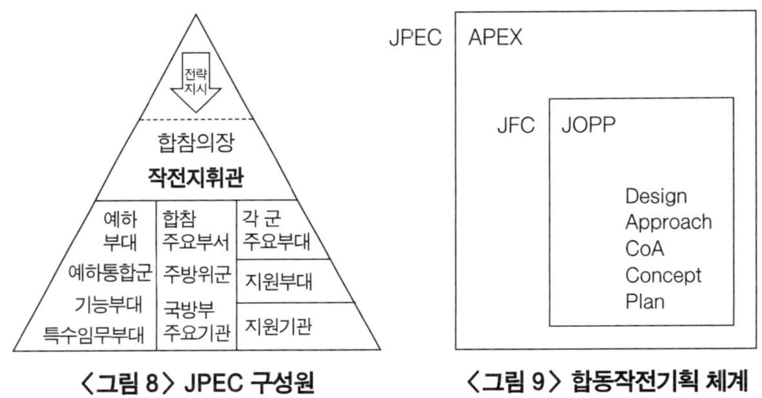

〈그림 8〉 JPEC 구성원

〈그림 9〉 합동작전기획 체계

* 출처: US JCS, 『Joint Operation Planning』 Joint Publication 5-0, 11 August 2011, p. II-12.

〈그림 10〉은 APEX 체계에서 이루어지는 작전기획체계의 전반적인 과정을 설명한 과정이다. APEX는 작전사령부를 포함한 JPEC로 구성되는 체계로서 전반적인 과정은 전략지침-개념발전-계획발전-계획평가로 이루어진다. 이 과정은 작전사령부에서 수행되는 합동작전기획과 동일하다. 그러나 APEX의 고려사항은 작전사령부 이상 국방부 차원에서 이루어지는 과정도 포함된다. 즉 부대의 전개 및 배치에 이르는 국방부 차원에서 지원하여야 할 모든 요소를 포함한다. 작

전사령부에서 JOPP 과정을 통해 작성된 내용은 수시로 APEX의 승인을 거쳐 계획으로 발전된다. 전략지침은 작전계획 수립의 기초가 되는 전략지침을 제공하기 위한 기능이며, 개념발전은 최선의 방책을 결정하고, 이를 기초로 작전개념을 구체화하는 과정이며, 계획발전은 작전개념을 기초로 개념계획 또는 작전계획을 작성하는 과정이다. 계획평가는 수립된 계획의 보완·수정·폐기·시행이 이루어지는 과정이다.

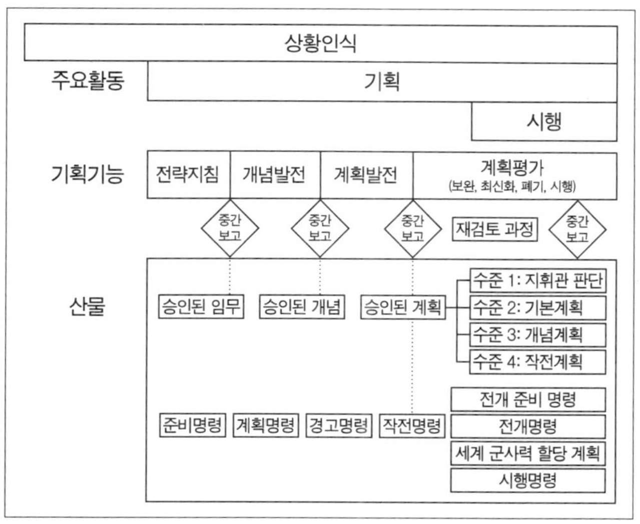

〈그림 10〉 APEX 체계

* 출처: US JCS, 『Joint Operation Planning』 Joint Publication 5-0, 11 August 2011, p. II-14.

APEX 체계는 합동작전기획과정의 대부분의 과정을 포함하거나 중복되기 때문에 이 절차는 작전구상 및 JOPP의 과정에서 더 상세하게 이루어진다.

작전구상과 작전의 접근

작전구상(Operational Design)과 작전의 접근(Operational Approach)은 작전사령관과 그 참모들이 수행하는 합동작전기획과정의 초기 활동으로서, 임무를 수행하기 위한 최초의 단계에 해당한다. 전략목표와 임무를 부여받으면, 지휘관은 작전지역에서 어떻게 임무를 달성할 수 있을 것인가에 대한 구상을 하는데, 미군은 이를 작전구상이라 부른다. 일반적인 군사이론에서는 적과의 전쟁을 앞두고 전력운용 방법을 구상하는 것이 군사전략의 구상이 되겠지만, 미군의 경우에는 이러한 구상을 작전의 접근의 구상이라고 한다. 다음의 그림에서 보듯이 지휘관이 작전구상을 통해 결정된 산물이 전력운용방법인 작전의 접근이 되는 것이다. 이는 최종상태를 달성하기 위해 군사력 운용하는 방법이다.

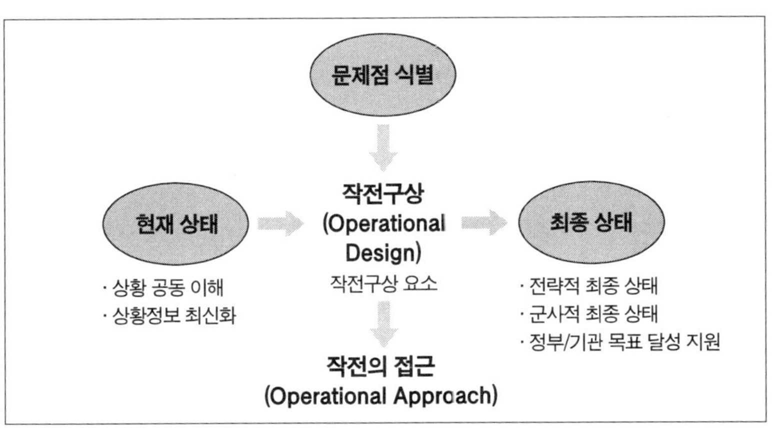

〈그림 11〉 작전의 접근(Operational Approach)의 개발

* 출처: US JCS, 『Joint Operation Planning』 Joint Publication 5-0, 11 August 2011, p. III-3.

미군의 전쟁기획에서 가장 중요하면서도 최초에 결정하는 과정이 바로 작전의 접근의 결정이라고 할 수 있으며, 여기서 작전지역에서의 미군의 운용개념 윤곽이 결정된다고 할 수 있다. 작전기획의 초기 단계에서는 작전환경을 분석하고, 임무를 수행하기 위한 문제점을 분석한 이후, 문제점을 해결하고, 요망하는 최종상태에 도달하기 위한 작전의 접근을 개발한다. 지휘관이 이것을 지휘관의 계획지침으로 하달하면, 지휘관의 작전의 접근을 구체화할 수 있는 방책을 개발하는 것이다. 이 때문에 작전의 접근은 작전을 어떻게 수행하겠다는 지휘관의 최초의 작전개념이라고 볼 수 있으며, 이는 군사적 행동이 일어나지 않는 상황에서 전력을 움직여 목적을 달성하기 위한 지휘관의 대략적인 최초 구상인 것이다. 이렇게 지휘관이 작전의 접근을 구상하는 것이 작전구상이며, 작전구상의 결과물이 바로 작전의 접근이다. 미 합동교범 5-0은 "작전의 접근이란 작전구상의 결과물이며, 이것은 최종 요망상태를 달성하기 위해 부대가 취할 행동의 개략적인 설명이며 작전구상이 합동작전기획과정(JOPP)을 통해 방책으로 개발되고 작전명령으로 발전된다."[27]라고 하고 있다. 작전구상은 작전을 위한 개념을 제공하고, JOPP는 이 개념을 구체화하는 과정인 것이다. 따라서 작전구상과 JOPP는 상호 보완적이다.[28]

작전구상에서는 지휘관의 역할이 강조되고 있다. 작전의 접근의 수

27 US JCS, *Joint Operation Planning* Joint Publication 5-0 (Washington D.C.: Joint Chiefs of Staff, 2011), p. III-1.

28 US JCS, *위의 책*, p. IV-1.

립은 지휘관이 부대를 어떻게 운용하겠다는 복안이기 때문에 그가 핵심적인 역할을 하여야 한다. 지휘관은 다양한 경험과 지식을 보유하고, 판단력과 직관을 이용하여 목표 달성을 위한 전략을 구상한다. 지휘관은 그의 경험과 유사한 사례 및 전례를 바탕으로 주어진 상황에 적합한 전략을 구상한다. 상황이 복잡할수록 지휘관의 역할이 더 중요하다.

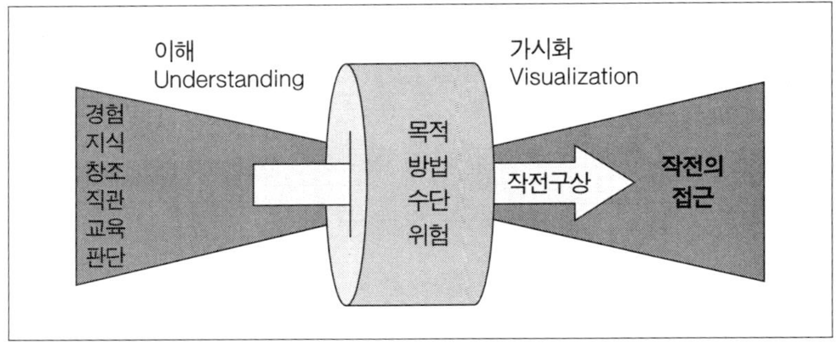

〈그림 12〉 작전술(Operational Art)

* 출처: US JCS, 『Joint Operation Planning』 Joint Publication 5-0, 11 August 2011, p. III-2.

작전의 접근에 대해서 미군은 직접접근(Direct Approach)과 간접접근(Indirect Approach)을 언급하고 있으며, 가능한 한 간접접근을 택하라고 하고 있다.[29] 여기서 간접접근은 리델하트가 군사전략에서 말하는 것과 같은 간접접근이다. 즉 "적의 중심(COG: Center

29 US JCS, *위의 책*, p. III-31.

of Gravity)을 향한 직접접근은 아군의 피해가 많이 발생하기 때문에 지휘관은 주로 간접접근을 구상하여야 하며, 이는 적의 주 전력을 회피하면서도 적의 중심을 파괴할 수 있는 결정적인 지점에 대한 공격을 의미한다."[30]라고 하고 있다. 이는 앞의 군사전략에서 설명한 내용과 동일한 것이다.

미 합동교범은 전략적 수준의 간접접근을 적으로부터 동맹국이나 우방국 제거, (경제)제재, 국민의 전쟁 의지 약화, 적의 동맹이나 연합국의 결속력 파괴 등을 들고 있고, 작전적 수준의 간접접근으로는 적 전력 분산을 유도하기 위한 공격, 적 예비대 공격, 적 기지 공격, 적 주요부대의 작전지역 전개 차단 및 방해, 적 작전능력 약화, 적 지휘통제 마비, 적 방공망 파괴 등을 들고 있다.[31] 여기서 미군의 전략적 수준의 간접접근이란 작전지역에서 군사력 이용 이전에 실행할 내용을 대상으로 하고 있으며, 작전적 수준의 간접접근이 바로 작전지역에서의 군사전략이 되는 것을 알 수 있다. 미 합동교범의 이러한 접근과 맥락을 같이하여, 미 육군교범 100-7에서도 간접접근을 강조하고 있다. 즉 지휘관은 간접접근을 추구하여야 하는데, 간접접근의 방법으로는 적의 측면, 후방, 지휘통제 체계 공격 등을 들고 있다. 이는 보호되지 않는 적 부대의 간격이나 후방, 요새화되지 않는 C3I 시설은 취약하기 때문에 이들을 공격목표로 삼아 적의 중심을 파괴하는 접근법을

30 US JCS, *위의 책*, p. III-32.

31 US JCS, *위의 책*, p. III-32.

택하여야 한다고 하고 있다.[32]

이상의 논의에서와 같이 미군은 작전지역에서의 작전을 모두 작전적 수준으로 명명하고 있으나, 작전구상과 그 산물인 작전의 접근의 결정은 실제로는 작전지역의 군사전략을 결정하는 과정과 동일하다는 것을 알 수 있다. 미군의 합동작전기획서는 작전구상을 어떠한 능력(수단: Means)을 어떻게 이용하여(방법: Ways), 어떤 최종상태(목적: Ends)를 달성하는 것인가를 도출하는 것이라고 명시하고 있는데,[33] 이러한 요건은 앞에서 논의한 군사전략의 요소를 의미하는 것이다. 이런 의미에서 미국의 작전구상은 실제로는 해당 작전지역 또는 그 국가의 군사전략의 결정과 동일한 것이라고 할 수 있다. 즉 안보전략적 목적을 군사적 행동으로 옮기기 위한 구상을 모두 '작전적'으로 표현하고 있을 뿐이며, 작전구상이 이러한 행동 방책, 즉 작전의 접근을 수립하는 핵심인 것이다. 결정된 작전의 접근은 JOPP 과정을 통해 계획과 명령으로 작성된다. 이는 전쟁기획과정에서 최초에 이루어지는 절차로서 그 용어가 작전의 접근이라 할지라도 전략과 같은 내용일 수밖에 없다. 미군의 전쟁기획 사고과정을 참고하는 것은 매우 유용하나, 그 적용과정에서 이러한 점을 참고하여야 한다. 한반도의 전쟁을 구상하는 과정에서 한국은 미군의 작전구상과 동일한 과정부터

---

32 US Army, *Decisive Force: The Army in Theater Operations* FM 100-7 (Washington D.C.: Department of the Army, 1995), pp. 3-1~3-2.

33 US JCS, *Joint Operation Planning* Joint Publication 5-0 (Washington D.C.: Joint Chiefs of Staff, 2011), p. III-1.

수행하여야 할 것이며, 이러한 구상의 결과가 군사전략이 되어야 할 것이다. 명칭을 어떻게 붙이느냐가 중요한 것은 아니며, 논리적인 사고과정을 거치는 것이 중요하다.

미군 교리에서 작전술은 작전지역에서 작전구상을 통해 작전의 접근을 도출하는 과정을 말한다. 작전구상은 구체적인 작전지역에 미국의 전투력을 적용할 때 전략과 작전술을 구상하는 절차로서 미군의 기본적인 싸우는 방법을 적용하여 전쟁을 어떻게 수행할 것인지를 구상하는 것을 의미한다. 작전지역에서 군사전략개념을 결심하기 위해서 지휘관은 작전의 구상을 하게 되는데, 작전구상을 하기 위해서는 다음의 요소들을 중심으로 고려하여야 한다.

〈표 8〉 작전구상 요소

- 종결 - 군사적 최종상태 - 목표 - 효과 - 중심 - 결정적 지점 - 작전선 & 효과선	- 직접 or 간접접근 - 예측 - 작전범위 - 종결 - 작전의 배열 - 전력과 기능

* 출처: US JCS, 『Joint Operation Planning』 Joint Publication 5-0, 11 August 2011, pp. III-18~III-38.

작전구상의 단계에서는 전략지시에 의거하여, 요망하는 최종 상태를 설정하고, 이를 달성하기 위한 작전의 목표를 선정한다. 이를 달성하기 위하여 적의 결정적 취약점을 파악하여 작전이 진행되어야 하는 작전의 접근 또는 축을 결정한다. 이렇게 작전구상이 결정되면 지휘관은 마침내 작전을 수행할 수 있는 구체적인 지시를 하게 되는데, 이것이 작전사령관의 결심이 된다. 즉 작전지휘관의 군사전략이 완성되는 것이다. 지휘관은 개념을 진술하고 지휘관 의도를 기술하며, 작전구상을 구체화할 수 있는 여러 가지 조치를 취하게 된다. 이러한 단계가 작전구상의 구체화 단계이며, 이러한 결심들을 바탕으로 방책이 구상되고, 나아가 전역계획이 작성된다.

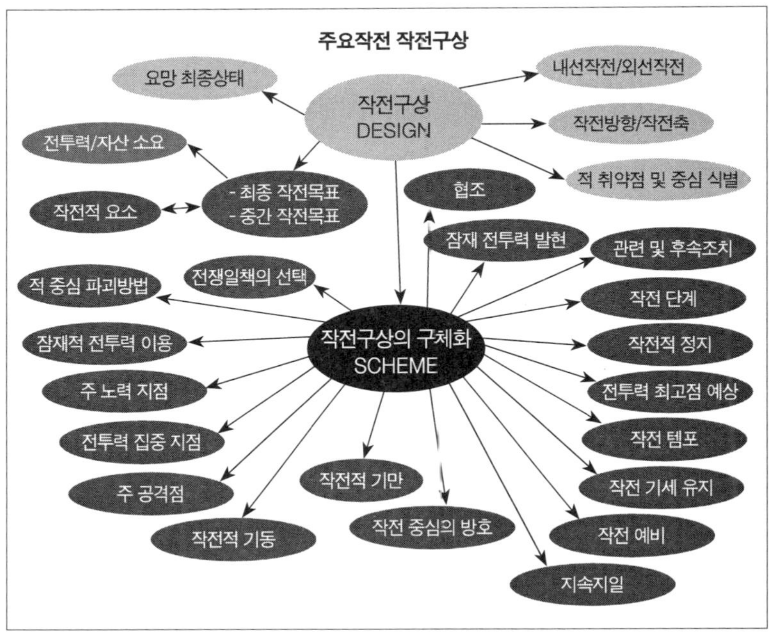

〈그림 13〉 작전구상(Operational Design)

* 출처: Dr. M. Vego, "Introduction to Operational Art," JMO Department, U.S. Naval War College, Newport, Ri, http://www.au.af.mil/au/awc/awcgate/opart/opart_nwc.ppt

이와 같이 작전구상의 요소들을 고려하여 적용하는 것을 작전술이라 한다. 지휘관은 이러한 요소를 고려함에 있어서 자신의 통찰력을 동시에 발휘한다. 미 육군에서는 이러한 요소들을 작전술의 요소라고 명시하고 있으니 이 둘은 같은 것이다.

〈표 9〉 미 육군의 작전술의 요소

- 최종상태와 조건 - 중심 - 결정적 지점 - 작전선과 효과선 - 작전범위	- 기지 - 템포 - 작전단계와 전환 - 종말점 - 위험
작전구상의 요소와 동일	

* 출처: US Army, 『Unified Land operations』 ADRP 3-0, 2012, p. 4-3.

한국이 미국의 작전기획을 참고하는 데 있어서, 미국은 국가 군사전략 이후의 단계 즉 작전지역에서의 전쟁을 위한 전략 결정과정을 작전구상이라는 개념으로 접근하고 있다는 점을 항상 상기하고 있어야 한다. 특정한 작전지역을 대상으로 구상되는 모든 군사적 행동을 '작전적'으로 설명하고 있으며, 이 구상의 과정을 작전술이라고 하고 있는데, 이는 해당국가의 입장에서 볼 때에는 사실상 군사전략의 구상 및 작전에 해당하는 요소를 포함하고 있다고 봐야 할 것이다. 다만, 미군의 전쟁기획 수준에서는 작전지역에서의 전쟁행위를 전략이라 칭할 수 없으며, 이를 작전술이라고 할 뿐이다. 즉 여기에는 작전지역에서 적용되는 전략과 작전술이 포함되어 있는 것이다. 작전지역에서의 작전환경 평가, 전략적 방책의 구상, 군사전략의 결정, 전역계획 등이 합동작전기획에 포함되며, 이 과정의 초기단계를 작전구상으로 표현하고 있는 것이다. 이러한 과정은 한반도에서 한국 주도로 작전을 수행할 때에 최초부터 고려해야 하는 요소다. 즉 이 구상은 한국의 입장에서 볼 때에는 적에 대한 최초의 고려 즉 군사전략의 차원에서 고려하여야 하는 요소와 동일하다. 한미의 용어는 다를지라도 그 내용은 동일할 수밖에 없는 고려사항이다. 다만 양국의 전쟁기획의 수준 차이 때문에 명칭이 다를 뿐이다.

합동작전기획과정(JOPP)

합동작전기획과정(JOPP: Joint Operational Planning Process)은 작전지휘관 주도하에 작전의 접근을 기초로 하여 방책(COA: Course of Action)들을 구상하고, 그중 하나를 선정하여 확정하고, 이를 구체화하여 작전명령을 하달하는 일련의 과정을 말한다.[34] 합동작전기획과정의 절차는 기획착수, 임무분석, 방책개발, 방책분석, 방책비교, 방책승인, 계획작성의 단계를 거친다. 이 과정은 작전지휘관이 임무를 수행하기 위한 일련의 과정을 말하는 것으로서, 전투력 운용을 구체화하기 위해서는 이러한 과정의 사고를 거쳐야 한다. 이 과정에는 작전구상의 과정과 작전의 접근, 작전의 접근에 근거한 방책결정과정, 그리고 이를 토대로 한 계획작성과정까지 전반적인

34 US JCS, *Joint Operation Planning* Joint Publication 5-0 (Washington D.C.: Joint Chiefs of Staff, 2011), pp. IV-1~IV-3.

과정이 모두 포함된다.

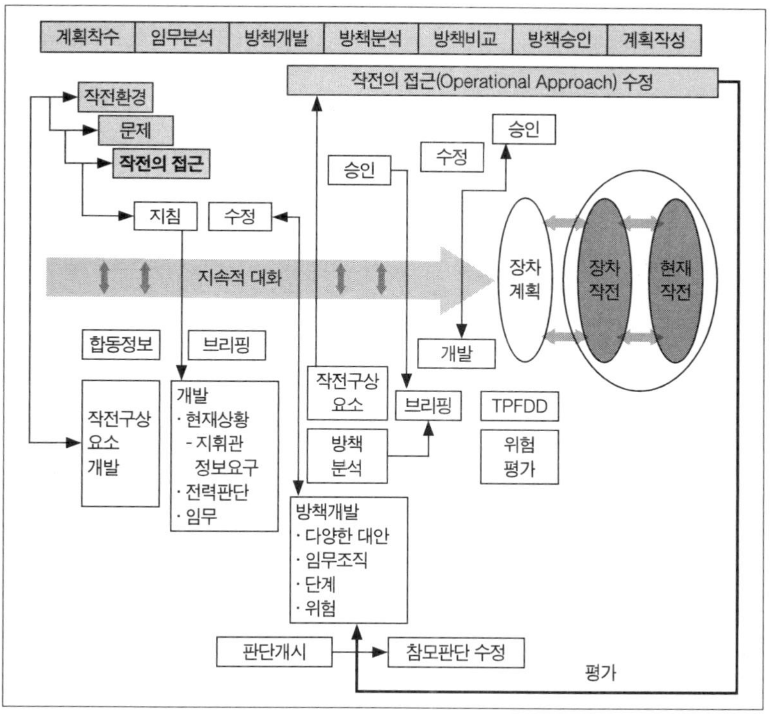

〈그림 14〉 미국의 합동작전기획(JOPP)

* 출처: US JCS, 『Joint Operation Planning』 Joint Publication 5-0, 11 August 2011, p. IV-3.

앞에서 설명한 작전술의 발휘 즉 작전구상을 거쳐 작전의 접근을 도출하는 과정은 작전기획의 초기단계에서 수행되는 행위이다. 작전기획 개시를 지시할 때, 지휘관은 작전환경, 문제, 최초의 작전의 접근에 기초하여 작전계획의 지침을 하달한다. 지휘관의 지침이 하달되면, 참모들은 상급부대의 지침, 지휘관의 최초 작전의 접근, 제한사항 등을 기초로 필수 임무를 선정한다. 임무란 전략목표 달성을 위해 해당 부대가 달성하여야 할 목표를 의미하는 것으로 작전 수행을 통해 이루어야 할 과업에 해당한다. 임무 선정 시에는 상급부대 부여 임무를 중심으로 검토하되, 그 임무를 완성하기 위해 추가적으로 달성하여야 할 임무 즉 추정된 임무도 포함하여 검토한다. 이 임무란 지휘관의 작전수행 방법인 작전의 접근을 수행하면서 달성하여야 할 임무를 의미하는 것으로서 작전의 접근과 긴밀히 연관되어야 한다. 지휘관은 전략목표 달성을 위한 작전의 접근을 구상하며, 작전의 접근에 의해 작전을 진행하면서 달성해야 할 임무를 보다 명확히 식별하는 것이다. 임무 선정 이후에는 가용한 전력 파악, 위험평가, 참모판단, 지휘관 정보요구 등을 거쳐 지휘관의 최종 계획지침을 발표한다. 지휘관 계획지침에는 임무, 작전환경, 중요 가정, 최종상태, 목표, 작전의 접근 등의 요소들이 포함된다.

참모들은 이를 토대로 방책을 개발한다. 여기에서 중요한 것은 작전의 접근인데, 방책은 지휘관의 작전의 접근을 수행할 수 있는 방법을 찾는 것이다. 방책은 작전의 접근에 기초하여 군사력 운용 방안을 선정하는 것으로 방책에 포함할 요소는 누가, 언제, 어디서, 무엇을, 어떻게 수행하는지를 구체화하여 제시하는 것이다. 방책이 작전의 접근과 다른 점은 부대와 작전지역, 주/조공, 각 부대의 목표 등이 명시된다. 여기서 '누가'는 특정부대를 의미하는 것이 아니라 부대의 특성과

규모 등 특정작전을 수행하기 위한 수단을 의미한다.[35] 최선의 방책이 작전개념(Operational Concept)이 되므로 방책의 제시 자체는 구체화된 부대 운용개념이 되어야 한다. 즉 방책은 작전의 접근을 보다 더 구체화하여 제시되어야 한다. 작전개념을 근거로 작전계획을 작성하기 때문이다. 방책의 개발 과정에서 참모는 통상 2~3개의 방책을 제시하고, 그중 하나를 최선의 방책으로 선정한다.

이러한 과정은 전략, 작전, 전술제대에서 공히 일어나는 과정이다. 즉 임무를 부여받은 지휘관은 지휘관 판단 및 참모판단, 방책 고려, 최선의 방책의 결정, 작전계획 작성 등의 순서로 행동을 지시하게 된다. 다만 전략적 제대는 작전적 제대보다 조건, 상황, 작전환경의 영향요인 등을 더 중심으로 분석하고, 작전적 제대는 군사력 운용에 보다 더 집중하게 된다.[36]

합동작전기획의 실례(實例)

해당 작전지역에서 전력을 운용하기 위해서는 어떻게 전력을 운용할 것인가에 해당하는 작전의 접근의 결정이 무엇보다도 중요하다. 이 과정은 작전지역에서의 군사력 운용개념으로서 전투력 운용의 기초가 되며, 이하의 대부분의 과정은 작전의 접근을 구현하여 구체화

35 합동참모본부, *합동기획* (2011), p. 152.

36 US Army, *Decisive Force: The Army in Theater Operations* FM 100-7 (Washington D.C.: Department of the Army, 1995), Chap. 2, Section I.

시키는 과정일 뿐이다. 따라서 작전의 접근이 매우 중요하며, 때문에 작전의 접근의 선택에 군 수뇌부들의 관심이 집중되고 있다. 이 과정에서 작전지역에서 이루어지는 JOPP의 체계와 국방부에서 이루어지는 APEX 체계의 의견 교환이 빈번하게 이루어지기도 한다. 이라크 자유작전(Operation Iraqi Freedom)은 이러한 예를 잘 보여주고 있다.

미국의 이라크에 대한 모든 대량살상 무기와 장거리 미사일의 폐기, 테러 지원 중단, 시민의 처형 중지, 걸프전 실종자 및 손실에 대한 보상, 불법 무역의 중지 등의 요구사항이 받아들여지지 않자, 부시 행정부는 이라크에 대한 전쟁을 선포하였다. 전쟁의 전략 목표는 단기와 장기 두 가지로 나뉘었는데, 단기적 목표는 후세인 정권의 제거였으며, 장기적인 목표는 자체 정권 및 치안 유지가 가능하고, 테러와의 전쟁에 동참할 수 있는 통일된 민주적 체제의 이라크 건설이었다.

이러한 국가 전략적 목표에 따른 이라크 작전의 최종상태는 "이웃과 전쟁을 하지 않고, 국민을 학대하지 않는 자유롭고 번영을 추구하는 이라크의 건설"로 정해졌고, 군사적 목표는 "이라크 정권의 혼란, 고립, 전복을 통한 새로운 정권의 수립, 대량살상무기와 시설의 파괴, 이라크의 군사적 공격 및 위협으로부터 동맹국 보호, 이라크 내의 테러 조직 파괴, 범세계적 테러리즘에 대한 정보 입수, 테러리스트와 전쟁범죄자의 체포, 무고한 시민의 석방, 이라크와 지역 안정을 위한 국

제적 노력 지원" 등으로 정해졌다.[37]

이러한 목표를 달성하기 위한 군사적 방안이 논의된 바, 국방장관 럼스펠드(Donald H. Rumsfeld)가 논의를 주도했다. 미군의 기존 전쟁수행 방식은 파월 독트린(Powell Doctrine)으로 알려진 것으로 압도적(Overwhelming)인 전력을 투입하여 전쟁을 수행하는 방식이다. 걸프전이 이러한 개념에 의해 치러졌다. 그러나 럼스펠드는 미군의 변환(Transformation)을 반영하여 보다 적으나 효율성이 뛰어난 작전을 선호하였다. 이러한 방식의 전쟁은 싸우는 방법의 변화뿐만 아니라 조직, 충원, 훈련, 장비의 모든 부분에서의 변화를 요구하는 것이었다. 결국 군부의 의견보다는 국방장관 럼스펠드의 의견에 의하여 작전의 접근(Operational Approach)이 결정되었다. 이렇게 접근방법이 결정된 이후에도 다양한 방안이 제시되고 논의된 이후 최종안이 결정되었다. 이라크 자유작전을 위한 전략개념의 결정 과정은 다음과 같다.[38]

① 2001년 럼스펠드의 지시를 받은 토미 프랭크스(Tommy Franks) 중부사령관이 작성한 최초의 전략인 1003-98은 이라크의 작전계획에 기반을 두고 작성되었다. 이 계획은 약 400,000 ~500,000명의 미군이 소요되는 전략으로 장기간의 증원이 완료된

---

37 Catherine Dale, *Operation Iraqi Freedom: Strategies, Approaches, Results, and Issues for Congress*, (Washington D.C.: CRS, 2008), pp. 26-27.

38 Catherine Dale, *위의 책*, pp. 28-30.

이후에 공격하는 계획이었다.

② 그러나 이러한 계획은 럼스펠드에 의해 거부되었고, 2002년 초, 중부사령부는 'Generated Start'라는 개념으로 다시 작성하였다. 이 계획은 275,000명의 미군을 필요로 하는 전략으로 CIA 팀의 조기 침투에 의한 정보획득, 특수부대의 활동, 공중공격과 지상공격의 거의 동시 개시 등을 주요 내용으로 하는 전략이었다.

③ 이후 공군에서는 걸프전과 같이 10~14일간의 공중공격으로 이라크군의 미사일, 레이더, 지휘통제, 지휘부 등의 타격이 선행되어야 한다고 주장하였다.

④ 2002년 봄, 중부사는 'Running Start'라는 개념으로 전략을 수정하였는데, 이 개념은 사전에 CIA 요원이 침투하여 정보를 획득하고, 이후 특수부대가 침투한다. 지상부대의 공격개시 이전에 공중공격이 선행되는데, 이때 지상부대는 공중공격 25일 이후에 언제든지 지상공격을 개시하는 개념이었다. 이 개념은 18,000명의 지상군을 필요로 하는 계획이었다.

⑤ 2002년 여름, 계획은 다시 수정되어 공중공격으로 전쟁을 시작하되, 지상군의 전개가 완료되지 않았더라도 먼저 도착한 부대로 공격을 개시하는 개념으로 변경되었다. 이 계획은 공격개시 5일 전 대통령 보고, 11일 동안 전개, 16일간의 공중공격, 지상군 전개 완료 이전에 지상공격 개시, 전체 작전기간은 125일 등으로 명시되어 '5-11-16-125 계획'으로 명명되었다.

⑥ 2003년 1월, 계획은 'Generated Start' 개념으로 다시 변경되

었다. 이 개념은 2주 정도가 아닌 2일 정도의 매우 짧은 공중공격, 지상군은 도착하는 대로 공격, 5군단과 1해병 원정군의 참여, 4사단은 북쪽에서 튀르키예를 통한 공격 등으로 구성되었다.

⑦ 이후 지상군의 규모는 계속 감축되어 2003년 1월 29일에는 지상군 2개 사단으로 공격을 개시하도록 변경되었다.

앞선 예에서 보는 바와 같이 이라크 공격을 위한 기본적인 개념에서부터 군부와 럼스펠드는 현저한 차이를 보였다. 즉 작전의 접근(Operational Approach)에서부터 차이를 보인 것이다. 군부는 파월 독트린에 의한 작전을 선호하였으나, 럼스펠드는 미군의 능력과 변환(Transformation)의 결과를 반영한 작전을 선호하였다. 이와 같은 접근방법의 차이는 결국 럼스펠드의 주장대로 이루어지게 되었다.

작전의 접근이 결정되었으나 작전을 수행하는 방책(Course of Action)은 여러 가지로 다양하게 변화되었다. 지상군의 규모, 전개완료의 여부, 공격개시시간, 공군력의 공격 등 다양한 의견이 제시되었고, 변화되었다. 그렇게 하여 최종적으로 이라크 자유작전을 위한 공격방법이 결정되었다. 이라크 자유작전의 목표는 후세인 정권의 제거였으나, 그 방법을 놓고 다양한 전략개념이 제시되고 결정되었다. 최종적으로 결정된 전략개념은 "후세인 정권을 제거하기 위하여 CIA, 특수부대, 공중공격을 주로 한 공격을 개시한다. 지상군은 2개 사단이 투입되어 공격을 하고, 바그다드로 공격한다." 등으로 추정할 수 있다.

전략 목표를 달성하기 위한 운용개념은 앞선 예에서와 같이 다양하게 고려된다. 최초에는 작전사령관이 어떤 형태로 작전을 할 것인지를 고려하고 선택한다. 그러나 이런 결정은 보다 상위 체계인 APEX 체계의 검토를 거쳐 수정될 수 있다. 이렇게 합의된 방안이 작전지역에서의 군사전략이 된다. 이런 방안을 발전시켜 어느 정도 규모의 전력을 투입하여, 어떤 형태로 작전하며, 작전의 주 전력은 어떤 전력이 될 것이며, 각 전력의 운용 시기는 어떻게 하느냐 등에 대한 기본적인 지침이 결정된다. 이와 같은 고려에 의해서 무엇(Goal)을 어떻게(Ways) 하는가에 대한 결정이 내려졌다.

III.

군사전략

1. 군사전략 구상의 시작

군사전략은 앞에서 언급한 바와 같이 평시에 군사력을 건설하고 전시에 군사력을 적용하는 기술 또는 술과 과학을 의미한다. 전시 상황에 따라 군사력을 적용하는 기술을 협의의 군사전략, 이와 같은 능력을 보유하기 위해 필요한 군사력 건설 부분을 포함하여 광의의 군사전략이라 하며, 평상시에 잠재적인 적국에 대해 전력을 건설하고, 싸우는 방법을 구상하는 일련의 행위를 군사전략이라 한다. 군사전략은 상대국 즉 적이 있고, 전쟁터를 비롯한 일련의 주어진 상황에서 적을 물리치기 위해 계략을 작성하는 것을 말한다.

일반적인 의미의 군사전략은 미군의 군사전략(NMS)과 같은 의미가 아니라는 것을 항상 상기할 필요가 있다. 미군의 군사전략은 세계를 대상으로 한 태세의 성격이 있는 개념이고, 일반적인 군사전략이라고 할 수 있는 개념은 각 작전지역 지휘관이 발휘하는 작전술과 유사하다. 작전지역 지휘관은 작전구상을 통해 적에 승리할 수 있는 개념을 창출하게 되니(작전의 접근), 이것이나 일반적 의미에서의 군사전략이나 동일한 개념이 된다.

전쟁을 위한 구상은 언제부터 시작하는 것인가? 지형과 거리의 차이는 있지만, 전쟁 구상의 시작은 양국 군대의 대치 상태에서 일어난다. 억제가 실패하여 군사력을 사용하여 전쟁을 시작하려고 할 경우, 양측이 적을 어떻게 제압할까 하는 구상을 시작할 때부터 군사전략이 시작된다고 할 수 있다. 화력과 기동수단이 제한되던 과거의 전쟁은 일정한 전쟁터에 양측의 군대가 결집하여 전쟁을 시작하였기 때문에 동일한 전장에서 마주하는 시점에서부터 전략이 시작하였을 것이다. 점차 화력과 기동력이 증가하면서 전장이 넓어지고, 종심이 증가하면서 전략은 더 많은 요소를 고려하여야 하였다. 또한 전쟁의 목표가 적 전투력의 격멸이 아니라 적 전투 지휘력의 마비가 되면서 기동의 요소가 중요한 전략의 요소가 되었다. 그러나 이러한 모든 경우를 포함하여 군사전략의 시작은 전장 또는 전구에 투입된 상태에서 출발하게 된다. 기동과 화력의 요소를 포함하여 적을 어떻게 굴복시키느냐를 구상하게 되는 것이다. 적을 굴복시키기 위한 방법에는 여러 가지가 있을 수 있다. 즉 군사전략은 여러 가지가 있을 수 있다. 이런 다양한 방법을 머릿속에 구상하고 고민한 끝에 하나의 방법을 선택하여 적과 결전을 벌이는 것이다.

군사전략은 최초에만 구상하는 것일까? 통상 군사전략은 초기의 작전상황에서 적을 대상으로 구사하게 된다. 초기의 예측이 그대로 이어진다면 최초에 구상된 전략대로 작전을 수행하면 될 것이다. 주로 단편적인 전쟁이 이런 경우가 될 것이다. 그러나 전구가 여러 개이거나, 작전지역이 광활하거나, 작전이 여러 개의 단계로 구분되거나, 초기 전략의 환경이 변화되어 수시로 전력운용을 다르게 하여야 하거나, 장기간의 대치상태에서 다시 작전을 개시하게 될 경우 등에는 각각의 상황에 따라 다른 전력운용의 구상이 필요하다. 이러한 구상은 전략과 작전의 단계를 모호하게 하지만, 다른 전력운용의 구상을 필요로 하는 것만은 사실이다. 경우에 따라서는 공세적 전략을 구사하다가 수세적 전략을 구상하여야 되는 경우도 있고, 같은 상황이라도 지휘관에 따라 전략의 구상이 달라질 수 있다. 이러한 상황에 직면하여 지휘관은 새로운 전력운용을 지시할 수밖에 없다. 이 때문에 이러한 전력운용의 창출을 군사전략이라고 할 수 있다. 전쟁의 초기이든, 전쟁 중이든 새로운 작전상황에 직면하여 그에 따른 전력운용을 창출할 때, 그것은 협의의 의미에서 군사전략이라고 할 수 있는 것이다. 전략적 영역이냐, 작전적 영역이냐로 굳이 구분할 필요 없이 이러한 고려는 전략적 고려라고 할 수 있다.

오늘날 한국군은 휴전선을 사이에 두고 대치하고 있다. 휴전선 양측에 완충지대 없이 양측이 대치하고 있기 때문에 전쟁상태라고 해도 과언이 아니다. 한국은 여전히 정전상태이다. 북한은 그들의 대남적화전략에 의해 여건이 성숙되었을 때 군대를 움직여 한반도 적화를 시도할 것이고, 그러기 위해 북한은 현재 부대 배치를 조정하여 주공과 조공을 나누고, 한국군의 취약지점을 향하거나 강점을 피해 공격할 것이다.

현재와 유사한, 즉 남북한의 전력이 가까운 거리에서 대치하고 있는 상태에서, 수도 서울을 방어해야 하는 현재의 임무와 매우 유사한 임무를 1951년 중공군의 5차 공세(춘계공세)에 직면한 유엔군이 부여받았다. 유엔군은 인천상륙작전 이후 반격을 개시하여 서울을 탈환하고 북한 지역을 석권하였지만, 예기치 않는 중공군의 참여로 다시 남쪽으로 후퇴하여 37도선까지 후퇴하게 되었다. 이후 유엔군은 공세를 재개하여 1951년 3월 중순에 서울을 재탈환하고, 4월 초에는 주력부대들이 38도선 북쪽의 임진강~전곡~화천 저수지~양양을 연하는 캔자스선까지 진출하였으며, 공세를 강화하여 연천~고대산~와수리~화천 저수지를 연하는 와이오밍선까지 진출하였다. 금강 일대까지 밀렸던 유엔군이 서울을 재탈환하자, 중공군은 다시 서울을 점령함으로써 휴전협상에서 유리한 입장을 확보하려고 기도하였다. 중공군의 5차 공세는 이러한 목적 달성을 위해 4월 22~30일에 서부전선에 주력을 집중시킨 공세였는데, 여기에는 중공군이 취한 공세 중에서 가장 많은 부대가 동원되었다.[39] 1951년 4월, 미군이 유타라인까지 점령하였을 때, 중공군은 전력을 정비하여 총공세를 준비하였는데, 이와 같은 상황은 한국의 현재 상황과 매우 유사한 상황이라고 할 수 있다.

중공군의 공격징후를 포착한 유엔군 총사령관 리지웨이 장군(Matthew B. Ridgway)은 수도 서울이 한국 국민들에게 미치는 심리적 중요성보다는 작전적 효과 면에서 판단하고 있었기 때문에 군사상 필요하다면 서울을 내어줄 수도 있다고 생각하였다.[40] 그는 38선 이북에 일정한 방어선(Line)을 정해놓고, 중공군이 공격하면 후방의 방어선으로 후퇴하고 이를 기점으로 다시 반격하는 전략을 구상하였

---

39 국방부 전사편찬위원회, *한국전쟁 요약* (1986), p. 201.

40 국방군사자료(2599), "중공군 5차 공세," Daum Blog. http://blog.daum.net/koreanmarinecopts.

다. 리지웨이 장군은 중공군의 인해전술을 막기 위해 선(線)방어보다는 종심(縱深)방어가 효과적이라고 판단하였던 것이다. 미군은 아이다호, 캔자스, 유타, 와이오밍 라인 등을 정해 놓고, 점진적인 작전을 전개하는 계획이었으나, "상황이 불리하면 한강 이남으로 다시 철수하라."라고 지시하였다. 이후, 확전의 파문으로 인해 맥아더가 해임되고, 후임으로 리지웨이가 극동군 사령관으로 부임하자 리지웨이의 후임인 밴플리트(James A Van Fleet) 장군이 유엔군 총사령관으로 부임하여 전임자의 지연전 방어전략을 유지하였다. 그는 적의 공세 준비를 사전에 파쇄시키기 위하여 공세를 계속하고, 적의 공세 시에는 최대한의 손실을 주면서 지연전을 실시하기로 하였다. 그러나 밴플리트 장군은 서울의 사수 의지를 결연히 표출하였다. 그는 "서울은 한국인들의 마음속 고향이다. 말하자면 서울은 한국인의 심장이다. 지금까지 두 번 적에게 서울을 내줬으면 됐지 세 번은 내줄 수 없다."라고 말하며, 중앙청에서 마포까지 대포 400문을 배치하였다.[41] 밴플리트는 서울의 심리적·전략적 중요성을 감안하여 서울 고수 의지를 천명하였으니, 이와 같은 밴플리트의 의지가 중공군의 5차 공세를 서울 북방에서 저지하는 결정적 계기가 되었다고 할 수 있다.

중공군은 제19병단을 주력으로 개성~문산 축선, 3병단은 연천~전곡-동두천 축선, 9병단은 김화~포천~의정부를 목표로 공격을 개시하였으며, 유엔군은 의정부 축선에 미 1군단, 북한강 계곡에 미 9군단,

41 백선엽, "내가 겪은 6.25," 중앙일보, 2010. 1. 29.

현리지역에 국군 3군단, 설악선 지역에 국군 1군단을 배치하였다.[42] 작전이 진행되자 유엔군은 계획된 대로 축차적인 진지로 철수하면서 결국은 노네임 선까지 철수하고 말았다. 중공군의 4월 공세는 마침내 서울 북방에서 한국군 제1사단과 영국군 29여단에 의해 저지되었으며, 사창리~춘천 일대에서는 한국군 6사단이 격파되었으나, 이후 영국 제28여단에 의해 저지되었다. 적의 공격이 임박하자 밴플리트 장군은 제9군단장인 호그(William M. Hoge) 장군에게 북한강 회랑에 화력을 집중하라고 명령하였고, 중공군의 공세는 유엔군의 압도적인 화력으로 인해 구파발~홍천을 연하는 선에서 저지되어 서울까지 진출하지 못하였다. 그러나 유엔군은 비록 작전적 수준에서는 서울을 사수하는 데 성공했으나, 중공군이 서울 직전까지 전진하였으며, 한국군 6사단이 사창리 전투에서 패배하고, 영국 제29여단 글로스터 대대가 큰 손실을 입음으로써 밴플리트 장군은 많은 비난을 받았다.

42 전쟁기념사업회, *한국전쟁사 제5권: 중공군의 개입과 새로운 전쟁* (서울: 행림출판사, 1992), p. 167.

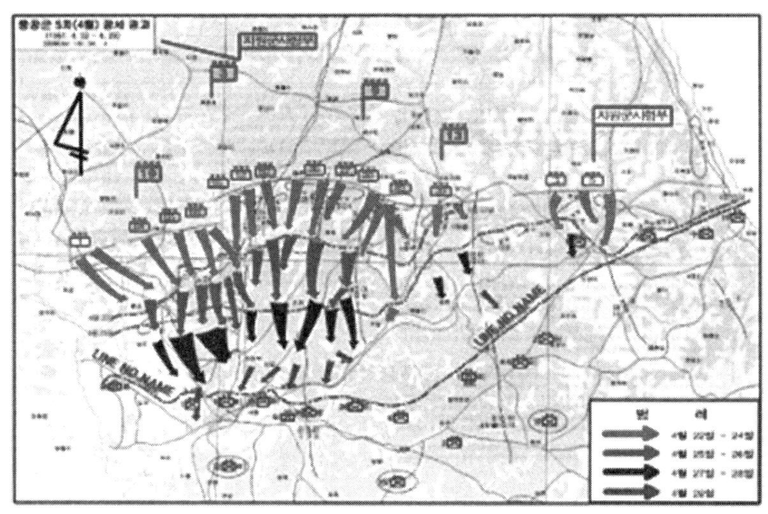

〈그림 15〉 중공군 4월 공세

* 출처: 육군 군사연구소, "중공군 5차(4월) 공세," http://www3.army.mil:8095/gunyun/E-book/sub9/sub9_ebook/ko(66)/ko(66).html.

4월 공세에 실패한 중공군의 팽덕회 사령관은 5차례의 대규모 공세의 경험을 통해 병력이 우세하더라도 화력이 열세하면 승리할 수 없다는 사실을 인식하고 서부 전선의 미군 정면이 아니라 동부의 한국군 사단들을 격멸함으로써 미군을 고립하여 섬멸하려고 하였다. 4월 공세 이후 중공군은 부대를 재정비하여, 동부전선 쪽으로 공격을 실시하였는데, 이것이 춘계 5월 공세이다.

중공군의 추가적인 공세 징후를 판단한 밴플리트 장군은 종전과 같은 축차적인 지연전과 반격의 반복은 부적절하다고 판단하고, 방어진지의 진전에 화력을 집중 운용하여 적군의 공세를 격파하기로 결심하였다. 그는 “유동적인 상태에서 적의 공격을 받게 되면 위험하기 때문에 적 병력을 섬멸시키기 위해서는 확고한 방어를 해야 한다. 축차진지 상에서의 방어는 정치적으로 볼 때도 좋지 않다. 왜냐하면 철수작전은 패전하는 인상을 주게 됨으로써, 아군의 사기를 저하시키는 동시에 적의 사기를 높여주는 결과가 되기 때문에 휴전의 동기를 마련할 수 없다.”라고 생각하였다.[43] 그는 적이 다시 공격해 올 경우 현 진지인 노네임선(수색~북한산~홍천~한계령~속초)에서 더 이상 철수하지 않고 적의 공세를 저지하기로 결정하였다. 즉 4월과 같은 지연방어가 아니라 현 방어진지를 고수하는 지역방어를 선택한 것이다. 따라서 아군의 노네임선에는 진지공사가 집중적으로 이루어져 전 전선에 걸쳐 지뢰매설 및 철조망 설치, 협조된 화력계획의 수립 등 만반의 전투준비태세를 갖추었다. 그는 “방어에 있어서는 철과 화력의 장벽을 쌓고 싸워야 하며, 인명 피해를 최소로 줄여야 한다. 역습이나 공격을 할 때에는 병사들이 탄흔의 한 구멍에서 다른 구멍으로 발을 옮겨 놓을 수 있을 정도로 많은 포탄구멍이 생길 만큼 다량의 사격을 적에게 퍼부어야 하며, 한 치의 땅이라도 적에게 더 이상 넘겨주지 않기 위하여 전 화력과 병력으로 현 전선을 확보하여야 한다.”라고 결의를 표명하였다.[44]

이 작전에서 특히 미 38연대는 적의 공격에 직면하여 철조망, 지뢰

---

43 육군 군사연구소, “중공군 5차(4월) 공세,” http://www3.army.mil:8095/gunyun/E-book/sub9/sub9_ebook/ko(66)/ko(66).html.

44 육군본부, *전장사례연구(3)(교육참고 7-7-6)* (1987).

등으로 무장된 강력한 방어진지를 구축하고, 진내사격을 비롯한 엄청난 포병사격을 요청하여 적을 물리쳤다. 진내사격이란 아군은 참호를 파고 안전대책을 강구한 후, 적이 아 진지로 돌입할 경우 아 진지 위에 포병화력을 요청하는 경우이다. 이러한 전략을 위해 밴플리트는 다량의 포탄 사용을 허용하였는데, 1일 사용량(CSR)의 5배 정도의 사격을 허용한 것이다.[45] 이러한 전략에 따라 전쟁양상은 적 보병 대 아포병 사격의 양상으로 전개되었으며, 보병은 화력을 유도하는 역할을 하였다. 이렇게 하여 미 38연대 1대대는 이른바 벙커고지를 고수하여, 동쪽으로 속사리와 강릉 선까지 돌파구를 형성한 중공군이 홍천방면으로 더 이상 전출하지 못하게 함으로써 방어작전에 성공할 수 있었다.

1대대는 진전의 장애물 지대에 접근해 오는 적의 1, 2제파를 모두 탄막사격을 이용하여 격퇴하였으며, 마침내 진내사격을 요청하여 적을 물리쳤던 것이다. 이날 10중대는 거의 전투다운 전투를 하지 않았다. 다만 호 속에서 조용히 대기만 하고 있었을 뿐이다. 그리고 적의 동정을 살피다 적이 공격해 오면 관측장교로 하여금 포탄을 그곳으로 유도하기만 하면 되었던 것이다. 보병은 아무것도 할 필요가 없었다. 5월 18~19일의 전투는 적 보병과 아군 포병의 전투였던 것이다.[46] 제1대대를 직접지원한 제38포병대대는 11,891발의 탄약을 사격하

45 전쟁기념사업회, *한국전쟁사 제5권: 중공군의 개입과 새로운 전쟁* (서울: 행림출판사, 1992), p. 170.

46 육군본부, *전장사례연구(3)(교육참고 7-7-6)* (1987).

였으며, 그 대부분은 18일 22:00시에서 19일 04:00시 사이에 발사되었다. 이는 포 1문당 매 2분에 한 발씩 24시간 동안 계속 사격한 셈이다. 이 전투를 계기로 중공군은 더 이상 공세유지가 불가능하게 되었으며, 결국 철수하지 않을 수 없었다. 중공군의 5월 공세기간 7일 동안 미 제10군단을 지원하는 21개 포병대대는 309,958발(8,700톤 이상)을 사격하였으며, 하루 평균 1,200톤 이상을 사격하였다. 이러한 사격은 2차 대전 시 10일간에 걸쳐 실시된 바스토뉴 진격 작전에 미 제3군단의 35개 포병대대가 발사한 94,230발과 비교할 때 대대당 5.5배의 탄약을 사격한 것이다.[47] 밴플리트는 화력의 집중을 위해 하루 탄약 사용량을 CSR의 5배로 증가시켰다. 그는 "아군의 목숨이 아니라 포탄을 쓰겠다."라고 천명한 대로 실행하였으며, 이를 "밴플리트 포격"이라 부른다.[48]

47 육군본부, *위의 책*.

48 KBS, "컬러로 보는 한국전쟁," 2002.

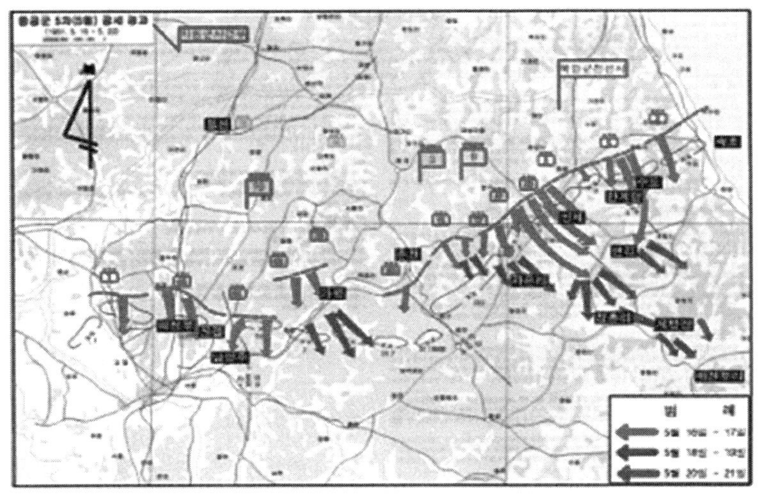

〈그림 16〉 중공군 5월 공세

* 출처: 육군 군사연구소, "중공군 5차(5월) 공세," http://www3.army.mil:8095/gunyun/E-book/sub9/sub9_ebook/ko(66)/ko(66).html.

앞선 예에서 중공군은 서울을 탈환하여 휴전에 유리한 고지를 점령한다는 목적 아래 양측이 일시적으로 대치된 상황하에서 2차례의 공격을 감행하였다. 유엔군은 서울을 적의 수중에 빼앗기지 않기 위해 군사력을 운용하여야 하였다. 여기까지는 현재의 남북한 대치상황과 유사하다. 밴플리트는 4월에는 지연전에 의한 방어, 5월에는 현 전선을 고수하는 방안을 택하였다. 그에 따라 전력을 배비하고, 방어준비를 지시하였으며, 그 개념에 의해 전쟁을 수행하였다.

이와 같이 전쟁은 양측이 대치하고 있는 상태에서 자신의 의지를 적에게 강요하기 위하여 적 전투력을 격멸하기 위한 계획을 수립함으로써 시작한다. 전쟁을 최초 시도하건, 전쟁 중 하나의 국면 또는 전역

(轉役)의 일부 지역에서 무력충돌이 일어나건, 대규모 군대가 상대의 전력을 격멸하기 위해서 군사력 운용의 구상을 하게 되는데, 이후의 모든 군사력 운용은 이 계획에 의해 실시된다.

〈표 10〉 군사전략의 예(중공군 춘계공세)

<table>
<tr><th colspan="2">구분</th><th>4월 공세</th><th>5월 공세</th></tr>
<tr><td colspan="2">중공군 전략</td><td>개성-문산 축선 정면공격
(서울 점령, 협상에 유리)</td><td>동부전선(한국군)으로 우회공격
(미군의 화력 회피)</td></tr>
<tr><td rowspan="2">한국군</td><td>전략</td><td>축차진지 활용 지연방어
(인해전술 방어에 효과적)</td><td>현 진지에서 지역방어
(철수, 아 패배의식, 적 사기고취)</td></tr>
<tr><td>전력운용</td><td>축차 방어선, 중앙청-마포에 대포 400문 배치</td><td>방어진지 요새화, 밴플리트 포격</td></tr>
</table>

현실에서 이루어지는 이러한 구상은 어쩌면 당연한 것 같음에도 불구하고, 이론적인 측면으로 들어가면 사람들을 혼란스럽게 한다. 어떤 것이 군사전략이냐에 대해 의견이 분분하게 된다. 사실 매우 자명한 일인 것처럼 여겨지는 것임에도 불구하고, 이러한 문제에 대한 혼란이 일국의 군사력 건설과 고급 장교들의 사고에 지대한 영향을 미치게 된다. 특히 군사전략을 수립해야 하는 부서에서는 어떤 것이 군사전략이라고 정의하느냐에 따라 그들의 고려사항과 결심이 달라지고, 기획문서의 내용이 달라진다.

2. 군사전략의 요소

군사전략이란 국가전략의 하위 개념으로서 군사적인 수단을 사용하여 국가목표 달성을 추구하는 개념이다. 즉 군사력 사용을 위하여 정치적인 목적, 본질, 쌍방의 국력의 근원과 취약점을 파악하고, 군사력을 적용하기 위한 적의 능력과 취약점을 파악하는 과정으로부터 출발한다. 군사력을 사용한다면 군사력을 어떻게 운용하는 것인지, 어떤 목적으로 어떤 것을 군사목표로 설정하는지 등의 과정을 구상하는 것이다. 군사전략은 국가전략의 일부분으로서 "국가목표를 달성하기 위해 제 군사력을 발전시키고 운용하는 기술과 과학"인 것이다.[49] 국가전략은 국가목적을 달성하기 위해 국가가 보유한 모든 힘을 활용하지만, 군사전략은 군사력의 직접, 간접적 사용으로 국가전략에 기여할 군사수단을 사용하며, 이의 개발 및 사용을 선도한다.

군사력을 구체적로 적용한다는 것은 무엇을 말하는 것인가? 즉, 군사전략을 구상하여 제시한다는 것은 어떤 내용을 포함하여야 하는가? 군사전략에 어떤 요소를 포함하여야 하느냐는 매우 중요한 문제이다. 필요한 요소가 포함되어야 구체적인 행동지침이 결정될 수 있고, 나

49 육군 교육사, *군사이론연구* (1987), p. 160.

아가서 소요가 제시될 수 있다. 반면 이 개념이 혼란스러우면, 전쟁기획 전반적인 부분이 혼란스럽게 된다.

군사전략에 포함되어야 할 내용으로 미국의 테일러(Maxwell. D. Tayler) 장군은 목표(Ends), 수단(Means), 방법(Ways)을 들고 있으며,[50] 미군의 대부분의 개념서에서 이 개념을 적용하고 있다. 군사전략은 이러한 개념을 포함하여야 한다는 것이 일반적으로 동의되고 있는데, 한국에서도 이 개념을 적용하고 있다.[51] 목표는 아측이 전력을 이용하여 달성해야 할 목표(Ends: Objectives toward which one strives), 방법은 운용개념(Ways: Course of action), 수단은 목표를 달성할 전력(Means: Instruments by which some end can be achieved)을 의미한다. 이 '어떻게 하느냐'의 문제가 바로 군사력을 적용하는 것이다. 무력으로 효과를 나타내기 위해서 어떻게 상대방을 쳐야 하는가이다. '상대방을 쳐서 쓰러뜨려라' 하는 것은 목적이고, 상대방의 어디를 어떤 수단을 이용해서, 얼마만큼의 힘으로 치느냐 하는 것을 결정하는 것은 군사전략이다. 즉 적을 격멸하기 위해서 어떤 목표를 어떤 전력을 이용하여 어떤 방법을 적용할 것인지를 선택하는 것이 군사전략인 것이다. 이것을 다른 용어로 표현하면 목표, 수단, 운용개념이라고 할 수 있으며, 이것을 군사전략의 요소라고 할 수 있다. 군사전략의 요소란 군사전략의 내용에는 이런 내용이 포함

50 Col. Arthur F. Lykke Jr., "Defining Military Strategy," *Military Review* (1997), p. 183.

51 육군 교육사, *위의 책*, pp. 192-193.

되어야 한다는 의미이며, 추상적인 형태로 머물러서는 안 된다는 의미이다.

목표

전략이라는 용어가 다양한 상황과 다양한 수준으로 쓰이는 것과 마찬가지로 목표란 용어도 목적과 함께 다양하게 사용되고 있는데, 이러한 다양성 때문에 혼란이 초래되기도 한다. 특히 전쟁을 기획하는 데 있어서 전쟁의 수준과 목적, 목표에 대한 혼란 때문에 중요한 점이 간과되고 있는 경우가 종종 있다. 혼란의 중요한 이유는 국가적 차원, 즉 대통령의 차원에서 고려해야 할 국가목표와 이를 군사적인 측면에서 구현해야 하는 군사목표를 혼동하는 데에서 발생하며, 또 다른 이유는 전략이 적용되는 수준을 혼동하는 데에서 비롯된다. 특히 한국 합참의 경우, 항상 국가의 안보적인 차원과 군사적인 차원을 동시에 고려해야 하기 때문에 이 둘의 개념이 혼재된 가운데에서 업무를 수행하기 쉽다. 그렇기 때문에 발생하는 개념의 혼돈이 기획문서에 종종 발견되는데, 기획문서가 예하부서 또는 부대에 미치는 영향을 고려한다면 그러한 혼란이 초래하는 결과는 매우 중요하다고 할 수 있다. 기획문서 내용의 혼돈은 곧 군의 주요 개념들의 혼돈을 의미하며, 따라서 전반적인 개념체계의 혼란을 초래하는 이유가 되는 것이다. 실무자들은 종종 관례대로 업무를 수행하는 경향이 있기 때문에 주요한 개념의 혼돈이 시정되지 않고 지나가곤 한다.

국가가 어떠한 문제에 부딪혀 위기가 발생할 경우 이는 국익에 관계되는 요소일 수 있으며, 국가안보의 위기라고 할 수 있다. 어떤 국가의 안정과 평화, 번영에 심각한 위기를 초래하는 사건이 발생하였을 때, 국가안보를 해결하기 위한 고민과 구상이 시작되게 된다. 어떤 문제는 단순히 하나의 영역에서의 조치로 종결될 수 있을 수도 있으나, 오늘날의 세계와 국가의 관계로 볼 때, 대부분의 문제들이 국가를 구성하는 모든 또는 일부 영역들이 종합적으로 조치를 취해야 할 것이다. 위기를 해결하여 국익의 입장에서 평화적이고 안정적인 상태로 만드는 것이 대통령의 국가목표가 될 것이며 이를 해결하는 방안이 국가전략 또는 안보전략이 되는 것이다. 따라서 위기의 발생과 국가목표 달성을 위한 국가적 차원에서 전략의 구상이 국가 안보를 위한 기획의 출발이라고 볼 수 있다.

국가전략적 목표와 군사전략적 목표가 실제의 상황에서는 어떻게 구분될 수 있을까? 우리나라도 관련될 수 있는 일이지만, 중동으로부터 오일의 수송로가 주변 해적 또는 불량 세력에 의해 위협을 받고 있는 상황이라고 가정을 하자. 오일의 원활한 수송은 국가적인 차원의 위기라고 할 수 있다. 따라서 이를 해결하기 위한 국가전략이 필요하다. 이 위기에 가장 큰 영향을 받는 분야는 경제적인 분야일 것이다. 따라서 경제전략은 오일의 비축, 다른 오일 공급원의 모색, 원유 사용분야에 대한 점검 등의 전략을 구상할 수 있다. 그러나 원유 수송로의 보호를 위해서 군사적인 수단의 적용이 필요하다. 군사적인 수단을 강구할 경우, 군사력 사용의 목적은 해적의 소탕, 접근금지, 자체방어력 강화 등의 목적을 예상할 수 있다. 해적을 소탕하기 위한 군사목표는 해적들을 색출하고 격파하는 것이 될 것이며, 접근금지를 위한 목표는 특정한 지역의 또는 해역의 장악을 필요로 할 것이다. 자체 방어력 강화를 위해서는 원유 수송선 자체의 무장, 위험지역 호송 등의 목표를 세울 수 있다. 군사전략의 목적은 개념적인 차원에 머물 수 있지만, 군사전략의 목표 단계에 들어서면 구체적인 지점, 대상, 정도(수준) 등으로 표현되어야 한다. 군사전략의 목표는 군사력을 운용하여 구체적인 행동을 하여야 하는 최종적인 상태를 제시하는 것이기 때문에 추상적이거나 개념적일 수 없다.[52] 군사전략의 입안자들은 추상적이거나 개념적인 목적을 군사적 행동의 목표로 전환시킬 줄 알아야 한다. 작전사령관은 대통령의 안보목표를 달성하기 위해 예하부대를 운용하기 위한 목표를 설정하고, 이를 달성하기 위한 군사전략을 수립하여야 하는데, 군사력 운용의 목표나 전략을 수립함에 있어서도 계속 개념적인 상태로 남아있어서는 안 되는 것이다.

〈표 11〉 군사전략의 목적/목표에 관한 주요 이론가들의 견해

	목적	목표
손자	군사력 사용을 최소화하여 정치적 목적 달성	적 전투력 격멸(백전불패)
클라우제비츠	적의 저항력 무력화	적 전투력 격멸, 적 영토 점령
리델하트	승리를 통하여 국가의 평화와 번영 추구	적 저항의지의 근원인 적 지휘부, 통신시설 파괴

52 이러한 예는 『군사이론연구』 194쪽에 언급된 내용이나, 이해를 돕기 위해 부연설명하였음.

2차 대전 시 독일은 국가목표를 게르만인에 의한 세계 제패라는 데에 두었으며, 이를 달성하기 위하여 동쪽에서의 소련의 압력과 서쪽의 영·불 연합군을 동시에 상대하여야 하였다. 병력이 부족한 독일군은 서부전선에서 사용된 전력을 동부전선에서도 사용하여야 하였다. 따라서 독일은 국가 군사전략의 차원에서 볼 때, 서부전선에서 장기전을 수행할 수 없었으며, 때문에 독일 참모부가 건의한 지연전 전략을 택할 수 없었던 것이다. 즉 서부전구에서의 지연전이 국가 군사전략의 수준에서 적합하지 않았던 것이다.[53] 서부전선의 작전지역에서 볼 때에는 지연전과 전격전의 두 가지 방책이 논의되었으며, 국가 군사전략의 차원에서 볼 때 전격전의 전략이 더 적합하였던 것이다. 이를 달성하기 위한 서부전선 군사전략의 목적은 프랑스를 신속히 점령하는 것이었으며, 군사전략의 목표는 영·불 연합군의 분리를 통한 프랑스 주력 격멸 및 파리의 조기 점령이었다. 이 목적 달성을 위해 적의 방어가 최소라고 예상되는 아르덴느를 통과하여 세당으로 기동하는 작전을 계획한 것이다. 이와 같이 목적은 군사력을 운용하는 측의 의도 및 개념상의 최종상태를 의미한다면, 목표는 최종상태를 달성하기 위해 구체적으로 군사력을 지향해야 할 방향을 제시하는 물리적 실체

---

53 이러한 경우는 미군의 작전기획 절차와 유사하다고 볼 수 있다. 『군사이론연구』에서는 군사전략 목표를 영·불 연합군과 소련군의 각개격파, 전격전을 작전목표로 기술하고 있지만, 2개의 전구가 아닌 하나의 전구를 중심으로 볼 때 서부에서의 군사전략은 전격전의 개념이라고 볼 수 있다. 군사전략의 출발이 대치되어 있는 적에 대한 구상이란 점에서 전격전과 지연전의 전략이 고려되었다고 볼 수 있다. 2개의 전구는 각각 다른 전략을 적용하는 것으로 고려되어야 한다.

가 되어야 한다. 군사전략 목표는 예하부대에게 임무를 지시해 주는 구체적인 실체가 된다.

〈표 12〉 군사전략의 목적과 목표(독일의 프랑스 공격)

<table>
<tr><td>상황</td><td colspan="2">2차 대전</td></tr>
<tr><td>국가목표</td><td colspan="2">게르만인에 의한 세계 제패</td></tr>
<tr><td>국가군사전략</td><td colspan="2">신속한 프랑스 점령 이후 동부전선 이동</td></tr>
<tr><td rowspan="2">서부전선
군사전략</td><td>목적</td><td>신속한 프랑스 점령</td></tr>
<tr><td>목표</td><td>프랑스군 주력 격멸, 파리 점령</td></tr>
</table>

앞선 중공군의 춘계공세의 예를 들면, 4월 및 5월 공세의 목적은 서울을 점령하여 휴전회담에서 유리한 위치를 확보하는 것이었다. 이러한 목적을 위하여 중공군의 4월 공세에서는 서부전선에 대한 아 부대 격멸을 목표로 정면공격을 감행하였고, 5월 공세에서는 동부의 한국군 격멸을 통한 서울로 우회기동을 목표로 하였다. 이와 같이 군사전략의 목적은 유사하더라도 목표는 달라질 수 있는 것이다. 반면, 유엔군의 목적은 서울을 방어하는 것, 즉 서울의 북방에서 적의 공격을 돈좌시키는 것이었다. 이 목적을 달성하기 위해 4월 공세에는 지연전을, 5월 공세에는 진지의 고수방어를 선택하였다. 각각의 전략에 따라 4월에는 축차적인 방어선에서 적 전력의 점진적 약화와 서울 북방에서 결전이라는 목표가 주어졌고, 5월에는 진지를 사수하는 목표가 주어졌다. 이러한 개념과 목표에 따라 전력의 운용이 달라진 것이다.

〈표 13〉 군사전략의 목적과 목표(춘계공세)

상황		4월 공세	5월 공세
중공군 춘계공세	목적	서울 점령(휴전회담에서 유리한 위치 확보)	
	목표	서부전선 주력 격멸	동부전선 한국군 격멸
UN 군 방어	목적	서울 방어(수도권 북방에서 적 공격 방어)	
	목표	축차방어, 서울 북방 방어	현 진지 사수

전략의 개발에서 목표의 선택은 매우 중요한 작업이다. 추상적인 목적을 구체적인 목표로 변환시키는 임무를 하여야 하기 때문이다. 이 과정에는 다양한 토의와 결심이 있어야 하며, 선택된 방책에 대한 위험의 감수와 보완이 있어야 한다. 모든 것은 이 선택에 따라 달라지기 때문이다. 오늘날 북한이 한반도에서 전쟁을 일으킨다면, 북한의 1차적인 목표는 서울의 점령일 것이다. 북한이 어떠한 전략을 구사하든, 한국의 목적은 춘계공세 때와 마찬가지로 수도권 북방에서 적의 공격을 저지하는 것일 것이다. 이러한 개념은 국가전략에서도 동일하게 선정될 것이며, 그것이 군사력 운용의 목적이 될 것이다. 이 목적을 달성하기 위해 한국군은 어떠한 전략적 목표를 선정할 것인가를 결정하여야 하는 것이다.

군사전략의 목표는 앞에서 설명한 바와 마찬가지로, "적의 전쟁수행 의지를 굴복시키기 위하여 군사능력 및 자원을 투입해야 할 구체적

지향방향으로서 군사 가용자원을 최대한 활용하여 정책에 의해서 설정된 목표를 달성하는 데 기여하는 '군사적 대상'"이라고 정의한다.[54] 여기서 '대상'이라는 단어에 주목할 필요가 있다. 대상이라는 것은 추상적인 상태를 말하는 것이 아니라 적 부대 또는 특정한 지형지물 등 구체적인 것을 말한다. 즉 목표란 아 군사력을 이용하여 점령하거나 화력을 이용하여 타격하거나 하여 확보 또는 파괴하여야 하는 대상을 말하는 것이며, 기동하거나 화력의 이용, 즉 군사력을 지향하여야 할 대상을 말하는 것이다. 이것은 추상적인 상태를 의미하는 것이 아니며, 군사력을 행사하여야 하는 대상이 되는 실재(實在)하는 표적을 의미한다. 이러한 대상에 요망하는 효과를 달성함으로써 군사전략이 달성하고자 하는 상태, 즉 목적 또는 최종상태를 달성하는 것이고, 그렇게 함으로써 국가전략에 기여하는 것이다. 군사목표란 이미지나 개념 상태로 존재하는 것이 아니라 실재하는 대상을 의미하는 것이다.

개념상태의 목적을 실물 상태의 군사적 표적, 즉 군사목표로 설정하는 능력이야말로 군사전략 구현의 최초의 단계이며, 지휘관이 가져야 할 자질이다. 일단 목표로 선정되면, 아 군사력은 그 목표를 달성하기 위해 수단과 방법을 동원할 것이며, 목표 달성을 위해 매진하게 될 것이다. 목표를 달성하였다면 전쟁의 목적과 그 상위 개념인 정치적 목적을 달성하여 국가이익에 기여하게 될 것이다. 반대로 군사목표가 제대로 선정되지 않았다면, 목표를 달성하였다고 하더라도 전쟁에서

54 육군 교육사, *위의 책*, p. 196.

의 승리가 보장되지 않을 것이며, 정치적 목적 또한 달성되지 않을 것이다. 4월 공세에서 연합군은 지연전을 전개한 후 수도권 직 전방에서 적을 저지한다는 목적 아래 최종 방어선을 수도권 직 전방의 방어선을 목표로 하였다. 목표를 달성하였지만, 아군의 피해도 상당했으며, 승리했다는 인식이 부족하였고, 정치적 비난이 발생했다.

일단 목표를 선정했으면 아군의 모든 노력이 여기에 집중되고, 다른 방안은 배제되기 때문에 군사전략의 목표는 배타적이 된다. 즉 일단 하나의 방안이 선택되었다면, 다른 모든 위험은 감수해야 하고, 그 목표 달성에 국운을 걸어야 하는 것이다. 5월 공세에는 최 일선 방어선이 방어의 목표였다. 따라서 모든 노력은 이 선을 사수하는 데 집중되었다. 전군의 노력이 목표의 설정에 따라 달라진 것이다. 이와 같이 목표의 선정은 전쟁의 성패를 가름하는 중요한 선택이다. 지휘관은 그러한 선택을 통해 국운을 책임진다. 용기와 자질을 요구하는 것이다. 성공하면 영웅이요, 실패하면 역사에 오명을 남기게 된다. 지휘관의 그러한 결정력은 단시일 내에 배양되는 것이 아니고 많은 경험과 사고, 통찰력에서 나온다고 할 수 있다. 군사적 천재는 직관적으로 승리할 수 있는 목표를 인식할 수 있을 것이다. 낙동강 하류에서 겨우겨우 방어선을 지탱하고 있는 한반도 전세를 역전시키기 위해 수많은 상륙지점 중에 인천을 목표로 선정하고 그것을 가능하게 할 수 있는 맥아더와 같은 안목과 능력이 중요한 것이다. 병참선을 차단하여 적의 보급로를 끊는다는 목적을 달성하기 위해 맥아더는 어떻게 인천이라는 장소를 군사전략의 목표로 선정하였을까? 군사전략의 구체화를 위한 목표의 지정은 이러한 선택을 지휘관에게 강요하는 것이다.

공격 시의 목표는 최초 돌파지점, 주요 확보지점, 최종 목표, 격멸(타격)하여야 할 적 주요 부대(시설) 등이 될 것이다. 방어 시의 목표는 주요 방어선(지점: 하천, 고지 등), 최종 방어지점, 격멸(타격)하여야 할 적 주요 부대(시설) 등이 될 것이다. 지휘관은 이러한 지점을 선정하여야 한다. 한국전쟁에서 인천, 2차 대전에서 아르덴느, 세당이라는 구체적인 지점이 선정된 것과 같이 군사전략을 수립하는 지휘관은 구체적인 지점을 지정하여야 한다. 그래야 군사력이 지향해야 할 방향성이 생겨나는 것이다.

군사전략의 목표가 정해지면, 이것을 어떻게 달성할 것인가를 사고하게 된다. 가장 먼저 생각할 수 있는 것이 어떤 수단으로 어떻게 달성하느냐 일 것이다. 이것이 바로 군사전략의 다음 요소인 수단과 방법, 즉 전력과 운용개념인 것이다. 수단과 방법의 선택은 전력구조, 부대구조, 편성, 소요 무기체계 등에 영향을 미치는 중요한 요소다. 수단과 방법의 선택에 따라 그 하위 개념들이 모두 달라지기 때문이다. 실로 군사전략은 한 국가의 군사력의 모든 것을 좌우하는 가장 중요한 개념이다.

수단

테일러 장군의 군사전략의 요소에 의하면, 수단(Means)은 병력, 물자, 자금, 전력, 군수지원 등을 의미한다.[55] 이러한 요소들은 일국이 전쟁을 수행하기 위한 자원을 의미하는 것으로 전쟁을 위해서는 이들 자원이 충분히 뒷받침되어야 한다. 재래식 및 대량살상무기, 전략 및 전술 핵무기, 상비군 및 예비군, 공격 전력과 방어 전력 등이 이에 속하며, 주 전력들을 지원할 수 있는 전투지원 및 전투근무지원 능력도 포함된다. 군사전략을 수립하기 위해서는 이러한 자원의 지원 가능성을 고려하지 않을 수 없다. 전략개념은 우수하지만 그 전략을 수행할 능력을 보유하고 있지 않다면, 개념은 무의미하다. 따라서 전략개념의 수립은 수단의 지원 가능성을 고려하여 제시되어야 하며, 현실과 동떨어진 개념을 수립할 수 없는 것이다. 군사 선진국과 후진국의 군사전략이 다를 수밖에 없으며, 중요한 무기체계나 지원요소들을 보유하지 못한 상태에서 전략개념만 선진국의 그것을 추종하는 것은 무의미하다. 현실적으로 보유하지 못한 전력을 미래에 보유할 것이라고 가정하여 전략을 수립하는 것도 무의미하다. 전략은 실행을 준비하기 위해 수립되는 것이기 때문에 실현 가능한 전략을 세워야 하며, 미래에 준비해야 할 전력은 미래의 전략개념을 예상하여 선정해 놓고, 이에 대비하여 전력을 증강하는 개념으로 설정되어야 한다. 보유할 가능성이 요원한 무기체계를 근거로 전략을 수립하는 것은 허상 위에

55 Col. Arthur F. Lykke Jr., *위의 글*, pp. 184-185.

실행개념을 설정하는 것과 같다. 군사전략의 필요에 따라 필요한 전력들이 창출되기도 하지만, 군사전략의 요소가 되기 위해서는 전략이 적용되는 기간 내에 그 전력이 확보될 수 있어야 한다. 보다 더 효율적인 작전을 위해 전략개념이 수립될 수 있으나, 가시적인 미래에 전력화될 수 있어야 한다. 기술력이나 자금의 측면에서 볼 때 보유할 가능성이 요원한 무기체계를 근거로 군사전략을 수립할 수는 없다.

군사전략의 수단 중에서도 전시에 특별히 중요한 역할을 할 수 있는 전력이 있을 수 있다. 현재 보유한 전력이 당연한 듯 여겨지겠지만, 모든 군사력은 그 국가의 상황에 부합된 전략개념을 구현하기 위해 건설된다. 따라서 각국의 군사력은 전략적 상황에 따라 그 성격과 구성비율 등에 차이가 나게 마련이다. 군사전략을 수행하기 위한 중추적인 역할을 할 수 있는 전력이 있을 것인데, 각국의 전략 상황에 따라 주요한 전력이 핵심이 되며, 다른 전력들은 이 전력의 보완역할을 한다. 전쟁이 단일 전력의 활약으로 수행되지는 않겠지만, 몇 개의 주 전력이 효과적일 것이고, 지휘관은 어떤 전력을 이용하여 전략을 완성할 것인가를 결정하여야 한다. 전쟁을 수행하는 데 필요한 주 전력을 결정하고 운용개념을 제시하고, 배치를 지시하는 것은 지휘관의 역할이며 능력이다. 지휘관은 자신이 수립한 전략을 수행하기 위해 어떤 전력을 이용할 것인가에 대한 복안이 있어야 한다. 이러한 주 전력의 선택은 각 국가가 처한 상황에 따라 달라질 것이다.

전장에서 주 전력의 선택과 그에 따른 군사전략의 수행의 예를 10월 전쟁에서 살펴볼 수 있을 것이다. 6월 전쟁의 실지를 회복하기 위해 이집트와 시리아가 전쟁을 개시한 1973년 10월 전쟁 시, 이스라엘과 이집트의 전쟁준비를 보면, 군사전략의 수단 면에서 어떤 차이가 있었는지를 잘 알 수 있다. 양국의 전쟁 준비는 1967년 6일 전쟁 결과를 반영하여 수행되었다. 6일 전쟁 당시 이스라엘은 정보력을 바탕으로 이집트 공군의 취약시간을 알아내어 기습적으로 이집트 공군기를 지상에서 파괴하고, 이어서 시리아군의 공군도 격파하였다. 또한 이스라엘은 전차의 기동력과 잘 훈련된 승무원에 의해 이집트군 전차부대를 격멸하고 시나이 반도를 점령하였고, 이어서 골란 고원도 점령하였다. 10월 전쟁 당시 이스라엘은 6월 전쟁의 경험을 바탕으로 하여 정보력, 공군력, 전차의 능력, 수에즈 운하와 바레브 선[56]을 중심으로 한 군사전략을 수립하였다. 이스라엘의 군사전략은 이집트군을 바레브 선에서 격퇴한다는 개념이었으며, 소수의 병력을 바레브 요새에 배치하고, 유사시 후방에서 바레브 선으로 전차를 증원하여 방어한다는 개념이었다. 6일 전쟁 당시 이스라엘은 이집트군의 세부적인 시간계획까지 알았기 때문에 정보력에 대해 자신이 있었다. 최소한 48시간 전의 경고시간이 주어질 것으로 판단하고 모든 군사력 준비를 이에 맞춘 것이다. 바레브 선의 구축, 요새에 배치된 병력, 동원 요구시간 등은 이러한 경고시간을 바탕으로 이루어진 것이다.

이스라엘군이 미래 전력의 핵심으로 여긴 또 하나의 전력은 공군력

---

56 수에즈 운하 동안에 설치된 높이 약 25M의 모래 방벽. 이스라엘은 이 방어선에서 방어한다는 전략 아래 방어선에 소규모의 정찰요원, 후방에 증원전력을 배치하였다.

이었다. 6일 전쟁 당시 이스라엘 공군은 기습적인 공격으로 이집트 공군을 지상에서 대부분 파괴하고 제공권을 장악하였고 이 제공권을 바탕으로 사막 지형에서 이집트군을 타격할 수 있었다. 따라서 미래의 전쟁에서 공군력이 충분한 기여를 할 수 있다고 판단하고 공군력을 중심으로 전력을 강화하였다. 또한 이스라엘 전차부대는 이집트군 전차부대보다 우수하다는 것이 증명되었기 때문에 이스라엘은 기동성 있는 전차부대를 집중적으로 육성하였다. 심지어는 포병부대와 보병부대를 감축하고, 이들 부대를 전차부대로 개편하는 등의 작업을 하였던 것이다. 그리고 이집트군의 수에즈 운하 통과 지점에 따라 병력을 집결할 수 있도록 바레브 선 후방에 3개의 병행 도로망을 구축하여 어느 곳이라도 신속하게 증원 전력이 증원할 수 있도록 하였다.

이스라엘이 전차, 공군력, 정보력, 바레브 선을 주 수단으로 한 군사전략을 수립한 것에 대해 이집트는 어떻게 대응하였을까? 일반적인 관행 같으면 전력지수 비교에 의해 전차 대 전차의 비율, 공군력의 비율 등을 따져 공군력, 전차의 능력을 증강하여야 한다고 하였을 것이다. 이스라엘보다 더 훌륭한 새로운 공군기, 새로운 전차 획득을 희망하였을 것이다. 그러나 이집트군은 이러한 전력을 강화하여 이스라엘에 대응하여야 한다는 생각을 하지 않았다. 이집트는 6일 전쟁의 교훈을 통해 이집트 전차부대의 열등함을 인식하였으며, 이스라엘 공군력의 우수성 또한 인식하였다. 대신 다른 방법에 의해 대응하려는 방안을 강구하였다. 이집트군이 채택한 방안은 방공망 구축에 의해 이스라엘 공군의 활동을 제한한다는 것이었다. 병사들에게는 휴대용

SAM이 지급되었으며, 국지 기동성을 보유한 방공무기를 전력화하였다. 주 방공방은 이집트 내에 고정된 지역 방공망이었다. 따라서 이스라엘 지역으로의 공격은 이러한 제한된 방공망이 제공해 줄 수 있는 능력, 즉 이집트군의 단거리 방공망이 허용하는 지점까지로 제한하였다. 전쟁의 목적도 이스라엘의 점령이나 이스라엘군의 격멸이 아니고, 이스라엘군에게 최대의 피해를 입히는 것이었다. 즉 전방에 투입된 이스라엘군까지를 이집트군의 전략목표로 설정한 것이다. 한편, 이집트군은 이스라엘의 전차에 대해서도 전차 전력 증강으로 대응한 것이 아니라 대전차화기로 대응하였다. 이집트군은 보병 및 공수부대에 대전차 화기를 지급하여 이스라엘 전차를 파괴한다는 전략을 채택하고, 이스라엘 전차의 길목에 대전차화기를 배치함으로써 이스라엘 전차 부대의 증원을 차단하였다. 그리고 바레브 선의 돌파를 위해서는 바레브 방벽이 대부분 모래로 구축되어 있는 점에 착안하여 물대포를 동원함으로써 이스라엘군이 예상하는 시간보다 훨씬 더 일찍 돌파한다는 전략을 세웠다. 이스라엘이 자랑하는 방벽의 돌파에 물대포가 중요한 전략 수단으로 선택된 것이다. 이후 이집트는 유럽으로부터 우수한 성능의 물대포를 대량 수입하였다. 그리고 이집트군의 작전목표는 전방에 동원 및 배치된 이스라엘군의 최대한 살상이며 진격거리는 방공망이 허용하는 지점까지로 제한하였다. 그리고 그 이후에는 국제적인 협상에 의해 평화협정을 유도한다는 전략이었다.

작전의 경과는 약 24시간의 시간을 보장해 줄 것이라고 믿었던 바레브 선이 2~3시간 만에 돌파당함으로써, 이스라엘군은 증원 전력

파견 시간을 상실하였다. 이스라엘 공군은 이집트군의 대공방어 위협 때문에 전력을 제대로 발휘하지 못하였으며, 조기에 시나이 반도에 상륙한 이집트군은 대전차화기를 이스라엘군 증원 길목에 배치하였다. 대전차화기 화망으로 돌진하는 이스라엘 전차는 파괴되었으며, 이스라엘군은 바레브 선 확보에 실패하고 후방으로 후퇴할 수밖에 없었다. 바레브 선이 조기에 돌파당함으로써 이스라엘군은 초전에 많은 사상자를 내었으며, 이집트군은 최초 전략대로 전방의 이스라엘군을 다수 살상함으로써 전략 목적을 달성하였다.

그러나 이집트는 여기서 공격을 멈출 수가 없었다. 북쪽의 시리아가 이스라엘군에 의해 고전을 면치 못하고 있었으며, 자신에게 가해지는 압력을 완화하기 위해 이집트군의 계속적인 공격을 요구했기 때문이다. 동맹국의 공격 요청에 이집트군은 할 수 없이 최초 목표 이상의 작전을 감행하였고, 이렇게 함으로써 허점을 드러내고 말았다. 초기 전략적 열세에 놓여있던 이스라엘군은 이 기회를 이용하여 반격을 개시하였으며, 결국 수에즈 운하를 넘어 이집트군을 추격하기에 이르렀다. 상황이 여기까지 이르렀을 때 키신저의 중재에 의해 전쟁은 종료되었으며, 이스라엘은 이집트군에게 시나이 반도를 반환하는 협정을 맺고 양국으로 철수하였다.

앞에서 본 바와 같이 이스라엘은 군사전략의 주요 수단을 정보, 공군, 전차, 바레브 선, 동원 전력 등으로 사용하였으며, 이집트군은 대공무기, 대전차화기, 물대포, 기만 등의 전력으로 대응하였다. 양국의 상황과 전략에 따라 주요 전력이 달랐던 것이다. 이와 같이, 군사전략에는 그 전략이 중점적으로 사용하여야 하는 전력이 존재하기 마련이며, 이러한 전력을 중심으로 다른 전력들을 보완하게 될 것이다. 전쟁에 임하기 전에 각국은 적의 전력 중에서 어떠한 전력이 주 전력이 될 것인가를 파악하고 그에 대응하는 전략을 수립하여야 한다.

전략의 수단, 즉 주 전력을 결정하기 위해서는 적의 주 전력을 파악하여야 하지만, 그 전력의 운용개념 또한 파악하여야 한다. 적이 주 전력을 어떻게 운용할 것인지를 파악하여, 적 전력 운용의 강점과 약점을 파악하고 이를 파고드는 전략을 수립하여야 한다. 이스라엘의 경우 주 전력은 공군력·전차였고, 전차의 운용개념이 후방으로부터의 지원이었다면, 이집트군은 주 전력을 지역 방공망, 대전차화기로 선정하고, 이 전력의 운용개념으로 지역 방공망이 제공되는 지역까지만 공격하며, 적 전차가 증원되는 길목에 공수부대에 의한 대전차화기를 배치하였다. 이집트는 이스라엘 전차가 주로 후방에서 증원하는 운용개념임을 파악하고, 이를 길목에서 차단하는 전략을 수립한 것이다. 적 전력과 운용개념의 파악 과정에서 아군이 이용하여야 하는 주 전력이 선택되고, 그것의 운용개념도 설정된다. 그러한 결정에 따라 부수적인 부대가 보완되기도 한다. 이집트의 경우 적 전차의 증원로에 대전차화기를 배치하기 위해서 대전차화기와 공수부대의 능력을 결합하였다. 대전차화기 부대가 공수훈련을 받거나, 공수부대가 대전차화기 교육을 받도록 하였다. 이렇게 하여 부수적인 전력의 필요성이 창출되고 그들이 추가적으로 달성하여야 할 훈련도 창출되게 되는 것이다. 우리의 주 전력과 적 전력의 비교에 따라 주 전력의 규모도 결정된다.

주 전력의 선택에 따라 일국의 전력구조와 부대구조가 달라지고, 이를 어떻게 운용하느냐에 따라 편성과 배치도 달라지게 된다. 주 전력으로 선정된 무기체계를 획득하기 위해 수년이 소요될 것이고, 이를 전략개념에 맞도록 운용하기 위해서 교육훈련도 해야 하니, 이것이 일국의 군사력 건설이 되는 것이다. 실로 군사전략의 선택이 평시 일국의 군사력 건설까지 영향을 미치는 것이며, 역으로 평시 군사력 건설은 이러한 개념에 의하여 이루어져야 하는 것이다. 그래야 평소 훈련한대로 싸울 수 있는 것이다.

전략무기란 그 국가의 전략을 구현하기 위해 사용될 수 있는 주 전력을 의미하는데, 전략무기도 국가의 국력이나 전구의 크기에 따라 각각 다르다. 오늘날 통상 전략무기는 한 국가의 도시·공장·군사시설 및 공공기관 등 군사적·경제적·정치적 기반을 공격하는 무기체계로서 원자탄, 수소탄 및 이들을 수송할 수 있는 ICBM, IRBM, LCBM, 핵잠수함 등을 의미하는데,[57] 이러한 무기체계들이 전략무기로 구분되고 있는 것은 이러한 무기체계가 전략적 수단으로 사용할 수 있는 주전력이 되기 때문이다. 즉 미국, NATO, 러시아, 중국 등은 미사일을 포함한 전력을 군사전략 수단으로 하고 있으며, 이들 국가의 군사전략에는 이들 무기체계가 주 전력으로 고려되고 있는 것이다. 이들의

57 브리타니커 백과사전, 이러한 무기체계들은 특정 전구에서 적의 군사력을 격멸하기 위해 사용되는 것이 아니라 상대국의 전쟁의지와 전쟁지속능력 말살을 위해 상대국 후방 또는 중심 도시나 지역에 적용된다.

국가이익이 전 세계에 걸쳐 광범위하게 관계되어 있고, 국가 차원의 국익을 보호하기 위해서는 강대국과의 대결을 항상 염두에 두어야 하기 때문에 이러한 무기의 보유가 필요할 것이다. 따라서 이들 국가의 전구사령관은 이러한 전력을 포함한 군사전략을 수립할 것이다.

그러나 이러한 무기체계들을 보유하지도 않고, 또 사용할 가능성도 희박한 작전지역에서는 재래식 전력들이 전략무기가 될 수 있다. 10월 전쟁에서와 같이, 전략을 구현하기 위한 주 전력이면 그 국가의 입장에서는 전략무기라고 할 수 있는 것이다. 전략무기라고 거창하게 명명하기에는 부족함이 있지만 그 국가의 군사전략의 성패를 좌우할 전력이라면 전략무기라고 간주할 수 있을 것이다. 즉 바레브 선의 돌파를 가능하게 해 준 물대포도 당시에는 중요한 전략무기 역할을 하였다. 따라서 전략무기의 선정도 용어의 의미에 한정될 것이 아니라 일국의 작전여건에 따라 유연성 있게 고려되어야 할 것이다.

방법(운용개념)

방법 즉 운용개념은 주 전력을 포함한 전체 군사력을 어떻게 사용할 것이냐를 의미한다. 목표가 설정되고, 사용할 군사력이 있을 경우, 이 군사력을 어떻게 사용하느냐의 문제이다. 동일한 목표 및 동일한 군사력이 있다 하더라도 이것을 어떻게 사용하느냐에 따라 전쟁의 양상이 달라진다. 앞선 2차 대전 시 독일군의 예에서 보듯이 동일한 전력을 가지고 독일군 참모부와 구데리안의 운용개념은 달랐다. 독일군 참모부는 전차를 보병 지원 무기로 인식하였으며, 전차를 주력으로

한 작전을 생각하지도 못했다. 따라서 전차를 분산 배치하였으며, 이대로 전쟁을 하였다면 전쟁양상은 지루한 정면공격이 되었을 것이다. 반면, 전격전의 개념으로 전차를 사용했을 경우, 전차는 주력이 되었으며, 고속기동 하여야 하였고, 전차를 위주로 한 부대편성을 하였다. 주어진 전력을 어떻게 사용하느냐에 따라 군대의 모든 구조, 전쟁양상이 달라지게 된 것이다. 이러한 차이를 결정하는 것이 운용개념이다. 중공군 춘계공세 시, 밴플리트 장군은 4월과 5월에 각각 다른 운용개념을 적용하였다. 4월에는 지연전에 의한 점진적인 적 전투력 약화, 5월에는 최전방 방어선에서 적 주력 격멸이라는 개념을 적용하였다. 그에 따라 작전준비도 달랐으며, 전력의 배치도 달랐다. 주어진 전력이 운용개념에 따라 다르게 배치되고, 다르게 사용된 것이다. 이와 같이 운용개념은 군사전략 목표를 구현하기 위해, 전략적 상황을 예측한 결과 선택된 군사행동 방안을 의미한다. 주어진 수단, 즉 전력을 어떻게 운용하여 목표를 달성할 것이냐의 방법을 제시하는 것이다. 수단의 제 요소들을 어떻게 배치하고 기동하며, 능력을 발휘하게 하느냐의 개념인 것이다. 실로 이 개념이야말로 군사전략개념(Military strategic concepts)이라고 할 수 있다. '어떻게'의 범주인 것이다.

〈표 14〉 운용개념의 예

2차 대전 (독일군)	독일 참모부	소모전(주력: 보병, 전차: 보병 지원. 전차 분산 배치)
	구데리안	전격전(주력: 전차, 고속기동을 위한 집중배치+항공기
춘계공세 (한국군)	4월 공세	지연전에 의한 적 전력의 축차적 약화
	5월 공세	현 전선의 지역방어

전투력이 장기간에 걸쳐 준비되고 전시에는 이미 전력이 주어졌기 때문에 이러한 운용개념의 창출이야말로 지휘관의 창의성이 필요한 대목이며, 주어진 전력의 효율화를 극대화할 수 있는 사고과정인 것이다. 즉 운용개념이야말로 군사전략의 핵심이며, 군사전략의 차이를 설명해 줄 수 있는 요소라고 할 수 있다. 당연한 것이지만, 운용개념은 전략적 상황과 가용 수단, 즉 전력 및 목표의 영향을 받는다. 운용개념을 선정하기 위해서는 전략적 상황에 부합되어야 하며, 가용 수단으로 달성 가능한 개념을 선정하여야 한다. 평시에는 미래를 내다보고 군사력을 건설할 수 있지만, 현실에서 적용할 수 있는 운용개념은 그 전력을 사용할 수 있어야 가능하기 때문이다. 따라서 평시의 군사력에서도 현재 전략을 구현하기 위한 군사력 건설과 미래를 대비한 군사력 건설이 구분되어야 하는 것이다.

'운용'이라는 것은 무엇을 의미하는가? 운용이라는 것은 사용하다(use)의 의미가 있는 것인데, 쉬운 개념인 것 같으면서도 운용개념을 결정하기가 쉽지 않다. 특히 무(無)로부터 사용하는 방법을 것을 창조해 내는 것은 어려운 작업이다. 군사력을 운용하기 위한 운용개념을 설정하기 위해서 다음과 같은 사고를 하는 것이 유용할 것이다. 사고의 패턴은 상황에 따라 다른데, 가장 지배적인 문제부터 해결방안을 찾는 형태의 사고를 한다. 앞선 중공군 춘계공세의 예를 들어보자. 우선 유엔군의 목적은 수도 서울을 방어하는 것이다. 즉 수도 서울에 적군이 진입하는 것을 허용하지 않는 것이다. 이러기 위해서는 수도권 북방 지역이 방어의 목표지점이 된다(장소). 어떻게 중공군을 방어할 것인가? 4월 공세 시에는 중공군의 인해전술을 파괴하기 위한 사고로서 적을 점진적으로 약화시키는 방법을 택하였다. 반면, 5월 공세 시에는 후퇴한다는 느낌을 주지 않기 위해서 최전선에서 물러서지 않고 방어한다는 방법을 택하였다(이유, 방법). 이러한 사고를 통해 방어의 목표지점이 확정되었다(장소). 그리고 각각의 방안을 성공시키기 위해 4월 공세 때에는 축차적인 지연 진지가 준비되었고, 최후 방어를 위해 중앙청에서 마포까지 대포 400여 문을 배치하였다. 반면 5월 공세 시에는 최전방의 진지 구축을 독려 및 강화하였으며, 충분한 포병 사격을 위하여 일일 통제량의 제한을 두지 않았다(전력). 4월 공세 시에는 단계적 방어선에서 적에게 일정한 피해를 입힌 후 아군 전력을 보존한 상태에서 후방 진지로 철수하도록 하였으나, 5월 공세 시에는 전방 진지에서 사수하도록 하였으며, 계획된 철수라는 개념이 없었다. 후방으로의 철수 시기의 개념이 상이하였던 것이다(시기). 2차 대전 시 독일군의 프랑스 공격은 시간적 요소가 중요하였기 때문에(이유) 전격전의 개념을 선택하였으며(방법), 신속히 파리를 점령하기 위해서 아르덴느 지역을 돌파지역으로 선택하여(장소), 영·불 연합군을 분리하는 작전선을 택하고, 대규모 우회기동으로 파리로 진격하였다. 그러기 위해서는 전차로 구성된 부대를 주공으로 사용하여 신속히 기동하도록 하였다(전력).

상황에 따라 다르겠지만, 목표, 상황, 이유 및 방법은 운용개념을 구상하는 데 있어서 지배적인 개념이라고 하겠다. 타당한 이유에 의한 방법의 제시가 군사전략을 수행하기 위한 전력의 운용개념이 되는 것이다. 이렇게 본다면 누가, 언제, 어디서, 무엇을, 어떻게, 왜 라는 육하원칙이 운용개념에 적용되어야 한다는 설명은 타당하다.[58] 다만, 군사전략을 결정하는 데 있어서 육하원칙을 기준으로 하여 그것에 맞추도록 고착적으로 사고해서는 안 될 것이다. 전략 상황 중에서 지배적인 요소가 있을 수 있으며, 그 지배적인 요소에 적합한 방안을 구상하는 데 우선적인 노력을 기울여야 한다. 육하원칙에 동시에 답하기보다는 하나하나 문제점을 해결하는 형태의 사고가 필요하다. 전력을 적용하는 데 있어서도 전력의 다양한 요소를 상황에 맞게 사용할 수 있다. 유형적인 전력이 아닌 무형적인 전력도 중요한 전략적 요소로 사용될 수 있고, 군수지원과 같은 수단도 중요한 전략개념의 중심이 될 수 있다.

이렇게 군사전략의 운용개념을 구상하고 나면, 전략이라는 추상적인 개념이 언제, 어디서, 누가, 무엇을, 어떻게 라는 구체적인 실행의 차원으로 변화된 것을 알 수 있다. 이렇게 변화되면, 실질적인 전력, 부대, 지점 등이 그려지고, 각 부대가 행동하는 큰 그림이 어떤 것인지를 알 수 있게 된다. 운용개념의 결정으로 인해 전쟁을 수행할 수 있

---

58 육군 교육사, *위의 책*, p. 203.

는 군사전략의 구상은 완성된다고 볼 수 있다. 이 후의 문제는 그 구상을 실현하기 위한 노력의 차원이며, 이에 의해 파생되는 문제들이라고 할 수 있겠다. 부대 편성과 배치는 어떻게 할 것인지, 기동은 어떻게 할 것인지, 전투는 어떻게 수행할 것인지, 군수지원은 어떻게 할 것인지 등등의 문제들이며, 정적 및 동적인 요소들이 결합된 행동에 관한 문제들이다.

앞서 군사전략을 수립한다는 것이 무엇을 의미하는 것인지를 군사전략의 요소로 살펴보았다. 군사전략에는 목표, 수단(전력), 운용개념이 포함되어야 한다. 추상적인 목적을 구체적인 대상으로 변화시키고, 이를 달성하기 위해 개념적인 것이 아니라 육하원칙에 의해 구체적인 명시가 수반되어야 한다. 이러한 작업이 요구되는 것이 군사전략인 것이다. 군사전략의 요소 중에서 어느 것 하나 개념적인 상태로 남아 있는 것이 없다. 가시적인 요소들에 의해 행동할 수 있는 기본 방향이 부여되는 것이다. "군사전략은 군의 목적과 목표를 설정하며 국가 목표를 달성하기 위한 군의 조직, 건설, 배비 및 지도를 위한 개념이며, 특히 전반적인 군사작전에 대한 기획, 계획 및 시행을 다루는 최고수준의 용병개념이다. 군사전략은 군사독표를 달성하기 위하여 자원 및 시간할당 등에 대한 광범위한 우선순위를 결정하며, 병력 및 능력 등을 포괄적으로 조망하며, 군사전략적 기동, 동원, 부대의 전방전개, 사용무기의 제한 등을 다루는 것이다."[59]라는 설명은 절대적으로 적절한

---

59 육군 교육사, *위의 책*, p. 249.

표현이다.

군사전략을 수립하는 데 있어서 목표, 수단, 운용개념은 상호 일치되어야 한다. 군사전략은 전략적 상황에 따라 변화할 수 있는데, 전략의 3요소도 이에 일치하도록 변화하여야 한다. 유기적인 연관성이 타당성 있게 제시되어야 한다. NATO의 군사전략의 변화는 이러한 예를 잘 보여준다고 할 수 있다. 냉전 종식 이후 서유럽은 재래식 전력에 의해 공산권의 잠재적 침략을 저지하여야 하였으나, 전력이 부족하였다. 서유럽은 동구권의 침략을 저지하기 위한 재래식 전력 규모를 산정하고, 각국이 이를 분담하기로 하였으나 예정된 전력의 확충이 이루어지지 않았다. 따라서 병력의 열세를 면할 수 없었던 NATO의 초기 전략은 지역을 양보하는 대신 전력을 보존하여 역습을 노리는 지연전 전략을 구사할 수밖에 없었다. 열세의 전력으로 인한 불가피한 선택이었다. 이에 따라 최초 NATO의 방어선은 라인강으로 설정되었으며, 이후 베제르~레흐 선까지 동쪽으로 방어선이 점차 이동되었다.

이러한 상황에서 그 당시 미국의 핵 우위는 재래식 전력의 열세를 만회하기 위한 유일한 대안으로 등장하게 되었으며, NATO는 대량보복전략(Massive Retaliation)을 채택하기에 이른다. 공산권의 침략이 있을 경우 핵무기로 보복하겠다는 전략이다. 동구권의 어떠한 침략에도 핵무기를 사용하겠다는 이 전략은 초기에는 억제력을 발휘하였으나, 머지않아 소련이 핵무기를 개발 및 배치함으로써 이 전략의 실효성에 의문이 생기게 되었다. 핵무기의 파괴력으로 볼 때, 즉각적인 핵무기의 사용이 의문시되었고, 소련이 동일한 수준의 핵무기를 보유하고 있는 상황에서 핵전쟁의 가능성은 희박하게 되었다. 따라서 서유럽 각국은 미국의 핵무기 사용에 의구심을 갖게 되었으며, 이에 NATO는 보다 현실성이 있는 유연대응전략(Flexible Response)을 택하게 된다. 유연대응전략이란 동구권의 재래식 공격에 대해 핵무기 대신 재래식 전력으로 대응하며, 핵무기로 확전되는 시기는 상황에 따라 결정한다는 것이었다. 이에 따라 다시 재래식 전력의 중요성이 부각되게 되었다. 한편, 서독의 발전으로 인한 주요도시의 성장은 공간을 양보한다는 전략의 수정을 요구하였다. 서독의 강력한 주장으로 지연전의 개념이 폐지되고 동서독 국경지역에서의 방어로 전환되었다. 〈표 15〉에서 보듯이 유연대응전략하에서도 전력운용의 개념은 시대에 따라 다양하게 변화하였으며, 점차 기동방어의 요소가 사라지고 국경지역의 지역방어로 고착되게 되었다.

이러한 상황에서 동구권은 서유럽 공격전략을 변화시켰으니, 그것이 바로 OMG(Operational Maneuver Group) 전략이다. 전법으로도 불릴 수 있는 이 전략은 유연대응전략을 무력화하기 위해 고안되었다. 즉 NATO의 전략이 최초에 재래식 전력으로 대응하고 이후 상황에 따라 핵무기로 대응하는 것이기 때문에, 초전에 강력한 기동력으로 서유럽의 핵 기지를 조기에 점령함으로써, 핵무기 사용의 기회를 주지 않겠다는 것이다. 소련군은 전 전선에 걸친 공격을 통해 돌파구를 형성하고, 조성된 돌파구로 종심기동전법을 구사하여 신속히 서유럽의 핵시설을 향해 돌진하여 서우럽의 핵을 장악한다는 전략을 세웠다.[60] 핵사용을 위한 결정이 지연되는 시간을 이용하여 핵시설을 점령하겠다는 전략인 것이다. 그러기 위해서는 약한 틈을 이용하여 서유럽의 종심으로 고속으로 기동할 필요가 있었고 따라서 OMG 전략이 탄생된 것이다.

이러한 전략에 대한 NATO의 대응전략은 FOFA(Follow-On Forces Attack) 개념이었다. FOFA 전략개념은 NATO의 재래식 전력이 바르샤바 조약기구의 전력보다 열세이기 때문에 서유럽에서의 방어로만은 적 공격을 막아낼 수 없다는 판단에서부터 출발한다. NATO 국가들은 소련을 비롯한 공산권 국가들이 전쟁을 수행하기 위해서는 막대한 병력을 동원하여 전선으로 이동시켜야 한다는 점에 착안하여 이들이 동원되어 전선으로 이동하는 시기에 적 지역에서 이들 전력을 타격하기로 한 것이다. OMG 공격을 하기 위해서는 제2제대의 투입이 관건인데, 이들이 동원되어 전장으로 이동하는 데 시간이 소요되는 상황을 이용하기로 한 것이다. 즉 적 동원전력의 집결에서부터 전장에 투입되는 시기까지의 수 일~수 주의 기간 동안에 적 지역에서 적의 증원전력을 타격하자는 개념을 고안하게 된 것이다. 적이 증원전력을 투입하지 못하면 적 전략은 실패할 것이며, 초전에 전선을 돌파한다 하더라도 곧 공격력이 상실될 것으로 예상하였다.

이러한 고려는 NATO의 전략상황으로 볼 때 타당한 전략적 선택

---

60 1997. 11. 12. Top Secret 해제문서, "Implication of a Major Soviet Conventional Attack in Central Europe," http://www.gwu.edu/~nsarchiv/NSAEBB/NSAEBB31/04-01.htm.

이었다. 전쟁이 발생하면 전선에서 공격하는 적을 막을 것이 아니라, 전선에서 적을 막는 것과 동시에 전선 후방에서 증원하는 적을 타격하는 전략을 채택한 것이다. 마침 군사과학 기술의 발전으로 적 지역에서 표적을 획득할 수 있는 능력과 장거리 정밀타격이 가능하게 된 것도 이러한 전략의 수립을 가능하게 한 요인이 되었다. JSTARS와 ATACMS와 같은 무기체계의 전력화가 가능하였기 때문에 이러한 전략을 수립할 수 있게 된 것이다. 미군의 Air-Land Battle 개념은 이러한 배경에 의해 탄생하게 되었다. 동구권의 제2제대를 타격하기 위한 전략의 변화가 이루어진 것이다.

전쟁은 억제되었지만, 동구권이 해체되기 전까지 NATO와 바르샤바 조약군은 각각 이러한 전략의 변화로 대응하였다. 각각의 전략에는 전략의 요소가 다르게 적용되었으며, 그것은 〈표 15〉와 같다.

<표 15> NATO 군사전략의 변화

<table>
<tr><th>기간</th><th>전략상황</th><th>군사전략</th><th>목표</th><th>운용개념</th><th>주요전력</th></tr>
<tr><td>1950-</td><td>- 전력 부족</td><td>Conventional Defense</td><td rowspan="4">침략적 부대</td><td>- 지연전(최초: 라인강, 이후 베제르~레흐 선까지)</td><td>- 재래 전력</td></tr>
<tr><td>1957-</td><td>- 재래식 전력 부족
- 핵무기 우위</td><td>Massive Retaliation</td><td>- 침략한 적 전력에 즉각적 핵 보복공격</td><td>- 핵전력</td></tr>
<tr><td>1967-</td><td rowspan="2">- 소련의 핵보유로 핵 대응 무의미
- 서독의 도시 발전으로 지연전 곤란</td><td rowspan="2">Flexible Response</td><td>- Forward Defense (부분 지연전) (Killing Zone 유인, 화력으로 타격)</td><td>- 핵전력
- 재래 전력</td></tr>
<tr><td>1970s-</td><td>- 선방어(Active Defense) (기동방어 → 선방어 변화) (평시 후방 집결보유, 유사시 전방이동)</td><td>- 전방 전력 강화 (종심예비대 전방 배비)</td></tr>
<tr><td>1980s-</td><td>- 새로운 무기체계 전력화 가능</td><td>FOFA (Follow-on Forces Attack)</td><td>침략적 부대 적 제2 제대</td><td>- Air-Land Battle로 적 2 제대 타격(기동전 강조)
- 방어선 고수 개념 약화 예비대의 역습 강조</td><td>- ATACMS, JSTARS
- 공군력</td></tr>
</table>

* 출처: Richard L. Kugler, 『NATO's Future Conventional Defense Strategy』, RAND, pp. 9-15. (내용 재구성)

3. 군사전략의 변천과 종류

군사전략의 역사적 변천[61]

고대의 군사전략은 BC 500년경 손자의 병법, 알렉산더 대왕, 한니발, 시저 등으로 거슬러 올라간다. 이 시대의 무기체계는 활과 창 등 근력을 이용하거나 말을 이용한 기병을 활용하던 시대로, 시대의 흐름에 따라 청동기와 철기로의 발전과 무기체계의 개선이 있었지만, 양측은 대략 유사한 무기체계를 이용하여 전투를 하였다. 따라서 싸우는 방법도 거의 유사하였으며, 어떠한 전략을 구사하느냐에 따라 승패가 좌우되었다. 기동성이 제한되었기 때문에 양측은 전장에 집결하여 전투하였으며, 전략이란 전투공간에 대치되어 있는 상황에서의 계략과 배치, 전력운용 등을 의미하였다. 따라서 이 시기에는 전략이라기보다는 전장에서 전투를 위한 전술의 의미가 타당하다고 하겠다. 이때에 사용된 전략들은 섬멸전, 소모전, 초토화(Scorched earth), 봉쇄, 게릴라, 기만과 양동 등을 들 수 있다.

---

61 이 절은 다음을 참고하였음. 육군사관학교 전사학과, *세계전쟁사* (서울: 황금알, 2004); 노병천, *圖解世界戰史* (서울: 한원, 1990); 박재하, *武器體系와 戰爭(Trevor N. Dupuy, The Evolution of Weapons and Warfare)* (서울: 병학사, 1987); Wikipedia, "Military Strategy," http://en.wikipedia.org/wiki/Military_strategy.

칸네 전투(Cannae: BC 216)의 경우 한니발의 군대를 맞아 로마의 집정관 파비우스(Quintius Fabius)는 원정군으로서 한니발군의 약점을 이용하기 위한 전략을 구사하였다. 그는 원정군이 속전속결을 원하는 속성을 이용하여 전투를 최소화하고 적극적인 전투를 피함으로써 적의 사기를 약화시키기 위한 전략을 채택했다. 이 전략을 그의 이름을 따 파비우스 전략이라고 한다. 그러나 파비우스의 뒤를 이은 2명의 집정관 중 바로(Terentius Varro)는 한니발에게 유인되어 대패하였다. 한니발은 중앙군으로 하여금 적을 유인하도록 후퇴시켜 포위망으로 유도한 후 강력한 측익을 이용하여 포위함으로써 바로의 로마군을 섬멸하였다.

이후 기술의 발전으로 화약이 발명되었으나, 이의 위력과 정확성, 기동성 등이 떨어졌기 때문에 활과 창, 기병은 여전히 중요한 전력이었다. 30년 전쟁(1618~1648) 기간 동안에 스웨덴의 구스타브 아돌프(Gustav Adolf)는 발전된 전술을 보였으나, 전략은 여전히 과거와 유사하였다. 구스타브는 소총을 개량시켜 발사속도를 증가시키고, 화포의 성능과 포병의 운용을 개량하여 이동성을 향상시키고, 보병과 함께 포병도 이동할 수 있도록 하여, 포병을 연대에 배치하는 등 당시로서는 군사혁신을 이룩하였다. 이러한 노력으로 그는 브라이텐펠트 전투에서 일부 전장에서는 수세를 취하여 병력을 절약하고 결전의 장소에 전력을 집중함으로써 오스트리아군을 격파하고 승리하였다.

유럽에서 군사전략이 본격적으로 연구되기 시작한 것은 18세기에 들어서였다는데, 7년 전쟁(1756~1763)에서 프러시아의 프리드리히 대왕(Friedrich der Große: 1712~1786)은 소모전을 전개함으로써 포위된 상태에서 적을 물리치고 프러시아군을 보호하였다. 프랑스, 오스트리아, 러시아, 스웨덴군으로부터 다각적인 공격을 받은 프리드리히는 내선의 이점을 이용하여 신속히 프러시아군을 이동시킴으로써 각각의 군대에 대항할 수 있었다. 그 결과, 프러시아는 오스트리아를 타도할 만한 힘을 결코 가지지 못했으나 전력을 교묘히 절약하여 7년이란 세월 동안 적과 동맹국을 괴롭혀 마침내 강화를 이룸으로써 후에 독일 통일의 기초를 만들게 된다. 프리드리히의 군대는 당시의 군대로서는 상상할 수 없는 기동력을 보유하였는데, 그는 대규모 기병대를 부활시켰고, 마포(Horse artillery)를 발명하여 기동성을 강화하였으며, 소총의 발사속도를 증강시켜(분당 5발) 화력을 증가시켰다. 이러한 발전과 훈련으로 프리드리히는 사선대형을 완성하였으며 로이텐 전투(Leuthen: 1757)에서는 오스트리아군의 좌익에 사선대형으로 주력을 집중시킴으로써 오스트리아군을 격멸하였다. 또한 러시아와의 조른도르프 전투(Zorndorf: 1758)에서는 러시아군의 배후로 대규모 기동하여 후방을 공격함으로써 직접전투를 회피하고 소모전을 전개하였다. 이와 같은 프리드리히의 승리는 기동선(Lines of manoeuvre), 지형의 이용, 강력한 방어거점의 보유 등의 기하학적 전략이 승리에 미치는 중요성을 인식하게 하는 계기가 되게 하였다.

한편, 동양의 칭기즈칸(Genghis Khan: 1167~1227)은 기동과 테러의 전략을 사용하였다. 칭기즈칸의 전략은 상대국 국민에 대한 심리적 공포를 이용하였는데, 이러한 전략으로 칭기즈칸은 대부분의 유라시아를 점령하였다. 칭기즈칸의 군대는 기마 궁수와 초토화 전법을 사용하였는데, 궁수는 2~5필의 말을 갈아타면서 당시로서는 믿을 수 없는 속도로 기동하였으며, 말의 젖과 피를 식사로 사용함으로써 기동과 군수의 기본적인 문제를 해결하였다. 그 외에 다른 필요한 물품들은 점령지에서 약탈과 징발로 해결하였다. 이러한 전략으로 유라시아 대륙의 군대는 공포에 사로잡혔으며, 급기야 섬멸되고 말았다. 당시 중국, 페르시아, 아랍, 동유럽의 군대는 매우 둔중한 군대였고, 기동성이 현격히 떨어졌는데, 이들 국가의 기동성은 20세기나 되어서야 칭기즈칸의 기동성을 따라갈 수 있었다. 요새화된 도시를 만났을 때에는 기동성의 이점이 급격히 사라졌으나, 이들은 공포의 수단을 사용하였다. 이들은 일종의 생물학전을 사용하였는데, 죽은 동물과 시체들을 외곽에서 도시로 투척하여 흑사병과 같은 질병을 유도하여 사망자가 늘어나게 하였다. 이러한 점 때문에 성 내부의 시민들은 공포에 사로잡혀 결국 항복하지 않을 수 없었다.

프랑스 혁명과 나폴레옹 전쟁을 겪으면서 군사전략은 혁명적인 변화를 겪었으며, 당시의 영향이 남북전쟁과 1차 대전까지 이어졌다. 국민군의 등장으로 상비군의 규모가 현격하게 커졌으며, 이를 지휘통제하기 위해 사단 및 군단이 생겨나게 되었다. 사단의 등장과 함께 화력과 사거리, 기동성이 뛰어나게 향상된 화포가 등장하면서 창기병과 구식 소총을 사용하는 집단사격 대형이 사라지고, 느슨한 대형을 취하는 경보병 위주의 대형으로 변화되었다. 나폴레옹은 이러한 발전을 이용하여 기하학적인 전략을 무시하는 섬멸전략을 사용하였다. 나폴레옹은 향상된 기동력을 이용하여 적을 격멸하는 전략을 택하였으며, 황제이자 지휘관의 지위를 이용하여 대전략적 조치, 즉 정치 및 경제적 수단도 같이 사용하였다. 나폴레옹은 전략적 기동과 전투를 효과적으로 사용하였는데, 이전까지 이 둘은 별개의 것으로 취급되었으나, 나폴레옹은 전투를 수행할 장소와 방법을 결정하는 데 기동을 이용하였다. 대표적인 예가 아우스터리츠 전투(Austerlitz: 1805)이다. 나폴레옹은 프라첸 고지 후사면에 예비대를 대기시키고, 우측을 약하게 편성함으로써 러시아군을 유도하였다. 고지를 점령한 러시아군이 나폴레옹 군의 우측으로 방향을 전환하자 측방이 노출되게 되었다. 프랑스군은 이를 이용하여 적의 측면을 공격함으로써 적을 분리시켜 격파하고 승리하였다.

나폴레옹의 전략 중 하나는 적의 후방으로 기동함으로써 적진의 분열을 유도하는 것이었다. 적 후방에 병력을 배치함으로써 적 병참선이 차단될 위험을 느끼게 하였으며, 이러한 전략이 적의 사기와 전투의지를 떨어뜨렸다. 향상된 기동성을 이용하여 적보다 신속히 병력을 집중할 수 있었던 나폴레옹은 상황에 따라 융통성 있게 전투를 선택할 수 있었으며, 또한 자신의 병력을 분리함으로써 군수지원의 부담을 덜 수 있었고, 적에게는 주공과 의도를 혼란시킬 수 있었다. 일단 전투가 개시되면, 나폴레옹은 분리되었던 병력을 한곳으로 집중하였는데, 이렇게 되면 적은 예비대를 투입하지 않을 수 없었다. 적의 예비대가 투입되면 나폴레옹은 즉각 기동력을 이용하여 측면 공격대형으로 변화시켜 적 예비대를 공격하도록 하였으며, 이러한 상황에서 적은 인접부대로 하여금 예비대를 지원하도록 함으로써 대형의 변화가 발생하게 되었다. 이때 나폴레옹은 예비대를 투입함으로써 적 대형을 절단하고 적에게 측면공격을 가함으로써 전투에서 승리하였다.

두 개 이상의 적과 싸우게 되었을 때의 나폴레옹의 전략은 적 부대의 중앙 위치를 차지하는 것이었다. 중앙에 위치함으로써 나폴레옹은 적을 분리하고, 소규모의 전력으로 하나의 적을 견제토록 하면서, 주력을 이용하여 다른 적을 신속히 격퇴하였다. 승리가 가시화되면 소수의 전력으로 적을 추격하게 하면서, 주력은 다른 적과 싸우기 위해 기동시켰다. 이러한 전략을 택함으로써 나폴레옹은 적의 협조된 공격을 방지하면서 하나의 적에게 집중할 수 있었다.

산업화 시대(1860s~1900s)로 접어들면서 전쟁의 기술은 급속도로 발전하였다. 사거리가 향상된 후장소총과 화포의 발달로 인해 살상률이 증가하였으며, 철도는 대규모 병력의 신속한 이동을 가능하게 하였다. 증기와 철갑함의 등장으로 바다를 이용한 수송과 해전의 중요성이 증가하게 되었으며, 전신 기술의 발명으로 장거리 지휘통제가 가능하게 되었고, 이후 기관총이 등장함으로써 화력의 위력이 증가되었다.

그러나 이러한 발전에도 불구하고 남북전쟁 시대와 그 이후의 전략은 나폴레옹 시대의 전략과 유사한, 대형과 기동을 이용한 공격전략이 그대로 구사되었으며, 화력의 발달로 인해 공자는 많은 피해를 입을 수밖에 없었다. 남북전쟁 말기에 콜드 하버(Cold Harbor)나 빅스버그(Vicksburg)에서와 같이 참호전이 효과를 발휘한 전쟁이 있기도 하였으나, 이러한 교훈은 잊히고, 유럽에서는 여전히 기동전이 대세를 이루고 있었다. 몰트케와 슐리펜은 이러한 전략가들의 대표적 인물로 특히 슐리펜은 섬멸전을 추구하였다. 그는 프랑스와 러시아와의 양면 전쟁에 직면하여 서부에서의 신속한 승리 이후 러시아를 공격한다는 전략을 수립하였으며, 서부에서는 단 하나의 포위기동으로 적을 섬멸한다는 전략을 계획하였다. 당시 한스 델브뤼크(Hans DelBrück)는 클라우제비츠의 제한전 개념을 이어 받아 고갈전(Strategy of exhaustion) 개념의 이론을 발전시키면서 당시 주류를 이루던 기동에 의한 섬멸전 사상을 비판하였으나 인정받지 못하였다. 제2차 보어전쟁(1899~1902)이나 러일전쟁(1904~1905)에서 이미 기관총의 방어능력이 입증되었지만, 1차 대전이 시작될 당시까지 기동 위주의 공격전략은 여전히 지배적인 위치를 점하고 있었다.

이후 1914년 1차 대전이 발발하면서 서부전선이 고착상태에 빠져들게 되자 기동전 전략(Strategy of maneuver)은 급격히 쇠퇴하기 시작하였고, 소모전 전략(Strategy of attrition)이 주도하게 되었다. 베르됭, 솜 등에서의 전투는 대표적인 소모전 전투였다. 소모전은 문자 그대로 장기간을 요하는 전투였으며, 전투 기간은 수주에서 수개월이나 소요되었다. 요새화된 방어망을 돌파하기 위해서는 10배의 전력이 소요되거나 당시로서는 생각할 수 없는 위력의 포병 지원이 필요하였다. 반면 방자는 내선을 이용하여 돌파된 지점에 병력을 증원함으로써 돌파구의 확장을 방지할 수 있었다. 결과적으로 서부전선에서의 1차 대전은 참호전 양상으로 변화되었다. 반면 동부전선에서는 러시아군의 결점을 이용한 기동에 의한 전략이 유효하여 타넨베르크와 같은 섬멸전이 이루어졌다.

당시의 군사전략은 공격 위주의 전략이었으며, 공격성과 정신력을 강조하여 많은 희생을 초래하였다. 특히 독일군은 후반기에 요새화된 방어선을 돌파하기 위하여 독립작전 능력이 있는 돌격대를 이용한 전법을 개발하여 종종 돌파에 성공하였으나, 공격목표와 방향성의 혼란으로 결국 실패하고 말았다. 1차 대전 당시에 탱크가 등장하였으나 당시의 탱크는 느리고 커서 취약하였으며, 기관총 정도만을 방어할 수 있는 장갑을 장착하였다. 또한 승무원이 임무를 수행하기에 매우 열악하였으며, 엔진 및 트랙의 고장이 잦아 신뢰할 수 없었다. 따라서 탱크를 위주로 한 부대의 운용이 고려되지 않았으며, 보병보다 빠른 부대로서는 기마병이 여전히 중요하게 운용되었다. 양차 대전 사이에 전개된 기술적 진보로 전차와 항공기가 출현하였으나, 이들의 합동작전이 가능하게 되기 전까지는 진정한 기동전이 일어날 수 없었다. 한편, 1차 대전 기간 중에 전례 없는 기술적 발전이 이루어져 군사전략에 영향을 미쳤는데, 공중정찰, 포병 기술의 발전, 독가스, 자동차, 탱크, 전신전화, 무선 등의 발전이 이루어졌다. 또한 다수의 국가가 전쟁에 참여함으로써 동맹국 군대와의 지휘통제 문제가 발생되었으며, 총력전의 양상으로 전개되어 대전략적인 조치가 필요하게 되었다. 즉 경제적 타격을 위하여 영국에 의한 해상봉쇄나 상선 타격을 목적으로 한 독일군에 의한 잠수함전 등이 수행되었다.

항공기의 등장과 전차 기술의 발전은 군사전략을 변화시켰다. 두헤는 미래의 전쟁은 공군력에 의해 결정될 것이며, 공군은 공격적 전력, 지상군은 방어적 전력으로 사용될 것이라고 주창하면서, 적 후방의 도시, 산업시설, 지휘통신 시설을 폭격하는 전략폭격 이론을 제시하였다. 영국과 일본, 미국은 항공모함의 중요성을 인식하였는데, 영국과 미국이 항공모함을 방어적 전력으로 인식한 데 반하여 일본은 항공력 투사에 의한 공격적 전력으로 인식하였다.

한편, 전차의 잠재력을 인식한 이론가들이 등장하였는데, 풀러(J. F. C. Fuller), 리델하트(B. H. Liddell Hart), 구데리안(Heinz Guderian) 등이 그들이다. 이들은 전차의 기동성과 충격력, 화력과 보호능력 등의 중요성을 인식하고, 기관총과 참호로 이루어진 방어진지를 돌파할 수 있는 전력으로서의 가능성을 생각하였다. 특히 구데리안은 풀러나 리델하트의 이론을 받아들여 전격전 개념으로 전차를 운용할 수 있는 싸우는 방법을 개발하였는데, 이에 반하여 프랑스는 여전히 1차 대전식의 정적인 전쟁을 생각하고 있었다. 또한 독일은 전신과 무선을 이용하여 기동 중에 대부대를 지휘통제할 수 있는 방법을 개발한 반면, 프랑스는 여전히 전령에 의한 통신을 사용하고 있었다. 2차 대전은 이러한 능력을 효과적으로 결합한 독일의 전격전이 빛을 발한 전쟁이 되었으며, 이로 인해 나폴레옹이 주변국을 압도했던 기동전의 전략이 새로운 무기로 무장하여 다시금 각광받게 되었다.

2차 대전 이후의 군사전략은 냉전과 핵무기의 등장으로 한동안 기존의 군사전략과는 차원이 다른 형태로 발전하였다. 미국과 소련이 직접 대결을 피하면서 재래식 전쟁은 위성국가들에 의한 대리전의 양상을 띠게 되었고, 강대국 간의 대결은 핵사용의 위협을 이용한 억제 전략으로 발전하였다. 위성국가들 간의 전쟁에서 미국과 소련은 무기를 지원하는 수준 이상의 개입을 하지 않았기 때문에 대규모 군대에 적용되는 군사전략은 논의의 중심에 서지 못하였다. 이스라엘군이 전차와 항공기를 이용한 전격전 스타일의 전략을 적용한 정도의 수준에 머물고 있었으며, 후발 주자들은 2차 대전의 전략을 근간으로 하여 군사력을 증강하였다.

그러다가 점차 앞으로의 전쟁에서 핵무기의 사용이 비현실적이 되어감에 따라 재래식 전력을 사용하는 군사전략이 다시 논의의 중심이 되게 되었다. NATO는 2차 대전 종료 이후 회원국의 국력이 신장됨에 따라 특히 독일의 이익을 보호하기 위하여 군사전략을 발전시키게 되었으며, 공산권 국가들도 이러한 동향에 대응하기 위해 기동력을 이용한 종심공격전략을 발전시키게 되었다. NATO는 최초에는 지연방어전략을 택하였다가 점차 동서 국경선에서 방어하는 지역방어전략을 채택하였는데, 지역방어전략에도 불구하고 NATO 각국은 전력증강에 비협조적이었고, 따라서 공산권에 비해 전력이 열세였기 때문에 핵무기를 배치함으로써 전쟁을 억제하고 있었다. 이러한 상황에서 소련은 핵무기 선점 후 재래식 전쟁을 수행한다는 전략을 발전시켰다. 소련의 전략은 나폴레옹에 의해 출발한 기동에 의한 공격우위의 전략을 발전시킨 것이라고 할 수 있다. 소련군은 1920년대 이후 이러한 전법의 적용을 연구하였는데 2차 대전에서 이러한 전법을 마스터하였으며, 만주에서 일본과의 전쟁에서 그 장점을 최대한 발휘하였다. 그러한 결과가 한국전에도 적용되었으며, 2차 대전 이후 꾸준히 이러한 양상의 전략을 발전시킨 것이다. 미국과 NATO 국가들은 공산권의 이러한 전략에 대응하기 위해 후속제대타격(FOFA: Follow-on Forces Attack)전략을 채택하고, 공지전투(Air-Land Battle)의 전법을 발전시켰는데, 공지전투는 감시정찰과 타격을 연계시킴으로써 화력의 우위를 이용한 일종의 종심공격에 의한 방어전략이라고 볼 수 있다. 즉 기동을 이용한 공격전략에 대하여 정보능력과 화력을 결합한 방어전략적 대응이라고 할 수 있다. 기동을 이용한 공격전략과 화력을 이용한 방어전략이 팽팽하게 맞서고 있는 상태가 되었는데, 공산권이 무너짐으로써 전략의 우위를 가릴 수 있는 대결은 무산되었다.

이후의 세계는 미국 중심의 군사력 증강과 군사전략이 지배하는 세계가 되었다. 미국은 감시정찰 및 타격능력의 조합을 지속적으로 발전시켜 정확성과 파괴력을 더해 갔으며, 이러한 공지전투의 능력은 걸프전에서 그 효과가 여실히 증명되었다. 이제 공지전투 개념은 방어뿐만 아니라 공·방 모두에 적용될 수 있는 유일한 싸우는 방법이 되었으며, 후발 주자들은 전략의 논의보다는 이러한 능력의 확충에 매진하게 되었다. 감시정찰 능력, 항공기 항속거리의 증가 및 정밀탄 개발, 미사일 개발 등이 미래 전쟁을 수행하기 위해서 필수적으로 보유해야 할 능력으로 인식되기 시작하였으며, 그들도 미래에는 이러한 능력의 보유를 희망하였다. 2003년의 이라크전에서 미국은 정밀타격능력과 정보력을 이용하여 장거리 타격에 의해 이라크 지휘부를 도려내는 참수전략(Decapitation strategy)을 시도하기도 하였다. 이라크와 같은 나라에서는 지휘부를 전쟁의 중심(Center of gravity)으로 인식하여 장거리 정밀타격으로 지휘부를 도려내면 군이 전쟁을 할 필요가 없다는 생각에서였다. 이러한 전략이 성공하기 위해서는 정확한 정보가 필요한데, 이를 위하여 미군은 심리전을 전개하여 내부로부터의 제보를 기대하였으나 정보의 불충분 및 이라크 지휘부의 위치 파악 미흡으로 실패하였다. 참수전략의 실패 이후 미군은 전례 없는 고속기동 전략인 충격과 공포전략(Shock and awe strategy)을 적용하여 이라크군과의 정규전 대결에서 승리를 거두었다.

그러나 미군과 같은 능력을 구비할 수 있는 나라는 이 세계에서 존재하지 않는다고 해도 과언이 아니다. 그만큼 국력과 기술력이 뒷받침해야 가능한 능력인 것이다. 그렇기 때문에 선진국을 비롯하여 후발 주자들은 미국과 같은 전쟁을 수행할 능력을 보유하지 못할 가능성이 크다. 이미 중동과 이슬람권에서 미국에 대항하는 세력들은 미군의 약점을 이용하는 전략을 개발하여 적용하고 있다. 현지의 주민과 문화를 이용한 게릴라식 전법으로 미군을 괴롭히고 있는 것이다. 장기적으로 미국을 괴롭힘으로써 미군 손실의 증가와 여론의 악화를 노리는 전략을 적용하고 있는데, 이러한 방법은 첨단무기를 사용하는 미군에게 매우 효과적이 되어가고 있으며, 미군에 적대적인 국가들에게 교훈을 주고 있다. 앞으로 미군 또는 미군과 같은 양상의 전쟁을 수행하려고 하는 국가들이 미군이 직면하고 있는 것과 유사한 작전환경에서 전쟁을 할 경우에는, 이른바 하이브리드 전쟁(Hybrid war)이라는 새로운 전략에 대응할 수 있어야 할 것이다. 미군은 이미 월남이나 아프가니스탄, 중동에서 이러한 전략에 고전한 경험이 있다.

군사전략의 종류

전략은 역사적으로 무수히 많이 존재하였고, 분류하는 기준에 따라 다양하게 분류할 수 있다. 전략도 많고, 분류기준도 다양하기 때문에 종종 혼란을 가져 오는 원인이 된다. 어떤 이는 분류기준에 해당하는 용어를 군사전략이라 하고, 어떤 이는 실제 전장에서 적을 물리치기 위한 방법에 해당하는 용어를 사용하면서, 서로의 기준과 수준이 다른 내용을 언급하는 경우가 종종 있다. 이러한 다양성 때문에 군사전략이 어떤 수준이어야 하며, 어떤 내용이 포함되어야 하는지에 대한 합의가 도출되기 어렵다. 이러한 복잡성의 원인은 군사전략의 종류도 다양하거니와 전쟁의 규모가 커지고, 군사 이외의 분야도 포함되게 되었기 때문이다. 이 때문에 전체의 모습을 보고, 그 속에서 어떤 부분이 핵심이 되는지를 도출한 다음, 일관성을 유지하는 것이 필요하다. 다음 제시된 다양한 군사전략은 대체적인 분류를 나타낸 것이다. 세부적인 분류로 갈수록 어떠한 운용을 나타내는지가 제시된다고 할 수 있다. 그러나 특정한 작전상황에 직면하여서는 이 역시 더 구체화할 필요가 있다. 행동방안을 제시할 수 있는 개념이 되기 위해서는 이러한 접근방법을 취하는 것이 필요하다.

〈표 16〉 군사전략의 분류

구분	분류기준	전략 유형
방위전략	전략태세	수세전략, 수세후 공세전략, 공세전략
	방위지역	전진방위전략, 국경선 방위전략, 역내방위전략
	전쟁기간	속전속결, 지구전
	작전방식	연속전략, 누적전략, 병행전 전략
	접근방법	직접접근, 간접접근
	대응방법	대칭전략, 비대칭전략
	대상기간	중장기 전략, 단기전략
억제전략	제재적 억제전략, 거부적 억제전략, 총합적 억제전략	

오늘날 전쟁에 관련된 군사이론은 거의 모두 국가전략으로부터 출발한다. 총력전 형태의 전쟁이 오늘날의 전쟁이기 때문에 전쟁에 관한 고려는 국가의 모든 분야와 관련이 있다. 전쟁에 대해 국가 전체의 역량을 집중하여 국가의 전쟁목표를 정하고, 전략을 수립하게 된다. 이렇게 국가 전체의 역량을 고려하는 것이 국가전략이며, 이 국가전략은 대전략 또는 총제전략과도 유사한 개념이다. 국가전략적 차원에서 군사전략적 고려는 하나의 일부분으로서의 역할을 한다. 그러나 국가전략을 군사전략의 차원에 포함시키기는 어렵다. 군사전략이 달성하여야 할 목표를 제시하는 것은 타당하나, 이 수준에서 일어나는 고려를 군사전략이라고 하기는 어렵다.

적에 대한 나의 행동방안을 의미하는 군사전략은 국가전략적 고려의 결과 군사력에 임무가 부여되었을 경우 시작된다. 국가전략적 목표 달성을 위해 군사력을 어떻게 활용해야 하는가를 결정하는 고려를 시작하는 것이다. 이러한 고려의 최종 결과는 군사력을 어떻게 운용할 것인가 즉 운용개념 또는 전략개념에 해당하는 결과를 제시하는 것이다. 이러한 사고과정에서 여러 전략 및 작전상황을 고려하여 아군이 취해야 할 최초의 대략적인 방침을 결정할 수 있다. 예를 들어 속전속결 작전을 해야 할지 지구전을 해야 할지 등의 방침을 결정할 수 있다. 이러한 고려가 전략적 고려가 되는 것이다. 그다음, 보다 구체적인 방안의 고려가 계속 뒤따른다. 속전속결이나 지구전 자체도 전략적 고려라고 할 수 있으나, 그 개념 자체만으로는 전력의 운용을 예상할 수 없기 때문에 어디서, 어떻게, 어떤 방식으로 전쟁을 수행할 것인가에 해당하는 내용들이 제시되어야 한다. 직접접근 또는 간접접근전략과 같은 경우도 마찬가지이다. 기본 방침으로서 간접접근을 선택하는 것 자체를 군사전략이라 할 수 없고, 어떤 방법으로 간접접근을 달성할 것인가를 결정하는 것이 군사전략의 완성이라 할 수 있다.

하물며, 기본 방침조차 생각할 수 없는 모호한 용어는 전략으로서 아무런 가치를 가질 수 없다. 예를 들어 능동적, 거부적, 적극적이라는 개념적 용어로는 군사력의 운용을 예상하기 곤란하기 때문에 군사전략이라 하기 곤란하다. 용어 자체로는 그럴 듯하지만, 사실 이 내용으로 군사력 운용이 어떻게 되겠다는 것을 유추하기는 곤란하다. 각각의 개념에서 군사력이 어떻게 운용되는지를 제시하기 전에는 전략으로서의 의미가 없다. 군사전략서에 이런 용어만 있는 것은 기본 임무를 회피하는 것이다.

4. 공세적 군사전략

섬멸전(Annihilation strategy)

섬멸전은 한 번의 전투로 적 능력을 격멸하는 전략이다. 따라서 이 전략을 구사하기 위해서는 결정적인 시간과 장소에 전투력을 집중하는 것이 필요하다. 섬멸전의 파괴수준은 적 전투력 모두를 말살하는 것보다는 적이 조직적인 전투력을 발휘할 수 없을 정도로 파괴되는 것을 의미한다. 고대 칸나이(Cannae), 자마(Zama), 아드리아노플(Adrianople) 전투 등이 이러한 예의 전투였다. 그러나 중세 이후 섬멸전은 별로 없었다. 용병 위주의 전투에서 결정적인 전투는 회피되었거나, 강화로 끝나는 경우가 많았다. 섬멸전이 유럽에서 재등장한 것은 나폴레옹의 등장이 계기이다.

역사적으로 많은 전쟁이 사실상 후퇴 및 소모전으로 종료되었다. 비용과 위험의 감수, 결정적인 전투를 감당할 수단의 부재, 다른 수단에 의해 목적을 달성할 가능성, 지휘관과 군대의 능력 부족, 정치적 고려 등에 의해 섬멸전이 쉽게 일어나지 않았다. 섬멸전을 시도하기 위해서는 적의 측익으로 우회하거나 중앙으로 돌파하여 적을 각개격파하여야 하는데, 우회는 자신의 전력을 분리해야 하는 위험을 감수해야 하며, 중앙으로 돌파하기 위해서는 자신의 막대한 희생을 감수해야 할 뿐 아니라 전위대가 적의 역습에 격멸될 가능성이 컸다. 또한 기계화가 일어나기 전까지 군대의 기동은 기병의 쇠퇴와 포병의 기동력 부족 등으로 인해 속도가 느렸기 때문에 적의 반응 이전에 대규모 기동에 의해 적의 병참선을 신속히 위협하거나, 실패했을 때 철수하기 곤란하였다. 섬멸당할 위기에 놓인 부대는 강화를 택함으로써 자신의 부대가 섬멸당하는 것을 막을 수 있었으며, 섬멸전을 수행할 수 있는 지휘관이 배출되기 어려운 점도 이유 중의 하나이다. 또한 전쟁은 정치의 연장이라는 말과 같이 정치적 고려에 의해 섬멸전이 회피되기도 하였다. 걸프전쟁에서 다국적군이 이라크 국민의 반발을 우려해 이라크의 공화국 수비대를 섬멸하지 않은 것이나, 2차 대전 시 히틀러가 정치적 고려에 의해 파리로 목표를 변경함으로써 연합군의 덩케르크 철수를 허용한 것 등이 그러한 예이다.

나폴레옹은 당대에 일반적으로 기대할 수 없는 기동력을 보유하여 병력을 분산기동 및 집중함으로써 섬멸전을 부활시켰다. 아우스터리츠(Austerlitz: 1805)와 예나(Jena: 1806) 전투가 대표적 예이다. 이후 섬멸전 사상은 조미니와 클라우제비츠 등에 의해 제창되었고, 독일의 몰트케, 슐리펜 등으로 연계되어 유럽 군사전략의 한 축이 되었다. 남북전쟁 시에도 장군들은 섬멸전 사상에 사로잡혀 있었으나, 양측이 모두 섬멸전을 수행할 수 있는 규모나 화력을 보유하지 못하였다. 리(Lee) 장군은 대표적 섬멸전 신봉자로서 챈슬러스빌(Chancellorsville)과 게티즈버그(Gettysburg)에서 섬멸전을 기도하였다. 반대로 그랜트(Grant)나 셔먼(Sherman)은 기동전

(Campaigns of maneuver)을 선호하였다. 이들은 남군과 결정적인 전투를 벌이는 대신 기동에 의해 적을 압박하는 전략을 택하여 빅스버그(Vicksburg), 버지니아(Virginia), 조지아(Georgia) 등에서 승리하였다. 그러나 유럽에서는 1차 대전까지 섬멸전의 사상이 주류를 이루었다. 독일군은 동서 양측에서 섬멸전을 기도하였는데, 타넨베르크(Tannenberg)에서는 러시아군을 대상으로 성공하였으나, 서부전선에서는 우회하기에는 부대가 너무 대규모였고, 방자의 화력이 우세하였으며, 종심방어를 실시했기 때문에 결국 참호전 양상으로 변하고 말았다. 역으로 러시아가 스탈린그라드(Stalingrad)에서 포위로 독일군을 섬멸하였다. 2차 대전에서 일본군은 섬멸전 형태의 해전에 의해 미 해군의 격파를 시도했으나 수행되지 않았다. 미군은 단 하나의 해전에 모든 전력을 투입하지 않았으며, 일본군은 섬멸전을 준비하느라 병참선 보호를 소홀히 하였기 때문에 신장된 병참선이 미 잠수함의 쉬운 표적이 되었다. 항공모함이 해상우세의 전력으로 부각하는 시기에 일본은 이미 중요성을 상실한 전함 위주의 마한의 이론에 집착함으로써 그들이 희망하는 결정적인 전투 없이 패배하였다. 유럽에서 독일군의 공격은 대부분 기동전에 의해 수행되었으나, 러시아의 반격 시 전역별로 섬멸전이 수행되기도 하였다. 냉전 이후의 세계에서 강대국 간의 섬멸전 양상의 전쟁은 일어날 수 없게 되었으며, 소규모의 전쟁도 정치적 이유로 인해 섬멸전을 회피하는 경향이 일어나게 되었다.

• **타넨베르크 섬멸전 전략의 운용개념:** 타넨베르크 전투에서의 전력 운용은 섬멸전의 전형적인 예를 보여주는 것이며, 칸네 전투와 유사한 완승을 거두었다. 1차 대전 시 서부전선에서 전쟁이 발발하자, 동부전선에서는 러시아군이 프랑스의 강압적인 요구에 의해 조기 동원하여 전쟁에 돌입하였다. 양면전쟁에 직면한 독일은 8군으로 하여금 이를 저지하는 임무를 부여하였다. 독일군은 굼비넨(Gumbinnen) 전투의 전술적인 승리에도 불구하고 비스툴라(Vistula)강으로 후퇴하자, 방어의 불가능성을 제시한 당시 사령관 프리트비츠를 해임하고, 힌덴부르크와 루덴도르프를 임명하여 러시아군을 방어하도록 하였다. 러시아 1군사령관 렌넨캄프와 2군사령관 삼소노프의 불화 관계와 양군의 간격을 파악한 독일군은 이를 이용하여 2군을 섬멸한 전략을 세운다. 즉 1군 저지에 투입되었던 대부분의 전력을 2군 배후로 기동시켜, 총공격을 감행한다는 전략을 수립한 것이다. 이 계획에 따라 1개 사단으로 하여금 러시아 1군을 견제하도록 하고, 1군의 저지임무를 부여했던 17군단, 1예비군단을 남으로 이동, 러시아 2군을 향하여 공격하도록 하였다. 이와 동시에 1군단 및 3예비사단을 철도로 수송하여 러시아 2군의 배후로 기동하게 하고, 2군의 정면에는 20군단이 2군과의 결전을 회피하고 견제하였다. 이러한 이동을 눈치채지 못했던 2군은 전력 집결 후 총 공격을 실시한 독일군에게 섬멸되고 말았다.

소모전(Attrition strategy)

소모전은 적 병력과 물량의 끊임없는 손실을 유도함으로써 승리를 추구하는 전략으로서 자원이 풍부한 국가에서 시도하는 전략이다. 이 전략은 일반적인 전쟁의 원칙에 위배되는 전략이나, 기동전에 불리한 국가가 적의 우위를 상쇄하기 위하여 선택할 수 있다. 지속적인 손실로 인해 적을 굴복하게 만들되 자신은 손실을 견딜 수 있어야 한다. 역사적으로 소모전은 다른 전략이 실패하거나 가용하지 않을 때 전개되었는데, 예를 들어 1차 대전 시에는 화력은 증가하였으나 지휘통제와 기동성이 낙후되었기 때문에 양측은 참호를 파서 방어전선을 형성한 상태에서 소모전을 전개하였으며, 대표적인 전쟁은 베르됭(Verdun) 공세를 들 수 있다. 남북전쟁 당시에 그랜트 장군은 북군의 물자와 인력이 남군보다 우세하였기 때문에 더 큰 피해에도 불구하고 소모전을 전개하였다.

• **베르됭 소모전 전략의 운용개념:** 1차 대전 시 서부전선에서의 돌파가 좌절되고 1,000km에 달하는 전선의 교착상태가 지속되면서 장기전이 예상되자, 연합군 측에 비해 인적·물적 지원이 부족했던 독일군은 공세를 가함으로써 돌파구를 마련하려고 하였다. 공세지역은 프랑스군의 자원을 빨아들일 수 있는 지역이어야 하였으며, 이 전략을 위해 프랑스가 중요하게 생각하고, 프랑스군을 분리시키며, 프랑스군에게 치명적인 좌절감을 줄 수 있는 교통의 중심지인 베르됭을 목표로 선정하였다. 독일군은 약 13km의 정면에 3개 군

단의 병력과 1,400여 문의 화포를 집중하여 대규모 공격을 감행하였다. 그러나 요새를 이용한 강력한 방어와 솜 지역에서의 영국군 공격 가능성 때문에 독일군은 진퇴양난에 빠지게 되었다. 베르됭의 전략적 가치는 이미 사라졌지만, 베르됭 공격을 위한 준비와 지금까지의 손실, 새로운 공격 준비에 소요되는 시간(6개월) 등의 고려와 승리하였을 때의 프랑스 전투력 고갈 및 영국군 위험의 제거 등 때문에 소모전을 지속하였다. 소모전의 수행을 위하여 독일군은 보유하고 있는 대포, 탄약, 화염방사기, 질식가스, 기관총, 착검보병 등 모든 전력을 투입하였다.

전격전(Blitzkrieg)

전격전은 전차, 보병, 포병, 공병, 항공기 등으로 구성된 기동화된 부대로 하여금 고속으로 적의 약한 부분을 돌파하여, 돌파구가 형성되면 측면 노출의 위험을 고려하지 않고 적진으로 계속 기동하여 적을 혼란에 빠뜨려, 어떤 지역에서도 적이 효과적으로 대응하지 못하도록 하는 전략으로서 2차 대전 시 독일군에 의해 창안되었다. 이 전략은 기습적 돌파, 적의 준비 불충분, 공격에 대한 적의 신속한 대응 곤란 등의 상황이 조성되었을 때 가능한 전략이다.

• **전격전 전략의 운용개념:** 전격전 전략은 싸우는 방법과도 같이 쓰일 수 있는 용어이지만, 싸우는 방법, 속도, 작전의 목적 및 목표 등이 당시의 타 전략과 전혀 다른 의미의 전략이다. 섬멸전의 목적

은 적 전투력의 격멸이고 따라서 전략의 목표는 적 부대 자체였다. 그러나 전격적의 목적은 적을 마비에 빠뜨려 조직적인 저항을 하지 못하도록 하는 것이고 따라서 전략의 목표도 적 부대가 아니라 중추신경, 지휘부 등이 된다는 측면에서 현격히 다르다. 이러한 목적을 달성하기 위한 전력의 운용도 보병과 기병의 조합이라는 단순한 전력 운용이 아니라, 당시로서는 혁신적인 방법이 고안되었다. 공군은 적의 공군력, 지휘기구, 병참선을 포함한 전술적 목표를 공격하며, 지상군은 전차, 자주포, 차량화 보병, 공병, 병참 지원부대로 적의 약한 부분을 공격하여 돌파구를 마련한다. 돌파구가 형성되면, 기갑부대가 신속히 침투하여 돌파구를 확장하면서 최소예상선, 최소저항선을 따라 적진 깊숙이 공격하여 적을 마비 또는 차단시킨다. 이때 공군은 기갑부대의 기동에 따라 근접지원을 한다. 또한 오열을 이용하여 정보수집 및 민심을 교란시키며, 공수부대를 기갑부대의 전진로에 투하하여 기습적으로 주요 교량 등을 점령 및 확보함으로써 기갑부대와 연결한다. 보병부대는 후속하면서 기갑부대가 통과한 지점을 소탕한다.

포위(Encirclement)

포위는 적을 고립시킨 후 사방에서 둘러싸는 형태의 작전을 전개하는 것을 말한다. 역사적으로 포위 전략은 알렉산더, 한니발, 손자, 몰트케, 구데리안, 주코프, 패튼 등에 의해 수행된 전략이다. 손자는 포위 시 도주로를 열어두어 적이 극렬하게 저항하는 것을 방지하라고 하였다. 이러한 예가 덩케르크와 팔레즈(Falaise) 고립작전에서 일어났다. 팔레즈에서는 약 15만 명의 독일군과 제5기갑군이 포위되었는데, 이 중 약 10만 명이 탈출에 성공했고 5만 명이 포로가 되었다.

포위전략의 기본은 양익포위로서 경보병, 기병, 전차, 장갑차 등 기동부대가 적의 측면을 우회하거나 공격하여 적 후방으로 기동하고, 적 정면에서는 정면공격을 하여 적을 고착시켜 포위를 달성한다. 이러한 예가 1942년 독일군 6군에 의한 스탈린그라드 전투였다. 포위전략은 적의 한 측면에 강, 바다나 산악이 있을 때에는 일익포위가 되며, 적 정면 돌파 후 포위를 형성하기도 한다.

• **스탈린그라드 포위전략의 운용개념:** 1942년 독일군은 하계공세의 일환으로 스탈린그라드 점령을 시도하였다. B 집단군의 독일 6군과 기갑군은 스탈린그라드 인근에 도착했으나, 스탈린그라드 후방의 볼가강 때문에 포위공격을 할 수 없었고, 도시로 정면공격을 할 수밖에 없었다. 소련군은 독일군의 공중 및 포병공격의 효과를 약화시키기 위한 '끌어안기' 전술로 독일군의 공격을 방어하면서 볼가강을 통해 지속적인 지원을 제공하였다. 소련군이 스탈린그라드에서 독일군의 공격을 방어해 나가자 주코프 사령관은 대반격을 계획하였다. 그는 독일군을 스탈린그라드에 묶어두는 한편, 헝가리와 루마니아군으로 구성되어 전투력이 약한 독일군 양 측방으로의 기동을 통한 양익포위 전략을 수립하였다. 그는 대반격을 위해 야간행군으로 강력한 예비대를 독일군 측면으로 기동시켰으며, 측면의 공격지점은 스탈린그라드의 독일군이 지원할 수 없는 충분

히 이격된 지점을 선택하였다. 소련군은 북측의 루마니아군 정면에 3개 군을 집중하였고, 이어서 남쪽의 헝가리아군을 무너뜨림으로써 6군과 4기갑군을 스탈린그라드에서 항복시켰다.

간접접근(Indirect approach)

리델하트에 의해 주창된 전략이다. 대규모 희생 없이 승리를 추구하는 전략으로서, 오늘날 대부분의 전략 수립에서 따라야 하는 원칙과 같은 개념이 되었다. 간접접근은 적이 집중적으로 방어하고 있는 지점을 피해서 공격하는 것으로 적이 최소한으로 방어하리라고 생각되는 지점을 공격하여 적의 배후로 기동하는 전략이다. 적 정면에 대한 공격은 적의 방어를 더욱 완강하게 할 뿐이며, 따라서 희생을 증가시킬 뿐, 적의 균형을 무너뜨리기는 어렵다. 따라서 이러한 공격은 회피되어야 하며, 정면공격이 시작되기 전에 적의 측면을 돌파하여 배후로 기동함으로써 균형을 무너뜨려야 한다는 것이다. 리델하트의 이러한 이론은 이후 풀러의 기동전 사상과 연계되어 전격전의 모태가 되었다. 이러한 간접접근 전략은 클라우제비츠의 사상과 대비되기는 하지만, 간접접근 전략이라고 해서 주요 전투를 실시하지 않는다는 것은 아니다. 간접접근은 적 전투력의 격멸이나 마비, 또는 병참선 차단 등을 목적으로 한다. 전격전과 포위기동을 포함하여 대부분의 전쟁은 정면공격보다는 간접접근 전략을 택한다고 할 수 있다.

간접접근을 계획할 때는 적의 방어가 최소라고 예상되는 지점(최소 예상선)을 따라 공격을 계획한다. 장거리 우회가 필요하더라도 약한 지점을 가볍게 격파하고 신속히 기동하는 것이 더 유리하다. 일단 돌파에 성공하면 적 저항이 최소인 지점(최소 저항선)으로 공격을 지속한다. 사전에 계획된 기동로에 고착된 기동을 하는 것이 아니라 적 저항이 최소여서 진출이 용이한 곳으로 신속히 기동한다. 2차 대전에서 프랑스를 공격한 롬멜과 구데리안과 같은 기동을 하는 것이다. 이들은 적의 저항이 없는 곳으로 고속기동 하였기 때문에, 한때 독일군조차 이들 부대의 위치를 찾지 못한 경우도 있었다. 간접접근의 작전선은 가장 효과적인 대안을 제공할 수 있는 작전선을 선택한다. 적으로 하여금 지속적인 고민에 빠지게 하여 적절한 대응을 하지 못하거나, 의도를 파악하였더라도 효과적인 대응을 할 수 없는 작전선을 택한다. 진출에 따라 적에게 혼란을 주고, 융통성 있는 대안을 선택할 수 있는 작전선이 효과적이다. 또한 상황에 따라 능동적인 대응을 할 수 있도록 계획과 배치를 융통성 있게 하고, 적이 방어를 강화하고 있을 때에는 결코 전력(全力)을 투구하지 않으며, 실패한 지점으로 재공격하지 않는다.

충격과 공포(Shock and awe)

충격과 공포 전략은 정밀 무기에 의해 적 중심부를 정확히 강타함으로써 적의 전쟁의지를 말살시키고, 국민들에게 사기의 저하와 공포를 심어줌으로써 전쟁을 포기하도록 하는 전략을 말한다. 마치 핵무기가 적국의 전쟁의지를 포기하도록 한 것과 같은 효과를 발휘하는 것이다. 적 부대와 실질적인 전투를 하는 것이 아니라 민간인 거주 지역을 포함한 적의 주요 시설에 대해 대량 정밀타격을 함으로써 군인 및 민간인에게 충격과 공포심을 유발하도록 하여 전쟁 수행 의지와 능력을 마비시키는 전략이다. 이러한 전략은 미국과 같은 장거리 정밀타격능력, 정확한 표적획득 능력을 보유한 국가만이 가능한 전략이다. 이러한 능력을 바탕으로 모든 면에서 신속하게 압도적인 우위(Rapid dominance)를 달성함으로써 심리적 효과를 노린다. 독일군의 전격전 수행이 당시의 기준에서 이러한 효과를 달성하였다고 한다면, 현대에는 군사과학기술의 능력으로 전격전보다 훨씬 더 짧은 시간에, 더 적진 깊숙한 곳까지, 더 많은 피해를 유발할 수 있다. 이러한 의미에서 전격전의 발전된 의미로도 볼 수 있으며, 핵무기의 사용과도 같은 의미로도 볼 수 있다. 이와 유사한 전략으로서 참수전략(Decapitation)을 들 수 있는데, 이는 충격과 공포 전략에 사용된 것과 같은 능력을 이용하여 정치적 리더십, 지휘통제, 전략무기, 경제의 핵심시설을 타격함으로써 전략적 마비를 달성하려는 전략이다.

• **이라크 자유작전에서의 충격과 공포전략의 운용개념:** 미국의 충격과 공포 전략에서 전력 운용개념은 최초 2일 동안에 800여 기의 크루즈 미사일을 발사하는 것이었다. 매 4분당 1발씩 발사하는 셈이다. 전략의 목적은 적 지도부와 군인, 시민들에게 심리적 충격을 주는 것이며, 타격 목표는 바그다드 시민의 생활에 관련된 모든 시설, 즉 전력, 급수 등이 포함된다. 5일 이내에 시민들이 물리적,

심리적, 감정적으로 기진맥진하여 전쟁을 포기하고 도시를 떠나도록 유도하는 것이다. 이러한 전략을 수행하기 위해 미국은 25만의 병력을 5단계로 편성하여 운용하였다. 1단계는 계획된 표적을 30~40분 내에 타격하는 것이며, 이어 후속제대가 지속적으로 전개하였다. 마지막 제대는 중군단(Heavy Corps)과 원정군으로서 분쟁지역을 물리적으로 점령하기 위해 전개하였다. 이라크에서는 504기의 크루즈 미사일을 포함하여 1,700소티의 공중공격이 수행되었으며, 이와 동시에 지상군이 고속기동을 하여 바그다드로 진격하였다.

하이브리드 전략(Hybrid Warfare)

하이브리드 전략이란 첨단 무기체계를 소유한 국가에 대항하는 국가나 단체가 첨단 무기체계에 대항할 능력이 없기 때문에, 주민 속에 흡수되어 게릴라전을 전개함으로써 첨단 무기 효과를 발휘할 수 없도록 하는 전략이다. 이러한 전략의 시초는 게릴라전이며, 최근에는 게릴라전이 범세계적인 네트워크를 형성하는 양상을 띠게 됨에 따라 복합전, 4세대 전쟁 등의 용어로 제시되고 있다. 이러한 전략을 구사하는 측은 정규군의 작전과 같은 대부대 작전을 취하는 것이 아니라 소수로 분산되어 자유롭게 작전하고, 필요시 주민과 연계하여 군사력의 실체가 없도록 한다. 하이브리드 전략의 목적은 적대국 정책결정자들의 의지를 파괴하고, 적 의사 결정자들의 심리 변화에 목적을 둔다. 이를 위해 이들은 전쟁의 장기화, 사상자의 증가, 여론 형성, 서방의 사악한 이미지 구축, 자신들의 정당성 부각 등의 수단을 사용한다. 이 전략은 적 지도부의 의지를 분쇄하기 위해, 그들의 전쟁목표는 달성될 수가 없을 뿐만 아니라 값비싼 대가를 치러야 한다는 인식에 도달하도록 노력하며, 현지에서 가용한 물자를 이용하여 폭력행위를 시도한다. 이들의 군사력 운용은 필요와 목적에 따라 이합집산이 자유로우며, 민주주의 국가의 사활적 이익에 해당되지 않는 부분부터 장기적인 기간을 두고 괴롭혀, 선진국가의 지도층과 국민이 전쟁에 대해 염증을 가지도록 유도한다. 이를 위하여 이 전략은 홍보매체를 적극 활용한다. 이 전략이 사용하는 수단은 고강도 충격을 발생할 수 있는 직접적 군사 공격으로부터 원유가격 인상, 정부 인사나 기업가의 암살에 이르는 다양한 수단을 사용하며, 정치·사회·경제·군사를 모두 망라하는 스펙트럼 상에서 다양한 투쟁을 전개한다. 예를 들어 주식시장, 무역과 같은 경제 분야뿐만 아니라, 대량살상무기 등도 이용한다.

• **베트남 전쟁에서 하이브리드 전략의 운용개념:** 장기간 중국의 지배에서 독립한 베트남은 1883년 프랑스에 의해 점령당해 프랑스 식민지가 되었다. 이후 식민지 지배를 벗어나기 위한 노력이 있었으며, 호지명에 의해 공산주의자들이 저항 세력을 확대하였다. 호지명은 모택동의 3단계 모델을 적용하여 프랑스군을 상대로 모택동의 인민전쟁전략을 수행함으로써 프랑스군을 격퇴하였는데, 프랑스 군이 주력을 투입하면, 월맹군은 논이나 언덕으로 뿔뿔이 흩어졌고, 프랑스군을 버려진 도시 안으로 입성하게끔 하였다. 이

후, 프랑스군의 증강된 전력이 분산되자 프랑스군을 강타하여(디엔 비엔 푸 전투) 프랑스군을 몰아내고 독립을 이루었다. 1960년대 초 미국의 지원이 확대되었으나, 지엠 정부가 부패와 독재로 국민들로부터 멀어지게 되자, 공산세력은 베트남 남부지역을 공산화하려고 하였으며, 미군의 반격에 직면하게 된다. 호지명은 미군 전력에 직면하게 되자, 다시 2단계로 전환하였고, 미군이 집중적으로 배치된 지역에서는 1단계로 후퇴하는 등 전략의 유연성을 발휘하였다. 이들은 국제정치적 상황이 전쟁에 미치는 영향을 민감하게 살피면서, 장기적인 소모전을 전개하여 궁극적인 승리를 추구하는 전략을 채택하고, 승리의 관건이 미국인들의 전쟁수행 의지에 있다고 판단하고, 이를 공략하는 목표를 세웠다. 반면 미군은 소모전을 통해 월맹의 공산화 의지를 분쇄할 수 있다고 생각하였다. 월맹군은 국제무대에 선전활동을 강화하면서, 자신들은 자유의 투사 그룹인 것처럼 선전하는 반면, 미군의 화력에 의한 민간인들과 촌락에 대한 피해 사례 및 월남 정권의 부패 등을 부각시키면서 점차 미군의 신뢰를 상실케 하여 미국 내 여론이 반전 분위기로 전환되게 하였다. 이들은 협상을 투쟁 과정의 수단으로 활용하면서, 협상으로 시간을 버는 한편, 적을 지치게 하고 좌절시키며 교란하기 위한 이중목적 달성을 위해 사용하였다. 그 결과 마침내 미군은 전투부대를 철수하는 한편, 미군은 화력과 군수지원을 담당하고, 월남 방위는 월남이 책임지는 형태로 합의하였으나, 미군 철수 이후 1975년 춘계공세를 통해 월남은 공산화되었다.

5. 수세적 군사전략

지역방어(Area Defense)

지역방어는 일정한 지역에 방어선을 형성하고, 이 지역에서의 적의 공격을 거부하는 것이다. 이 목적을 달성하기 위해서는 방어진지를 강화하고 상호 협조할 수 있는 위치에 병력을 배치한다. 각 부대는 부여된 지역에서의 방어선을 고수하며, 거점과의 간격을 통제한다. 지역방어 시의 결정적인 작전은 화력에 의해 수행되며, 역습도 병행하여 실시한다. 예비대는 화력의 강화, 종심의 강화, 실지(失地)의 회복, 주도권의 장악, 적 부대 격멸 등에 이용된다. 지역방어는 지형의 이점을 이용할 수 있는 방어전략이며, 클라우제비츠에 의하면, 기습의 효과보다 훨씬 더 이로운 점을 제공해 준다. 특히 전략적으로는 전술과 달리 기습이 매우 어렵기 때문에 지형의 이점뿐만 아니라 다른 이점에서도 방어가 중요하다고 하였다.[62] 여기서 말하는 지형의 이점을 최대한 이용할 수 있는 것이 지역방어이다. 따라서 지역방어를 수행하는 전략에서 방어선은 지형의 이점을 최대한 이용할 수 있는 지역, 즉 바다, 하천, 고지 등을 연한 지역에서 수행하게 된다. 이러한 지형이 곤란한

---

62 김만수 역, *전쟁론(Carl von Clausewitz, Vom Kriege) 제2권* (서울: 갈무리, 2005), pp. 185-186.

지역에서는 요새를 건설하기도 한다.

• **노르망디 상륙작전 시 독일군의 지역방어전략의 운용개념:** 상륙작전의 임박함을 느낀 독일군은 롬멜에게 대륙의 서부 방어 임무를 부여하였다. 전선을 시찰한 롬멜은 해안에서 연합군의 상륙을 저지하지 못하면, 전쟁에서 패할 것을 직감하고, 소위 대서양 방벽(Atlantic wall)이라는 방어선을 해안에 구축할 것을 명한다. 1943년까지 이 지점에서는 주요 항구만을 방어하는 시설이 있었을 뿐, 해안의 방어는 전무하였다. 롬멜의 지시에 의해 독일군은 영불해협을 바라보고 있는 네덜란드, 벨기에, 프랑스 해안을 따라 요새를 건설하였다. 콘크리트 참호를 구축하고, 기관총과 대전차포, 화포를 거치할 수 있는 요새를 건설하였다. 또한 지뢰와 대전차 장애물이 해안을 따라 매설되었다. 공수부대의 낙하가 예상되는 지점에는 뾰족한 장애물을 설치하였다. 한편, 롬멜은 연합군이 공중 우세권을 보유하고 있기 때문에 기갑 예비군을 방어선에 근접하여 배치하기를 원하였다. 후방에 배치되어 있으면 이동 중에 공중공격을 받을 가능성이 있기 때문이었다. 그러나 전차부대를 지휘하고 있는 본 게르(Von Geyr) 장군은 전차부대를 중앙 지역인 파리나 루엔 지역에 보유하고 있다가 기동시키는 것이 타당하다고 주장하였다. 게르 장군은 전차부대 운용의 기본적인 개념을 주장한 것이었다. 이러한 논쟁은 히틀러에게 상신되었으나, 롬멜이 희망하는 전차의 충분한 해안 배치는 이루어지지 않았다.

종심방어(Defense in Depth)

종심방어는 적의 공격을 하나의 방어선에서 저지하는 것이 아니라 적의 전투력을 흡수하면서 적의 공격을 지연시키고, 공간을 내어 주면서 시간을 버는 전략이다. 공간을 내어 주는 동안 적의 공격 기세를 약화시키며, 통과한 지역의 통제를 위해 적 전력의 분산을 유도하고, 적의 병참선을 신장시키는 등 적의 취약성을 증가시키는 전략이다. 공자가 공격 기세를 상실하거나 분산으로 인해 집중력이 약화되면 적의 취약점을 발견하여 역습을 수행한다.

이 전략을 위해서는 다중 방어선을 계획하여야 한다. 하나의 방어선에서 결전을 계획할 경우 이 방어선이 무너지면 방어선의 다른 전력이 포위될 가능성이 있고, 병참선과 지휘통제 시스템이 위태로워질 가능성이 있는데, 이러한 가능성을 막기 위해 요새 및 진지, 병력을 다중 배치한다. 공자는 방어가 약한 지점을 통하여 계속 공격하겠지만, 공격을 계속할수록 공자의 측방이 취약하게 되고, 공격기세가 둔화되는 순간 포위당할 가능성이 크다. 종심방어는 방어선이 신장되고 공자가 충분히 돌파할 수 있는 능력을 보유하고 있을 경우 선택할 수 있는 전략이다. 방자는 적 전투력의 점진적인 소모를 유도할 수 있고, 일거에 적에게 압도되거나 포위될 수 있는 가능성을 낮추며, 적의 기습 가능성을 줄이고, 역습을 위한 시간을 확보할 수 있다.

종심방어가 성공하기 위해서는 방어선의 역할을 명확히 하고 잘 협조된 계획을 하여야 한다. 전방 방어선에는 전투력이 약한 전력을 배치하고, 전투력이 강한 부대를 예비대로 보유한다. 적을 정면으로 상대하는 부대는 적을 유인하면서 고착하는 역할을 하고, 강력한 예비대의 역습을 지원한다. 각각의 방어선은 지형 및 자연 장애물을 최대한 이용하고, 적 전력에 대한 방어력을 보유하여야 한다. 그러나 양보할 공간이 부족한 작전환경에서는 종심방어의 계획이 곤란하며, 정치·경제·산업의 중심지가 전선과 너무 근접해 있을 경우에도 이 전략의 채택이 어렵다. 후방으로의 지속적인 후퇴를 위해 방자는 고도의 기동성을 보유하여야 하며, 후퇴 후 전투를 지속할 수 있는 사기를 보유하여야 한다. 이러한 전략의 예는 노르망디 상륙작전 시 독일군의 방어전략이나, 중공군 춘계공세 시 유엔군의 방어전략을 들 수 있다.

• 노르망디 상륙작전에서의 독일군의 종심방어전략의 운용개념: 1944년 노르망디 상륙작전에 성공하여 교두보를 마련한 연합군은 내륙으로 진격을 계속하였는데, 독일군은 이를 저지하기 위하여 노르망디 지방의 Bocage라고 불리는 전형적인 지형 장애물을 이용하여 기동방어를 계획하였다. 무성한 관목으로 구성된 울타리 형태의 지형은 전차의 통과를 거부하였으며, 기상의 영향으로 인해 연약해진 지반은 전차 기동을 어렵게 하였다. 독일군은 이러한 지형을 이용하여 기동방어를 계획하였는데, 노르망디 지역에는 이러한 지형이 수십 마일이나 계속되어 형성되어 있었다. 이 지형은 주변 지역을 각각 분리하는 역할을 하였으며, 고지에 있으면 주위 지형을 통제할 수 있었다. 따라서 독일군은 지형을 이용하여 고지와 숲에 전력을 배치함으로써 방벽을 돌파하려는 연합군에 대해 효과적인 방어선을 형성하고 생존성을 보장받을 수 있었다. 독일군은

전방 방어선에는 약하게 배치하고, 대다수의 전력을 예비로 보유하였다. 적의 공격이 식별되면 전차와 돌격포로 구성된 예비를 이용하여, 연합군의 후방이나 측방을 공격하는 전략을 수립하였다. 연합군은 수십 개의 이러한 지형을 극복하여야 하였기 때문에 진출이 지연될 수밖에 없었다. 연합군은 지형 극복 및 전차의 노출 방지를 위해 다양한 방법을 개발하여야 하였는데, 이러한 과정에서 공격이 지연되었다. 또한 지형에 의존하여 방어하는 독일군을 효과적으로 공격하기 위한 전법을 창출하여야만 하였다(최초의 보전 협동공격의 탄생).

기동방어(Mobile Defense)

기동방어는 종심방어와 유사하나 지속적인 방어선을 형성하지 않고, 적을 깊숙이 유인한 다음 타격부대(Striking Force)로 하여금 역습하거나 포위하는 전략이다. 이 전략의 수행을 위해서는 대부분의 전력을 타격부대로 편성하고, 최소한의 전력으로 적을 고착한다. 고착하기 위한 부대의 임무는 적 돌파구의 종심과 정면의 확대를 방지하고, 반격의 여건을 조성하는 것이다. 이러한 임무를 수행하기 위해 고착부대는 지역방어나 지연전을 전개할 수 있다. 타격부대는 적보다 우세한 기동력과 화력을 보유하여야 하며, 결정적인 시기에 적을 타격한다. 타격부대는 적이 신장되어 있기 때문에 다양한 접근로를 이용하여 공격할 수 있어야 한다.

• **동부전선에서 만슈타인의 기동방어전략의 운용개념:** 2차 대전 시 동부전선에서 스탈린그라드 승전의 여세를 몰아 서쪽으로 계속 공격하는 소련군에 대하여 만슈타인이 기동방어를 계획하였다. 그는 1개 팬저군을 고착부대로 이용하고, 1개 군과 1개 팬저군 및 1개 팬저군단으로 방어선 깊숙이 들어온 소련군을 양측에서 공격함으로써 소련군의 공세를 저지시키고 하리코프(Kharkov)를 방어하였다.

파비안 전략(Fabian Strategy)

파비안 전략은 적과의 정면 대결을 피하며 소모전을 전개하여 적의 전투력을 점진적으로 약화시켜 공격을 포기하도록 하는 전략이다. 정면공격을 피하는 대신에 기습공격, 병참선 차단, 사기 약화 등의 소규모 작전을 끊임없이 전개한다. 이 전략은 방자가 시간이 자신의 편에 있다고 판단되거나 적절한 대응 전략이 없을 경우에 택하는 전략이다.

이 전략은 제2차 포에니 전쟁 시 한니발에 대항하여 로마의 파비우스에 의해 처음 채택되었다. 파비우스는 한니발과 그의 군대의 우수성을 인식하고 그의 약점을 이용하는 전략을 택하였다. 즉 한니발의 군대는 원정군으로서 재보급에 취약하였고, 보급로가 신장될수록 한니발 군대의 취약점이 증가되었다. 따라서 파비우스는 이들과의 결전을 회피하고 시간을 끄는 전략을 택하였다. 그는 한니발의 장기인 기병을 사용하지 못하도록 숲을 근거로 한 소규모 작전을 택하였고, 적의 보급로를 공격하였으며, 가축 등 식량이 될 수 있는 작물을 미리 요새에 집결시킴으로써, 한니발이 보급의 근거지인 항구를 떠나 로마로 진격할 수 없도록 하였다. 한편, 한니발의 군대는 용병으로 구성되었기 때문에 빨리 승리하고 싶어 했으며 공성술에 약했다. 파비우스는 장기전 전략을 택하며 개활지에서 결전하지 않음으로써 이들의 사기에 영향을 미쳐 로마를 공격하지 못하도록 하였다. 역사적으로 파비안 전략을 사용한 예는 백년전쟁 시 프랑스군에 의해 사용되었으며, 미국 독립전쟁 시 영국군에 대해 워싱턴에 의해 사용되었다.

초토화 전략(Scorched Earth)

적의 공격에 따라 적에게 유용한 물품을 모두 파괴시키고 철수함으로써 적이 이용하지 못하도록 하는 전략이다. 적이 이용 가능한 식량, 운송, 통신 등 모든 것을 파괴하거나 불태워서 적이 그 지역을 점령했을 때 아무것도 사용할 수 없도록 하고 철수하는 전략이다. 이러한 전략은 나폴레옹의 모스크바 공격과 2차 대전의 독일군의 공격 시 러시아에 의해 전개되었다.

나폴레옹의 공격에 대해 러시아는 나폴레옹군이 현지조달에 의해 보급을 해결한다는 점을 이용하였다. 이러한 전략에 의해 나폴레옹군의 상황은 공격을 계속 할수록 악화되어 갔고, 모스크바를 점령했으나 도시에서 이용할 것은 아무것도 없었다. 급기야는 동장군의 악천후 속에서 철수할 수밖에 없었다. 초토화 전략은 1941년 독일이 소련을 침공했을 때 스탈린의 지시에 의해 다시 적용되었으며, 전세를 역전하여 소련이 독일군을 공격하였을 때 독일군에 의해서도 수행되었다. 핀란드군의 공세에 직면하여 독일군은 핀란드에서 초토화 작전을 전개하였으며, 소련군의 공세에 대하여 히틀러가 독일의 초토화를 명령하기도 하였다.

Ⅳ.

합동작전개념

1. 정의

작전개념

일반적으로 운용개념(CONOPS: Concepts of Operations)은 어떤 체계를 사용하는 데 있어서 그것을 운용하는 방법에 대한 개념이라 할 수 있다. 일정한 체계는 매우 다양한 방법으로 운용될 수 있는데, 그중 하나의 방법을 제시하여 운용의 일정한 방향성 또는 관계 등을 제시하는 것이다. 이러한 운용개념을 제시함으로써 그 체계의 종사자들은 공통된 개념을 가지게 되고 관련된 모든 물체나 기능을 일정한 목적에 맞도록 운용할 수 있다. 또한 같은 개념을 가짐으로써 상호간에 의사소통을 할 수 있고, 공통된 인식을 보유할 수 있다. 이러한 개념은 주어진 능력을 사용하여 어떤 목적 또는 최종상태를 달성하기 위한 방향으로 작성된다. 즉 CONOPS(운용개념)은 목적 달성을 위하여 주어진 능력을 사용하는 방법을 제시하는 것이다.

군에서의 CONOPS는 작전개념으로 불리는 바, 작전개념은 지휘관이 주어진 임무를 달성하기 위하여 주어진 능력을 어떻게 사용할 것인가를 언어 또는 그래픽으로 정확하고 분명하게 기술한 설명을 말한다. 주어진 임무를 가장 효과적으로 달성하기 위하여 군의 전투력을 어떠한 조합으로 어떤 방향으로 사용할 것인지를 기술하는 내용이 된다. 이 개념을 바탕으로 전투력 운용을 계획하고 군사력 건설을 수행한다. 이와 같이 임무를 달성하기 위해 주어진 전력을 이용하여 전투력을 운용하는 방식이 바로 작전개념이다. 그 나라의 군대는 이 작전개념대로 전투를 수행한다.

작전개념의 수립은 항상 상대적이다. 전투력을 발휘하기 위해서는 항상 대상이 있게 마련이고, 상대도 자신의 능력을 발휘하기 위해서 연구를 할 것이다. 따라서 효율적으로 능력을 발휘한다는 것은 상대의 능력을 무력화시키고 자신의 능력을 극대화하여야 하는 것을 의미하며, 그때에만 비로소 능력이 발휘되는 것이고 힘의 대결에서 승리하게 되는 것이다. 따라서 무기체계의 단순한 집합만으로는 무의미하며, 이것을 사용하기 위한 개념 즉 작전개념이 이들 무기체계 능력을 발휘하게 해 주고 궁극적으로 작전의 성패를 결정짓게 된다.

그렇기 때문에 작전개념을 구상하는 지휘관은 항상 작전환경과 적 상황을 면밀하게 분석하여 승리하기 위한 아군의 싸우는 방법을 연구하여야 한다. 전투기와 폭격기만을 보유하고 있다고 해서 적 지역에 대한 폭격이 성공할 수 있는 것은 아니다. 적의 방공망을 침투하고, 적 전투기를 비롯한 적 공군력을 무력화하여야만 폭격에 성공할 수 있는 것이다. 그렇기 때문에 적의 방공망과 공군력에 대한 면밀한 검토를 지속적으로 수행하여야 한다.

결과적으로 작전개념이란 예견할 수 있는 미래의 작전환경에서의 군사적 문제점을 분석하고 전략목표를 달성하기 위해 군사력을 운용하는 방법을 제시하는 것이다. 이것은 작전개념의 필수적인 내용이 되어야 한다.

또한 작전개념은 미래의 도전을 극복하기 위해 필요한 새로운 물질적 또는 비물질적 능력의 소요를 제기한다.[63] 상황의 변화에 적절하게 대응하기 위해서, 또는 적을 보다 더 효과적으로 제압하기 위해서 아군의 작전에 필요한 소요를 요구할 수 있다. 이것은 군사력 건설로 이어지고 새로운 무기체계가 등장하면 싸우는 방법의 변화를 수반한다.

합동작전개념

군사력 운용에 대한 감각이 없을 경우, 보유하고 있는 능력을 발휘하는 개념은 지휘관마다 다르다. 우둔한 지휘관은 우수한 무기체계를 비효율적으로 사용하여 패배를 당하게 되고, 훌륭한 지휘관은 보유하고 있는 능력을 창의적으로 사용하여 효율적으로 목표를 달성할 수 있다. 2차 대전 당시 독일군과 연합군은 유사한 무기체계를 유사한 수로 보유하고 있었다. 보병, 포병, 전차, 항공기, 군함 등을 보유하고 있었다. 그러나 그 조합과 운용개념이 달랐기 때문에 승패가 갈라졌다. 연합군은 기존의 방법대로 전력을 운용하였으며, 구데리안·만슈타인 등은 다른 개념으로 이들을 운용하였다. 마치 똑같은 재료를 보유하고 있더라도 조합하는 방법에 따라 다른 음식을 만들어내는 것과 같다. 독일군 내에서도 구데리안의 개념과 할더의 개념이 달랐다. 할더

---

63 US DOD, US JCS, *Doctrine for the Armed Forces of the United States Joint* Publication 1 (2013), p. xxv, http://www.ditc.mil?coctrine/new_pubs/jp1.pdf(2017. 1. 17. 검색)

의 개념은 연합군의 그것과 유사하였으며, 만약 히틀러가 할더의 개념을 승인하였더라면 전격전은 탄생하지 못하였을 것이다.

이와 같이 자신이 보유하고 있는 전력을 운용하는 방법이 합동작전개념이다. 즉 합동작전개념(Joint Operating Concept)은 그 군대의 행동양식이요, 사고의 틀(Framework)이 된다. 또한 합동작전개념이 교리(Doctrine)가 되고 교리는 교범(Manual)화되어 부대와 병사를 교육시키고 훈련시킨다. 따라서 일국의 군대는 모두 이러한 양식(Style)대로 훈련되고 전쟁을 수행하게 되는 것이다. 전격전 개념으로 훈련된 군대는 전차가 기동하고, 급강하 폭격기가 포병의 역할을 하며, 보병은 전차를 후속하기 위해 기동화되어 운용한다. 모든 부대가 이와 같이 훈련되고, 장비를 갖추게 되고, 지휘체계를 확립하며, 네트워크가 달라지고, 편성이 달라지게 된다. 만일 기존의 합동작전개념대로 전쟁한다면, 보병과 포병이 선두에 서고, 전차는 이들을 지원하며, 항공기는 공중에서의 폭격에 한정될 것이다. 부대는 기동화될 필요가 없고, 보병 중심의 지휘체계와 네트워크가 구성되었을 것이다.

이와 같이 훈련된 부대는 어떤 상황에서든지 이와 유사한 개념으로 전쟁을 수행하게 된다. 그들이 훈련받은 내용이 그런 것이기 때문이다. 따라서 어떠한 전략을 구사하든 그들의 싸우는 방법은 동일할 수밖에 없다. 전시 상황에 따라 새로운 싸우는 방법을 훈련시킬 수 없기 때문이다.

전투력이란 일종의 능력의 집합 또는 무기의 집합이라고 할 수 있다. 합동작전개념은 그러한 무기의 집합을 '힘(power)'으로 발휘하는 역할을 한다. 즉 보유하고 있는 개별 능력을 개별 또는 통합적으로 발휘하여 보다 나은 효과를 창출하거나 시너지 효과를 유발할 수 있도록 하는 것이다.

한편, 합동작전개념은 전략의 요소일 수 있다. 전력을 운용하는 방법이 바로 전략의 요소이며, 전격전과 같이 상대방이 예상하지 못한 방법을 적용하는 것이 바로 전략이기 때문이다. 그런 의미에서 전격전 개념은 군사전략도 될 수 있고, 싸우는 방법 즉 합동작전개념도 될 수 있다. 소련의 OMG(Operational Manoeuvre Groups) 전법이나, NATO의 FOFA(Follow-on Forces Attack) 개념, 미군의 공지전투(Air-Land Battle) 개념도 마찬가지로 전략이자 합동작전개념이라 할 수 있다. 이러한 개념의 고안 자체가 상대방을 효과적으로 공격하기 위해 창조해 낸 개념이기 때문에 전략이며, 동시에 합동작전개념인 것이다.

2차 대전 당시 독일군의 전격전 개념이 생소했던 것과는 달리, 오늘날 특정한 국가가 싸우는 방법은 상호간에 익숙하다. 각 진영은 자국의 새로운 합동작전개념을 공개적으로 논의하는가 하면, 비밀로 취급하지도 않고, 따라서 서로 상대방이 어떤 방법으로 싸울지 상호 인식하고 있다. 따라서 이러한 합동작전개념은 더 이상 전략의 효과가 없어진 것이다. 싸우는 방법이 상호 인식된 가운데 적을 속이기 위한 목표와 접근로, 주공 방향 등의 운용이 군사전략의 주된 내용이 된다. 즉 군사전략에서의 운용은 포위를 할 것인지, 돌파를 할 것인지, 대규모 우회를 할 것인지, 화력에 의한 공격을 주로 할 것인지 등의 개념을 선택하는 것이다. 어느 것을 선택하더라도 그 군대는 이미 훈련된 동일한 싸우는 방법을 적용하게 된다.

합동작전개념이 전략으로서의 효과는 없어졌지만, 자국의 군대를 동일한 준거틀에 의해 훈련시키기 위한 개념으로서의 위치는 있으며, 이의 영향은 지대하다. 독일군의 경우에서 본 바와 같이 어떠한 작전개념을 채택하느냐에 따라 교리, 조직, 훈련, 편성, 네트워크, 지원체계 등 모든 것이 달라질 수밖에 없다. 전력의 조합과 운용이 달라지기 때문에 모든 것이 달라져야 하는 것이다. 따라서 합동작전개념은 군의 모든 것에 영향을 미치는 것이다. 이른바 전투발전요소인 DOTMLPF의 모든 면에 영향을 미치는 것이다.

합동작전개념이 군의 모든 행동양식을 결정하기 때문에 일국의 합동작전개념의 변화는 그 국가의 많은 것을 변화시킬 것이다. 군이 다른 방법으로 싸워야 하기 때문이다. 따라서 합동작전개념의 변화는 매우 어려운 것이고, 힘든 것이고, 위험한 것이다. 그럼에도 불구하고 일국의 합동작전개념을 변화시켜야만 하는 경우가 있다. 그것은 기존의 합동작전개념으로 해결하지 못할 새로운 문제가 발생한 경우나, 새로운 기술의 개발로 인해 현재의 문제를 해결하기 위한 더 효과적인 방법이 등장하였을 경우이다.[64] 여기서 새로운 문제의 발생이란 특정 작전지역에서의 상황이 아니라 군사력을 적용하는 전반적인 상황의 변화를 말한다. 예를 들어 냉전이 종료되고 미국에 대응할 만한 주

---

64 US Army TRADOC, *The U.S. Army Training and Doctrine Command Concept Development Guide* Pamphlet 71-20-3 (2011), p. 7.

요 위협이 사라지면서 새로운 소규모 무장단체, 테러집단, 비정부 집단 등이 주요 위협으로 떠오른 것과 같은 전반적인 상황의 변화를 말한다. 두 번째, 보다 더 훌륭한 기술을 보유한 무기체계가 등장하였을 경우의 변화는 설명할 필요도 없을 것이다. 훨씬 효과적인 무기체계가 도입되면, 전군이 새로운 양식의 싸우는 방법을 개발·실험·교리화·훈련하여 습득하여야 한다. 일반적으로 군사전략이 전략상황에 따라 달라진다면, 작전개념 즉 싸우는 방법은 무기체계에 의해 달라지는 경우가 대부분이다.

오늘날 대부분의 작전은 합동작전으로 이루어진다. 합동작전이란 육·해·공·해병 중 2개 이상의 군, 합동부대 또는 필요시 편성되는 합동기동부대가 공동의 작전목적을 달성하기 위하여 수행하는 군사활동을 말한다.[65] 과거에는 전력의 기동성, 상호운용성, 능력, 무기체계의 성격 등의 이유 때문에 합동작전이 어려운 경우가 많았고, 국력의 크기 때문에 합동작전을 수행할 능력이 부족한 경우가 많았다. 오늘날에도 일부 선진국에서만 진정한 의미에서의 합동작전을 수행할 수 있는 능력이 있으며, 많은 국가에서는 합동작전의 필요성을 느끼기는 하지만 여건의 부족 때문에 합동작전의 구현이 제한적인 경우가 많다.

예를 들어 미군의 경우에도 합동작전을 수행하여 왔지만, 합동작전 구현 수준에도 변천이 있었다. 2004년 미군의 합동작전개념은 〈그림 17〉에서 보는 바와 같이 개별 무기체계 수준까지의 합동성 달성을 목

65 합동참모본부, *합동·연합작전 군사용어사전* (2011), p. 594.

표로 선언하였다. 즉 과거에는 각 군 간의 합동성을 추구한다는 개념이었으나, 미래에는 개별 무기체계 간의 합동성 달성을 목표로 한다는 것이다. 즉 전투가 벌어지는 어떠한 전장에서도 합동작전의 달성이 가능한 군으로 변화한다는 개념이다. 이에 따라 분대나 소대 작전에도 공군 및 해군의 지원을 받을 수 있게 되고, 고도의 정보력을 바탕으로 소수의 특수부대와 공군력 및 미사일의 합동작전이 가능하게 되는 것이다.

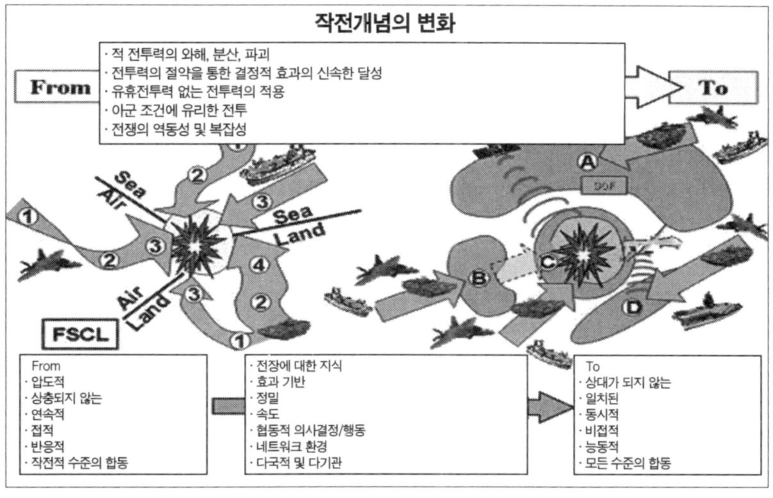

〈그림 17〉 미군 합동작전개념의 변화

* 출처: US DOD, 『Major Combat Operations Joint Operating Concept』, September 2004, p. 11.

미군이 추구하는 합동성의 개념은 가장 알기 쉬우면서도 최고의 합동성 수준이라고 할 수 있다. 즉 모든 무기체계가 각각 개별적으로도 합동성을 달성할 수 있는 수준의 합동성을 목표로 하는 것이다. 이러한 합동성은 단순하면서도 이해하기 쉬운 합동성이며, 당연히 대규모 군 간의 합동성도 자동적으로 이루어지는 합동성이다. 미군은 이러한 합동성의 달성으로 개별, 부분 또는 전체의 합동성을 자유자재로 달성할 수 있는 군대로 변화할 수 있게 되었다. 2004년의 합동작전개념서는 미래의 싸우는 개념으로 이러한 수준을 제시하였으며, 오늘날 실제 전장에서 구현되고 있다.

미군의 이와 같은 변화 추구는 적을 비롯한 전장환경의 변화에 따른 요구와 그에 따른 합동작전개념의 변화 요구 때문이라고 할 수 있다. 소규모의 군, 때에 따라서는 개별 무기체계 몇 대의 조합으로 작전을 수행하여야 하는 경우가 많게 되었고, 전장의 구별이 없어지며, 군사/비군사 시설, 민간인 포함지역이 전투지역이 됨으로써 대부대 중심의 작전이 아닌 소부대 위주의 분산작전(Distributed Operations)을 수행할 수밖에 없게 되었다. 즉 소규모 전력이 각지에 동시에 분산되어 다양한 작전을 수행하여야 하며, 이와 같은 작전을 전개하기 위해서 미군은 개별 무기체계 간의 합동성이 필요하게 된 것이다. 따라서 미군이 추진하는 것과 같은 개별 무기체계에 의한 가장 단순한 합동성의 추구는 작전의 주요소가 소규모 군에 의한 분산작전일 경우 요구되는 합동성이라 할 수 있다.

이러한 합동성 구현이 가능한 국가는 현재 미군이 유일하다고 할 수 있다. 한국을 비롯한 대부분의 국가는 미군 수준을 목표로 군사력을 건설하고 있지만, 많은 국가가 그 수준에 도달하지 못할 것이다. 막대한 비용과 기술력이 필요하기 때문이다. 따라서 각 국가는 각각 다른 수준의 합동성에 머무르게 될 것이다. 비용과 기술력에서 뒤떨어지는 국가가 미군 수준의 합동성을 목표로 할 경우 많은 문제가 발생할 것이다. 이상은 높으나 현실이 뒤따라가지 못하는 상황이 발생할 것이고, 개념서는 야전과 거리가 먼 이야기만 기술한 결과를 초래하게 될 가능성이 크다.

모든 국가는 일정한 수준의 합동작전을 목표로 하고 있고, 전장상황에 따라 어떤 형태로든 합동작전이 필요하기 때문에 현대의 모든 작전은 합동작전이라고 할 수 있다. 전략 상황에 따라 아예 통합군 형태를 취하여 한 지휘관 예하에 합동군을 편성하기도 한다. 따라서 오늘날 작전은 당연히 합동작전을 의미하며, 합동성(Jointness)은 당연히 추구되어야 하는 과업이 되었다.

2. 합동전략기획체계와 합동작전개념

합참의 모든 활동은 합동전략기획체계(Joint Strategic Planning System)에 의해 이루어지며, 주요 기획문서가 생성된다. 합동전략기획체계는 안보상황 평가, 군사전략의 결정, 합동작전개념 결정, 소요 결정 및 획득, 작전계획의 수립 및 시행에 이르는 전 과정에 대한 지침을 결정하는 과정으로서 합참의 대부분의 주요 활동이 포함되며, 그 과정이 매우 복잡하다. 합동작전개념의 작성은 이러한 과정의 하나이나 그 과정의 복잡성으로 인해 혼란이 발생할 수 있다. 이 과정의 이해는 합동작전개념의 의미를 이해하는 데 도움이 될 것이다.

합동전략기획체계는 군사력 운용과 건설에 관련된 체계로 나눌 수 있다. 군사력 운용은 합참에서의 의사결정 과정을 거쳐 예하부대의 작전계획 수립 및 명령으로 이루어지는 체계이며, 군사력 건설의 체계는 합동작전개념으로부터 출발하여 실험과 군사력 소요 결정 및 획득의 과정으로 이루어지는 군사력 건설 체계다.

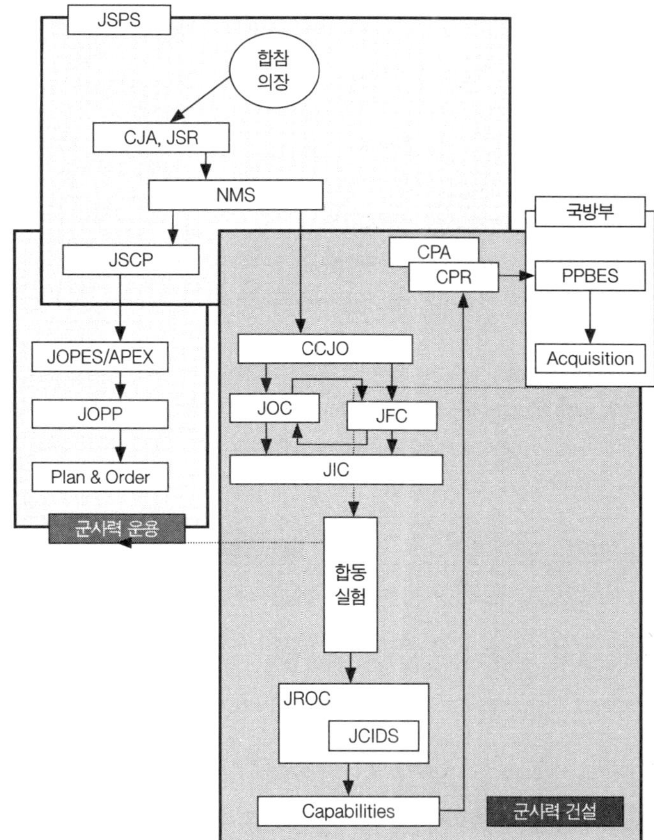

〈그림 18〉 군사력 건설 및 운영의 주요 업무 관계

*** 약어**

JSPS: Joint Strategic Planning System(합동전략기획체계)

CJA: Comprehensive Joint Assessment(종합합동평가)

JSR: Joint Strategic Review(합동전략검토)

NMS: National Military Strategy(국가군사전략)

JSCP: Joint Strategic Capabilities Plan(합동전략능력기획서)

JOPES: Joint Operations Planning & Execution System(합동작전기획 및 시행체계)

APEX: Adaptive Planning and Execution(적응형 기획 및 시행)
JOPP: Joint Operations Planning Precess(합동작전기획과정)
CCJO: Capstone Concept for Joint Operations(합동작전기준개념)
JOC: Joint Operations Concept(합동작전개념)
JFC: Joint Funtional Concept(합동기능개념)
JIC: Joint Integration Concept(합동통합개념)
JROC: Joint Require Oversight Committee(합참소요검토위원회)
JCIDS: Joint Capabilities and Integration Development System(합동능력 및 통합개발체계)
CPA: Chairman's Program Assessment(합참의장 계획평가)
CPR: Chairman's Program Recommendation(합참의장 계획추천)
PPBES: Planning Programming and Budgeting Execution System(국방기획관리제도)

〈그림 18〉은 군사력 건설 및 운용에 관련된 주요 업무절차를 도식한 것이다. 위에 도식된 내용 이외에 다른 관련 문서가 많고 또 상호간의 관계도 서로 영향을 미치지만 이러한 모든 관계는 도식하지 않았다. 위 그림은 주요 업무관계만을 도식한 것으로서 합참 업무의 뼈대에 해당되며, 다른 문서와 관계들은 이를 참고하여 이해할 필요가 있다.

또 하나의 참고로 해야 할 사항은 위 도표는 한국군이 기준으로 삼고 있는 미군의 기획체계이다. 한국군은 미군의 기획체계를 모델로 하고 있으며, 대부분 이와 거의 일치된 산물들을 발간한다. 그러나 미군의 기획체계는 전 세계를 대상으로 하기 때문에 한국군이 이를 그대로 적용하는 것은 곤란하다. 예를 들어 미군의 국가군사전략(NMS)은 세계를 대상으로 하기 때문에 개괄적인 방침만을 기술한다. 보다 세부적인 내용은 합동전략능력기획서(JSCP)를 비롯한 세부 체계에서 기술된다. 즉 합동전략능력기획서에서는 각 전구별 임무 및 전력을 할당하고, 작전기획지침을 제시한다. 여기에서 비로소 각 전구별로 임무의 분할이 일어나는 것이다. 각 전구에서는 이 지침에 의거하여 전구전략서를 작성하고, 필요에 따라 일정한 작전지역에서는 보다 구체적인 작전계획을 작성한다. 한반도와 같은 지역에서의 전력운용은 미국의 국가군사전략(NMS)에 기술되는 것이 아니라 한반도 작전을 담당하고 있는 사령부 즉 연합사에서 작성하는 것이다. 이러한 상황에서 한국군의 합동군사전략(JMS: Joint Military Strategy)이 미군의 NMS와 같은 수준의 내용을 기술한다면 그것은 우리의 상황과 거리가 있는 내용이 되는 것이다. 우리는 우리의 작전지역에 관련된 구체성 있는 내용을 기술하여야 한다.

같은 의미로 미군 합동작전개념서는 NMS의 지침을 받아 작성하는 것으로 되어 있지만, NMS의 내용을 확대시키는 개념이 아니라 싸우는 방법을 창출하는 역할을 한다. 즉 미군의 현재 싸우는 방법과 군사적 상황, 기술의 발전 등을 종합하여 싸우는 방법을 구체적으로 창출하는 개념이 되는 것이다. 사실상 싸우는 방법에 관한 시발점이 되는 개념인 것이다. 왜냐하면 NMS의 내용은 세계를 대상으로 한 개괄적인 내용을 기술하기 때문에 싸우는 방법에 대한 지침의 내용을 포함하지 못한다. 싸우는 방법은 오히려 작전이나 전투에 가담하는 전구사령부 또는 작전지역 사령부, 전투 참가자들의 의견을 반영한다. 이후 각각의 상황에 대한 싸우는 방법은 하부 개념에서 발전된다.

합참의 모든 기획문서는 합동전략기획체계(JSPS)에서 출발한다. 합동전략기획체계는 크게 평가(Assessment), 의장의 건의(Advice), 지침(Direction)으로 구성된다. 평가는 전략상황 및 군사능력을 평가하는 단계이며, 건의는 위협평가, 군사전략, 그리고 우리의 JSOP(Joint Strategic Objective Plan, 합동전략목표기획서)에 해당하는 CPA와 CPR 등이 해당한다. 지침 단계는 NMS와 JSCP가 해당되며, 합참의장으로서 군사력 운용에 대한 지시를 하는 것이다. JSCP는 NMS의 임무를 수행하기 위해 미군의 군사력을 어떻게 사용할 것인지에 대한 전체적인 계획으로 볼 수 있다. 각 전구사령관과 작전지역의 지휘관은 JSCP에서 할당된 전력으로 부여된 임무를 수행한다.

이상이 합동전략기획체계에서 이루어지는 과정이고, 그 다음의 과정은 그것을 실행(Execution)하는 과정이다. 이 실행과정은 전략기획에서 작성된 기획문서를 보다 더 세부적으로 집행하는 성격의 과정이며, 실전에 적용하기 위해 보다 구체적인 내용으로 기술된다. 우선 군사력 운용에 관한 실행과정은 할당된 임무와 전투력을 사용과정으로서 APEX와 JOPP의 과정이 이에 해당된다. 평시에 각 전구사령부에서는 전구전략을, 작전지역에서는 작전계획을 작성하여 유사시에 대한 대비를 하고, 상황이 발생하면 이러한 계획을 검토하여 상부의 승인을 득한 이후에 군사력을 운용한다. 특정 지역에 대한 작전계획은 해당지역 지휘관에 의해 이루어지는 JOPP 절차에 의해 작성된다. 연합사령관과 같은 해당지역 지휘관은 자신의 참모로 이루어지는 사령부에서 JOPP 절차에 의해 작전계획을 작성함과 동시에 매 단계마다 APEX(또는 JOPES) 과정에 의해 합참 및 태평양사령부의 승인을 득한다. 승인된 사항에 대해 작전지휘관은 다음 단계를 발전시키며, 최종 작전계획을 확정한다. 일단 작전계획이 확정되면, 유사시 자신의 책임하에 군사력을 운용한다. 이것을 총 감독하고 의견을 반영하는 절차가 국방부에서 이루어지는 APEX(또는 JOPES) 절차다. 즉 작전계획을 작성할 때에는 작전지역의 JOPP와 국방부의 APEX가 동시에 상호교감이 이루어진다. 그래서 작성된 결과가 작계 또는 명령이 된다. 작계 5027도 이러한 절차에 의해 작성된 것이다. 이러한 과정이 군사력 운용에 대한 과정이 된다.

한편, 군사력 건설에 대한 실행(Execution)과정은 싸우는 방법에 대한 개발과 이를 달성하기 위한 군사력 건설의 과정이 되며, 그 출발이 합동작전개념의 개발이다. 합동작전개념은 미래에 군이 싸우는 방법 즉 새로운 개념을 연구하는 과정이며, 그 개념을 구현할 수 있는 새로운 무기체계의 획득을 요구하는 과정이다. 합동작전개념은 최상위 개념인 CCJO로부터 다양한 임무와 각 상황에 해당하는 작전개념을 작성하는데, 이러한 개념들을 작성하는 과정에서 군사전략서 및 전구, 작전지휘관의 조언을 구한다. 즉 미래의 합동작전개념을 창안하는 과정에서 다양한 기관의 조언을 참고로 하는 것이다. 이 외에도 전략상황의 변화, 기술적 변화 등을 고려하여 임무를 가장 효과적으로 구현할 수 있는 방안을 합동작전개념으로 채택한다.

이렇게 채택된 개념은 실험부대를 선정하여 다양한 실험을 거친다. 새로운 무기체계 또는 무기체계의 개념을 적용하여 새로운 개념으로 작전하였을 때 실전에서 적용할 수 있는지를 검토하는 것이다. 이러한 실험과정을 통하여 타당성이 입증되면, 획득을 위한 절차를 진행한다. 이 과정에는 JROC와 JCIDS의 과정이 있다. 소요검증의 과정을 거치고, 각종 체계와의 관련성을 검토한 이후에 합참의 소요로 확정되는 것이다. 물론 이러한 과정이 순차적으로만 이루어지는 과정은 아니며, 실험과정과 검토과정, 그리고 개념에 대한 피드백 과정이 동시에 이루어지면서 수정작업이 이루어진다. 즉 모든 체계가 상호 영향을 미치는 것이다.

최종 확정된 개념은 합참의장의 건의 즉 우리의 JSOP에 해당하는 CPA 및 CPR을 통해 국방부에 예산의 할당을 건의하고, 획득절차에 돌입하게 되는 것이다.

합동작전개념은 NMS의 지침을 받은 군사력 건설 개념의 출발점이 되지만 싸우는 방법의 창출이란 측면에서 새로운 창의적인 과정이다. 미국의 경우 군사전략은 세계적인 자원 배분의 지침 정도만을 기술하기 때문에 구체적인 전장에서 이루어지는 싸우는 방법에 대한 개념을 기술할 수 없다. 싸우는 방법의 창출은 자군의 능력과 발전가능성, 이러한 개념이 전장에서 통용될 수 있는 가능성 등을 기초로 작성되어야 하기 때문에 전적으로 작전지역에 관한 요소이며, 행정적인 분야와는 구별된다. 따라서 이 개념의 설계자들은 전장상황에 대한 지식과 적과 아군의 상호작용에 관한 상상력을 기초로 개념을 작성하여야 하며, 전장에서 실현 가능한 차원에서 개념을 설계하여야 한다. 따라서 이들은 작전이나 전투에 직접 참가하는 경험자들의 조언을 참고로 한다.

이와 같은 이유로 합동작전개념은 군사전략을 풀어 쓰거나 보다 더 세부적으로 기술하는 내용이 아니라 전적으로 싸우는 방법에 관련된 내용이어야 하며, 단위부대나 병사들을 훈련시키는 개념이 되어야 하며, 합동부대를 어떻게 조합할 것인가에 대한 기술이어야 한다. 군대는 이 개념에 의해 건설되고, 훈련되며, 전장에 투입되는 것이다. 부대가 작전에 투입될 때에 모든 지휘관은 이러한 개념에 의해 상호 합동작전이 이루어질 것이라는 공통된 개념을 공유하여야 한다.

3. 합동작전개념의 예

한국군은 수십 년 동안 싸우는 방법의 변화라고 할 수 있는 내용이 거의 없었다. 그것은 한국의 안보상황이 북한이라는 고정적인 위협이 항상 일정했기 때문이기도 했거니와 한국의 전략상황의 불변, 그리고 무기체계의 획기적인 발전을 초래할 만한 기술적 발전이 있지 못했기 때문이다. 이 때문에 한국군은 무기체계의 현대화가 지속되기는 하였지만, 그것이 싸우는 방법의 변화를 초래할 만큼의 큰 변화가 아니었다. 한국군은 과거나 지금이나 유사한 방법의 싸우는 개념에 익숙해 있다고 볼 수 있다. 그 결과 한국군은 싸우는 방법의 개념, 그리고 그 변화에 대한 인식이 부족하다고 할 수 있으며, 과거의 개념을 탈피하여 새로운 것을 창출하려는 인식이 생기기 어려운 실정이라고 할 수 있다. 우리의 합동작전개념이 무엇인지 명확하게 설명하지 못하는 경우가 허다하며, 싸우는 방법의 변화가 무엇을 의미하는지 특정하기가 어려울 수 있다. 따라서 여기서는 서방 군대들이 적용하여 온 싸우는 방법의 변화가 어떤 것인지를 살펴보기로 한다.

공지작전(Air Land Battle)

공지작전 개념은 역사적으로 매우 성공적인 합동작전개념이었다.

공지작전은 1982년에 미군의 작전개념이 되었으며, 냉전 기간 동안에 서방세계의 일반적인 싸우는 방법이 되었다. 또한 억제전략의 근간이 되었고, 나아가 봉쇄전략의 밑거름이 되었다. 서유럽에서 소련과 공산권의 공세를 저지하기 위해 탄생한 개념은 유럽에서는 실전에 사용되지 않았지만, 1991년 사막의 폭풍작전에서 이라크군을 격파하는 데에 기초가 되었다. 공지작전은 공군과 지상군이 중유럽에서 소련식 공격을 어떻게 저지하며 파괴할 수 있는지에 대한 기본적인 기동에 대한 청사진을 제시하였다.

이 개념은 핵 및 화생무기를 보유한 수적으로 우세한 적과의 전쟁에서 큰 손실을 피하고 적을 격파하기 위한 개념을 제시한 것이었다. 그 해답은 한마디로 질적 우세를 유지하는 것이었다. 적보다 우수한 무기체계로 무장한 사기 높은 군대로 적보다 효과적으로 타격·기동·통신하는 것이었다. 고도의 기동성을 보유하여 고속기동전을 수행하고, 적 1제대 후방의 적을 타격하는 능력이 필수적이었다. 기갑 및 기계화부대로 하여금 적 제1제대의 공격을 저지하거나 일정지역으로 몰아넣음과 동시에 헬기나 고정익 항공기를 이용하여 적을 측면을 타격하고 적 제2, 3제대의 지휘통제 시스템을 타격하는 데 초점을 둔다.

따라서 이 작전개념의 중요한 요소는 근접작전 및 적 종심지역에 대한 동시타격 능력이다. 소련군의 공격 방식에 대한 정확한 이해를 바탕으로 전 종심에 걸쳐 모든 제대가 정확히 작전을 감행하여야 하는 것이다. 만일 바르샤바조약군이 예상대로 작전을 전개하지 않는다면 공지작전은 엉망이 되어버리고 예상된 결과를 유발할 수 없었을 것이다.

공지작전은 미군의 교리에 지대한 영향을 미쳤다. 이 개념으로 인해 작전적 수준에 대한 강조가 이루어지기 시작하였으며, 클라우제비츠의 '중심'의 개념이나 적 중심에 우세한 전투력을 집중하여야 한다는 개념을 약화시키게 하였다. 또한 이 개념은 이른바 Big Five라고 불리는 M1 에이브람 탱크, 브래들리 장갑차, 피트리어트 대공 미사일, 아파치 헬리콥터, 블랙호크 헬기와 같은 신형 육군 무기체계의 등장이 가능하도록 하였다. 이러한 무기체계들은 같은 수준의 동구권의 무기체계보다 수적으로 열세였지만 질적으로 우수하였다.

공지작전은 유럽에서 환영받지 못하던 능동방어(Active Defense) 개념을 대체하였다. 능동방어는 소련군의 전진하면, 그들이 전개할 수 있도록 철수하고, 결정적 전투를 수행하기 위해 다시 철수한다는 개념으로 유럽인들에게 매우 회의적인 개념이었다. 이 개념은 유리한 조건에서의 전투를 위해 약간의 공간을 양보한다는 개념이며, 승리보다는 패배하지 않기 위한 개념으로 시간을 벌어 정치적 협상을 추구하는 개념으로 인식되었다.

공지작전에서 미 육군과 공군의 합동작전은 매우 중요하다. 반면 미 해군은 별로 개입되지 않았다. 해군은 1986년의 해양전략에 명시되어 있는 작전 즉 SLOC의 보호, 대서양과 지중해의 보급로 유지, 요청시 서부 및 중부 유럽에 대한 공군력 지원, 소련 본토에 대한 타격을 위해 항모와 잠수함 부대의 유지 등의 임무를 수행하면 되었다. 해군은 그들의 전통적인 임무를 수행함으로써 자신들의 영역을 보존할 수 있었고, 봉쇄정책의 주요한 지원수단으로의 역할을 하고 있었기 때문에 공지작전에 제동을 걸 이유가 없었다.

한편, 미군이 공지작전을 채택함으로써 적들은 이 작전의 단점을 이용하기 시작하였다. 즉 비정규전적인 요소를 채택하여 미군을 공격하였는데, 미군은 이러한 작전에 대응하기 위해 MOOTW(Military operations other than war)의 형태로 대응하였다. 이러한 작전들은 공지작전의 파생적 형태로 전개되었으며, 부분적인 실패를 경험하기도 하였다.

효과중심작전(Effects-Based Operations)

공지작전과 달리 효과중심작전은 군 간 균형을 무너뜨리고 경쟁과 마찰을 초래할 수 있는 개념이었다. 특히 육군과 해병대의 반발이 큰 개념이었다. 효과중심작전은 전술적, 작전적, 전략적 목표에 대한 복합적이고 시너지를 유발할 수 있는 공격을 통해 전략적인 결과 또는 효과를 유발한다는 개념인데, 군사적 의미의 실질적인 타격보다는 정치가들이 요망하는 효과를 추구한다는 면이 없지 않았다.

효과중심작전은 미군의 변환(Transformation)의 일환으로 추진된 개념으로 네트워크 중심작전 작전에 의해 개발된 개념이다. EBO는 실제 전장에 기준을 두기보다는 정보기술에 기반을 두고 전쟁을 보다 저비용으로 정확하고 효율적으로 수행할 수 있다는 개념을 추구한다.

효과중심작전은 1999년 코소보 작전과 아프가니스탄 및 이라크에서의 초기작전에서 시도되었으나 요망하는 효과를 거두지 못하였다. 사회간접자본과 통신시설에 대한 타격이 이루어졌으나, 요망하는 효과는 미미하였던 것이다. 효과중심작전 결과의 불확실성 때문에 2008년 미 합동군 사령관 James Mattis 해병 장군은 이 개념의 폐기를 선언하였다. 그렇지만 NATO를 비롯한 여러 동맹국들은 미군의 예를 따라 이 개념을 자군의 교리로 선정하기도 하였다. 한국도 한때 이 개념을 추종하여 담당 부서를 신설하고, 관련 문서를 발간하기도 하였으니 한국의 현주소를 알 만한 행보였다. 미국과 같이 장거리 정찰, 표적획득, 타격 능력을 보유한 군도 효과를 발휘하지 못하고 폐기했는데, 그러한 능력이 없는 한국군이 이 개념을 추진한 것이다.

이론적으로 EBO는 DIME(Diplomatic, Informational, Military and Economic) 요소의 각 분야에 영향을 미쳐야 하겠지만 실제로는 군사작전의 영역에만 영향을 미칠 뿐이었다. 그리고 이 분야는 전통적으로 군에서 이미 추구해 오던 영역이었기 때문에 다를 것이 없었다. 정부의 다른 분야에서는 효과중심작전을 적용하거나 이용하기에 한계가 있었다. 또한 효과중심작전 개념도 공지작전과 마찬가지로 다양한 종류의 분쟁에 적절히 대응할 수 없었다. 군대의 물리적 지배 즉 현장에 군대가 존재하여야만 해결할 수 있는 문제들에 대한 해답을 제공하지 못한 것이었다.

공해작전(Air-Sea Battle)

과학기술의 진보와 확산으로 인해 중국뿐만 아니라 미국과 동맹국에 대항할 수 있는 많은 국가들이 크루즈 미사일, 탄도탄 미사일, 공대

공 미사일, 현대식 잠수함, 전투기, 기뢰 등을 보유하고, 원거리 타격 능력과 정확도를 향상시켰다. 그뿐만 아니라 우주 및 사이버 공간에서의 공격으로 인해 미국과 동맹국의 이익이 침해당할 수 있으며, 이를 해결하기 위한 미군의 접근을 방해할 수 있게 되었다. 즉 미군의 작전지역 접근 자체가 어려워질 수 있으며, 해당 작전지역에 군을 투입하여 작전하는 것이 거부될 수도 있는 안보상황으로 발전하게 된 것이다(A2/AD: Anti-Access/Area-Denial).

이와 같은 상황은 미군의 억제력에 대한 신뢰성을 약화시키고 불안정을 초래할 수 있으며, 동맹관계의 약화뿐만 아니라 외교 및 경제적 관계에도 악 영향을 미칠 수 있게 되었다. 특히 중국의 이러한 능력 강화는 미군 군사력 투사 능력에 부정적인 영향을 초래할 수 있을 것으로 예상되었고, 이 경우 미국은 지난 60여 년 동안 전략적 이익의 중심이 되어왔던 지역으로부터 차단될 위험이 예상되었다.

이러한 상황에서 미래의 미군에 대한 공격은 사전 경고 없이 개시될 수 있거나 지극히 짧은 시간의 경고시간만 주어질 가능성이 커 미군이 적절히 반응하지 못할 가능성도 있게 되었다. 또한 해외에 배치되어 있는 미군은 이미 이들 공격의 사정거리 내에 위치하고 있기 때문에 언제라도 즉각 공격받을 가능성이 커지게 되었다. 또한 미 본토와 동맹국의 영토에 대한 공격도 가능하게 되었으며, 모든 영역이 공격 대상이 될 수 있게 되었다.

이러한 상황에 대응하기 위해 미군은 합동작전개념으로 합동작전접근개념(JOAC: Joint Operational Access Concept)을 발전시키게 되었다. 이 개념의 핵심적인 내용은 모든 영역 간 통합성 달성으로 시너지 효과를 창출한다는 것이다(Cross domain synergy). 여기서 모든 영역이라 함은 지상, 해상, 공중, 해병, 우주, 사이버 등을 말하는 것으로 각 영역 또는 군의 실체를 유지한 합동성의 추구가 아니라 최 말단 부분에서도 모든 영역의 합동성이 가능하게 하여 시너지 효과를 창출하는 것이다. 각 군의 합동성이 아니라 최초부터 합동성을 보유한 군을 양성함으로써 적을 보다 더 효율적으로 격퇴하고 보다 더 향상된 행동의 자유를 보장하는 것이다. 각 영역의 조합은 적의 능력과 상황에 따라 다르며 일정 부분에서 우위를 점하다가 상황의 변화에 따라 영역의 또 다른 조합이 이루어질 수 있다. 이와 같은 매우 기민한 영역간의 조합을 통하여 상황에 대한 가장 효율적인 합동성을 추구하여, 적을 보다 더 효율적으로 격퇴할 수 있도록 하는 것이다. 이러한 효과를 발생하기 위해서 미군은 과거보다 더 통합되어야 하며, 보다 더 하부제대에까지 합동성이 추구되어야 한다. 그 결과 미군의 기민성이 향상되는 것이다.

이러한 군을 양성한다면 다음과 같은 형태의 작전이 가능하게 될 것이다.

- 임무에 최적화된 작전을 수행하면서 동시에 차후 작전의 준비가 가능
- 접근(access)을 개시하기 전에 작전지역에서의 준비가 가능
- 기지 선택의 다양화
- 독립적, 복수의 작전선 선택으로 주도권 확보
- 하나 또는 일부 영역(domain)에서의 우세를 다른 영역으로 이용

가능

- 아군을 보호하면서 동시에 적의 감시정찰 능력 교란 가능
- 일정 영역에서의 우위를 확대하여 적 방어 시스템에 침투 및 임무 수행 가능
- 전략적 원거리 지역에서 작전적 목표로 직접 기동
- 근접작전으로 밀어내는 것이 아니라 적 종심지역 A2AD 표적 직접 타격 가능
- 기만, 은밀, 모호성으로 기습 효과 극대화
- 우주/사이버 공격과 동시에 우주/사이버 자산의 방어 가능

공해작전(ASB: Air-Sea Battle)은 JOAC의 개념에 입각한 합동작전개념이다. 2010년부터 발전되기 시작한 ASB의 핵심 개념은 NIA/D3(Networked, integrated forces capable of attack-in-depth to disrupt, destroy and defeat)이며, 명시하지는 않았지만 중국과 이라크가 주요 대상이다. 이 개념은 네트워크를 이용하여 군을 한층 더 통합하여 적을 교란, 파괴, 패배 시킨다는 것이다. 이를 위하여 능력, 장비, 플랫폼, 부대 등 모든 분야에서의 합동성을 달성하여 다양한 형태의 작전이 가능하도록 하는 것이다. 이러한 통합에서 기존의 군별, 기능별 능력별 구별은 더 이상 의미가 없게 될 것이다. 보다 더 향상된 네트워크로 영역별 구분이 없는 합동성의 추구가 가능해질 것이다. 이렇게 건설된 군은 과거와 같이 지휘관에 의해 통합되는 것이 아니라 건설과정에서부터 합동성이 이루어지도록 건설되

어 자연적으로 통합이 이루어지게 된다.

종심공격(Attack-in-depth)의 개념은 미군을 공격하기 위한 적의 탐지, 고착, 추적, 표적식별, 교전, 평가 등의 과정에 대해 공격함과 동시에 공격과 방어를 동시에 수행하는 개념이다. 모든 영역에 걸친 적의 시간, 공간, 자원에 대해서 타격, 기동 지휘통제가 이루어진다. 적을 모두 타격하는 것이 아니라 모든 영역에서의 우수성과 시너지 효과를 바탕으로 핵심적인 곳을 식별하고 적보다 먼저 타격함으로써 효율적인 작전을 수행하는 것이 핵심이다. 교란(disrupt)은 적의 지휘통제시설, 컴퓨터, 정보, 감시정찰에 대해 수행하며, 적의 A2AD 플랫폼 및 무기체계는 파괴(destroy)하고, 적 무기와 부대는 격퇴(defeat)한다. 종심공격을 통해 전쟁의 양상은 변화할 수 있다. 전략적 거리에서의 공격으로 작전지역까지 부대를 집결, 진입, 기동해야 할 필요성이 감소될 수 있다. 해외 기지도 불필요해질 수도 있다. 필요한 곳에 필요한 전력으로 외과 수술식 공격을 감행할 수 있다.

ASB 개념은 새로운 무기와 능력으로 새로운 군을 건설하는 것이 아니라 기존의 능력을 더 통합시키는 개념으로 군의 건설을 요구한다. 네트워크를 이용하여 통합성을 증가시킴으로써 보다 효율적인 군을 만드는 것이다. 다만 이러한 군을 건설하기 위해서 각 군 내부 또는 상호간 조직, 개념, 물자의 변화와 혁신이 요구된다. 이렇게 건설된 군은 전장에 투입되기 전 이미 통합된 군(pre-integrated joint force)이 될 것이며, 합동성의 발휘가 습관화 또는 일상화된 군이 될 것이다.

한편, ASB 개념은 그 속성상 육군과 해병대에 대한 강조를 약화시킬 가능성이 있다. 전략적 거리에서부터 전력의 활용과 네트워크를 이용한 원거리 타격은 육군과 해병대의 해당 지역 주둔 및 작전투입에 대한 의미를 약화시킬 수 있다. 경제적 압박과 미국 이외 지역에서의 전쟁 개입을 꺼려하는 상황에서 이러한 개념의 추구는 자연히 미 육군의 유지, 해외주둔, 전력투사 능력의 제한 또는 축소를 요구할 수 있을 것이다. ASB 개념이 주로 태평양에서 중국 세력의 태평양으로의 확대를 저지하고, 미군의 활동성을 제한하는 것에 대한 반작용임을 고려할 때 JOAC이나 ASB개념은 해군과 공군력, 우주자산이 주 전력으로 활용될 가능성이 크다.

이러한 우려의 목소리가 커지자 미군은 2015년에 ASB의 개념을 포기하고 대신에 국제공역에서의 접근과 기동을 위한 합동개념(JAM-GC: Joint Concept for Access and Maneuver in the Global Commons)이라는 개념을 채택하였다. 이 개념은 ASB와 유사하게 A2AC에 대한 임무를 수행하는 것이나 다만 미 지상군의 포함을 확대하려는 개념이다.

대 반란전(Counterinsurgency)

대 반란전은 미 육군과 해병대가 발전시켰고, 최근에 미군에 의해 채택되었다. 이 개념은 미래의 싸우는 방법이라기보다는 이미 진행되고 있는 개념이다. 이라크와 아프가니스탄에서의 전쟁을 통해 미군은 이미 이러한 상황에 직면하였고, 상황에 따라 이러한 개념의 전쟁을 수행할 수밖에 없었다. 미군뿐만 아니라 다국적군도 이러한 기술을 사용하여야 하였다.

대 반란전에 대한 개념은 이미 전장에서 사용되었지만, 개념으로 정착된 것은 최근의 일이다. 개념의 발전은 2004~2005년경에 발전되기 시작하였으며, 최근에서야 교리로서 발전되기 시작하였다. 개념으로의 채택이 늦은 이유는 첫째, 이러한 전쟁 양상이 새로운 것이 아니라는 점이고, 둘째, 미군이 기술에 입각한 변환(transformation)에 초점을 맞추었기 때문이다. 대 반란전의 기술은 전장에서 이미 적용되기 시작하였는데, 싸우는 방법에 대한 교육을 받지 못한 군인들은 현장에서 시행착오를 거쳐 기술을 개발하여야만 하였다. 이들의 경험을 바탕으로 최근에 대 반란전에 대한 교리가 발전함에 따라 미군은 이러한 양상의 전쟁에서 싸우는 방법에 대한 공감대를 형성할 수 있게 되었다. 특히 미군은 앞으로도 지속적으로 반란전 양상에서의 전쟁 수행이 예상되기 때문에 대 반란전의 싸우는 방법은 계속 발전될 것으로 예상된다.

4. 합동작전개념의 개발 과정

합동작전개념을 작성하게 되는 출발점은 문제점의 발생이다. 다양한 상황에 의해 새로운 문제점이 발생하였을 때 이를 해결하기 위한 방안으로 창조적인 새로운 싸우는 방법을 제시하는 것이다. 예를 들어 중국의 A2AD 능력 강화로 인해 미군의 자유로운 군사행동이 방해받고 미국과 동맹국 이익의 수호에 문제점 발생이 예상될 경우 이를 해결하기 위한 새로운 개념의 발전이 필요하게 되는 것이다. 이러한 문제점은 미국의 국익 실현에 대한 도전이며, 이 도전에 대응하기 위해 술(術)과 과학의 모든 면을 동원하여 미래의 싸우는 방안을 창안하고 새로운 개념으로 군을 운용하고 건설하게 된다.

합동작전개념은 기본적으로 3년 주기로 작성되나 중요한 요인이 발생하였을 경우에는 기본적인 주기가 변화될 수 있다. 이러한 변화에는 국방기획 시나리오의 변경이나 군사력 건설 기본계획, QDR 등 관련 계획의 변화를 포함한다. CCJO는 QDR, DPSs(Defense Planning Scenarios)를 참고하여 매 3년마다 발간되며 작전환경, 전략지침, 실험 결과 등의 결과를 반영하여 기술된다. CCJO가 발간되면, 이어서 JOC의 작업이 이루어진다. JOC는 CCJO의 변화된 내용을 비롯하여 작전환경, 전략지침, 전쟁에서의 교훈, 실험결과 등을 반영하여 기술된다. 합동작전개념에서 제시된 요구능력은 매년 발간되는 변환 로드맵(Joint and Service Transformation Roadmaps)에 명시된다. 합동작전개념에서 제시된 능력과 개념은 2년 주기로 실시하는 합동실험에 의해 검증되며, 제시된 능력은 JCIDS(Joint Capabilities Integration and Development System)를 통해 소요결정으로 최종 선택된다. JCIDS에서는 개발기간, 중복, DOPMLPF에 미치는 영향 등을 고려하여 소요로 최종 결정한다.

합동작전개념과 작전개념(CONOPS: Concepts of Operation)과의 관계 이해는 매우 중요하다. 두 개념은 군사전략에서 출발하지만 그 기능이 다르기 때문이다. CONOPS는 전역 혹은 작전계획으로 구체화되는 작전개념을 의미한다. 따라서 이 개념은 실전이 이루어지는 작전지역에서 지휘관이 부대를 운용하는 지휘관의 의도인 것이다. 이 개념에 의해 군사작전이 이루어지고 작전이 동시 또는 연속적인 형태로 계획된다. 이 개념에 의해 부대가 실제로 행동하는 것이다. CONOPS는 예하부대 및 지원부대에게 임무를 할당하고 기동과 전투의 형태를 제시함으로써 그들을 실제로 움직이게 하는 청사진의 역할을 한다.

합동작전개념의 발전을 위해 CONOPS는 작전지역에서 지휘관이 군을 어떻게 운용하는가에 대한 모습을 제시하게 된다. 군사작전에 대한 이해와 달성하여야 하는 과업, 그리고 군이 움직이는 모습을 제시함으로써 미래 합동작전개념의 작성에 참고가 되도록 하는 것이다.

따라서 합동작전개념은 현재 군의 임무와 과업, 군의 작전형태 등을 참고하여 이를 보다 더 효과적으로 달성할 수 있는 개념을 제시하는 것이다. 즉 미래의 작전개념을 작성하기 위해 현재 수행하고 있는 개념을 참고하는 것이다.

여기서 합동작전개념과 CONOPS는 모두 작전개념으로 번역되기 때문에 혼란을 야기한다. 합동작전개념은 미래(8~20년)의 싸우는 방법을 제시하는 개념이고, CONOPS는 현재로부터 향후 7년까지 부대가 움직여지는 개념이다.[66] 합동작전개념은 일반적인 싸우는 방법으로 예하부대를 운용하는 개념은 없으나, CONOPS는 작전지역에서 예하 및 지원부대에게 작전을 지시하는 개념이다. 즉 지휘관의 작전계획, 작전 결과의 반영, 훈련, 합동교리, 우발계획 등 현재의 능력을 바탕으로 작성되는 계획을 말한다. 이 기간 동안에는 현재의 계획과 교리에 바탕을 두고 작전계획과 군사력 건설이 이루어진다. 미래에 적용될 수 있는 새로운 개념을 실험할 수 있으나, 이는 현재에 적용되는 개념이 아니기 때문에 미래의 패러다임에 바탕을 두어서는 안된다. 새로운 개념이 적용되기 전까지는 현재의 교리에 의해 작전계획이 수립되고 제반 활동이 진행된다. 현재의 개념에 기반을 두는 기간은 향후 7년까지이다. 미래에 싸우는 방법이 변화된다면, 즉 새로운 합동작전개념이 채택된다면 이에 의해 훈련된 군을 가지고 새로운

66 Joint Operations Concepts Development Precess(JOpsC-DP), Chairman of the Joint Chiefs of Staff Instruction CJCSI 3010.02B, 2006. 1. 27., p. A-5.

CONOPS를 사용하여 전장에서 운용하는 것이다. 따라서 이 두 개념을 같은 맥락에서 놓고 논의하면 큰 혼란이 발생하게 된다. 두 개념은 분명하게 구분되어야 한다.

소요를 결정하는 JCIDS의 과정에서 CONOPS는 소요결정을 위한 기준이 된다. JCIDS는 미래에 필요한 소요를 결정하는 과정에서 현재의 작전적 맥락에서 이를 검토하여야 하는데, 이때 CONOPS가 기준이 되는 것이다.

한편, 합동작전개념의 개발 과정에서는 특정한 임무 수행을 위해 필요한 기능을 Top-down 식으로 종합 검토한다. 즉 합동능력영역(JCA: Joint Capability Area)이라는 개념에 의해 검토된다. 이 개념은 군별, 기능별 중복투자를 막기 위해 각 기능과 군이 보유한 기능을 합동적으로 검토하는 개념이다. 즉 어떤 임무를 수행하기 위해 요구되는 기능을 식별하고, 그 기능을 제공할 수 있는 기관과 군의 능력을 종합적으로 검토하는 것이다. 이러한 과정을 통해 각 군이 독자적으로 고려함으로써 일어날 수 있는 중복성을 제거함과 동시에 가장 효과적으로 투입할 수 있는 능력의 조합을 만드는 것이다. 즉 군이 보유하고 있는 기능별 능력의 최상의 조합을 제시함으로써 미래 합동작전개념의 설정에 참고가 되도록 하는 것이다.

JSA는 2단계로 나뉘는데, 1단계는 필요한 유사한 능력을 집합한 개념이고, 2단계는 1단계의 영역 내에서 필요한 기능적·작전적 능력을 세부적으로 기술한 내용이다. 즉 1단계는 전장인식, 지휘통제, 네트워크, 방호, 군수지원 등 21개의 영역으로 나누고, 2단계에서는 1단계의 각 영역에 필요한 세부적인 능력을 구분한다. 즉 전장인식 영역에서는 적 위치의 식별 및 추적 능력, 추격과 분석 능력, 지식관리 등 영역을 식별하고, 지휘통제 영역에서는 의사결정, 상황인식, 방책과 계획 개발 능력 등이 속한다. 이렇게 능력 영역을 구분함으로써 중복성을 제거하고, 현재 능력을 최대한 활용할 수 있으며, 주기적인 검토나 개선을 위한 근거를 마련할 수 있다.

〈표 17〉 합동능력영역(JCA: Joint Capability Area)

1단계(Tier 1)	2단계(Tier 2)
합동전장인식	정보수집 및 추적(적·아·중립), 분석 및 이용, M&S 및 예측, 지식관리
합동지휘통제	리더십, 의사결정, 상황이해, 방책/계획발전, 명령전파, 협조, 연락
합동네트워크 작전	장비수송, 체계운용, 정보보호, 지식공유, 적용
합동관련기관조정	상호협조, 정보관리, 비정부/사설기관통합
합동민사작전	민사, 국내외 민사정보, 민사외교, 언론홍보, 내부정보, 정보오류 즉각 수정, 역정보
합동정보작전	작전보안, 네트워크작전, 심리전 기만, 전자전
합동방호	개인 및 물자방호, 대테러, 비전투원철수, 개인회복, 재배치인원관리, 포로관리, 대량살상무기방호
합동군수	신속전개/분배, 능동적지원, 작전공병, 다국적군수지원, 개인건강, 군수정보, 전역군수관리
합동전력생성	조직, 훈련, 장비, 교육, 충원, 관리, 시설관리
합동전력관리	세계배치 및 활용, 지휘관계, 세계전력관리, 적응형 계획, 임무예행연습
합동본토방어	기지, 신속대응, 인프라구축, 작전지속, 접근, 중요시설보호, 인원보호, 공중/미사일방어
합동전략적억제	해외주둔, 전력투사, 글로벌타격
합동여건조성 & 치안유지협조	비확산, 치안유지지원, 유인
합동안정화작전	평화작전, 안전, 인도적지원, 민사, 재건, 권력이양
합동민간지원	민간권력지원, 질서유지, 결과관리, 마약퇴치
합동비정규작전	비정규작전, 대테러, WMD 확산방지, 특수정찰
합동접근 & 접근거부작전	접근작전, 강제진입, LOC보호, 항해, 기지, 해상기지, 봉쇄작전

합동지상통제작전	공격, 방어, 후퇴, 기동성, 인원/자원/지역통제
합동해상/연안통제작전	해상/수중작전, 해양차단작전
합동공중통제작전	공격/방어 제공, 공중/미사일방어, 차단작전, 공역통제
합동우주통제작전	공격적/방어적 우주작전

한편, 싸우는 방법에 대한 보다 구체적인 방법 즉 행동지침이나 교리에 해당하는 Air-Land Battle이나 Air-Sea Battle과 같은 구체적인 방안은 CCJO의 지침을 받아 이를 발전시키는 과정에서 탄생한다. CCJO를 통해 미래에 미군이 어떻게 작전해야 하는가에 대한 총괄적인 내용을 제시하는데, CCJO는 개괄적인 싸우는 방법이기 때문에 이 방법에 대한 구체적인 방안은 별도의 연구를 통해 이루어진다. 예를 들어 JOAC는 A2AD에 대한 대응개념이 되고 이를 구체적으로 실현하기 위한 개념으로서 ASB, JAM-GC와 같은 개념들이 만들어지는 것이다.

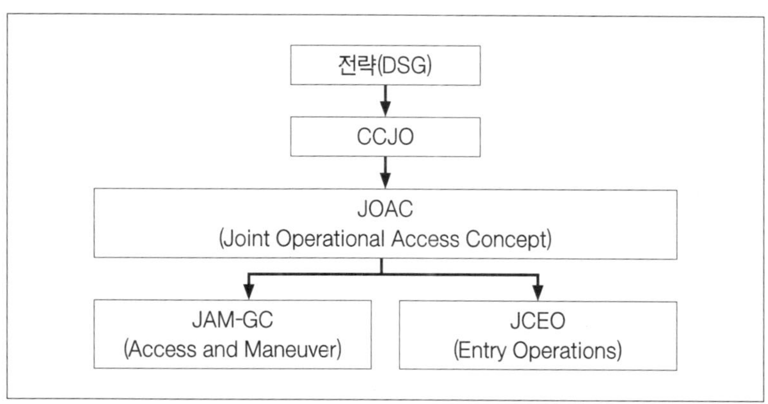

〈그림 19〉 CCJO와 합동작전개념 연구

5. 합동작전개념의 대상기간과 현존 전력

합동작전개념이 FYDP(Future Years Defense Program, 미래 국방계획) 이후 미래의 싸우는 방법을 제시하고, 이를 위한 군사력 건설 방향을 제시하기 때문에 대상으로 하는 전력은 미래의 전력이라고 일반적으로 인식된다. 그러나 미래의 범위가 막연하며, 가까운 미래인지 먼 미래인지에 대한 구분도 쉽지 않다. 이러한 모호성 때문에 '미래'라는 단어에 대한 인식이 사람마다 다를 수 있으며, 의도적으로 뚜렷이 구분하지 않은 경우도 있다.

예를 들어 미래에 전력화 예정인 무기체계를 개발한다고 할 때, 막연한 미래는 전력화 시기를 확정하지 않는 방편이 될 수 있다. '어느 시점에 어떤 전력을 확보한다'가 아니라 '미래에 어떤 전력을 사용할 수 있도록 개발한다'는 식으로 제시할 수 있다. 현재의 능력을 기준으로 언제까지 개발될 수 있다는 가능성을 제시하는 것이 아니라, 지속적으로 연구하여 개발을 목표로 한다는 형식으로 막연하게 제시하기도 한다. 전자도 미래에 대한 설명이요, 후자도 미래에 대한 설명이라고 할 수 있다. 미래 합동작전개념이 아직 개발되어 있지 않는 무기체계를 중심으로 형성된다면, 이러한 합동작전개념은 무의미한 것이 된다. 그저 막연한 미래에 달성되면 좋은 희망사항일 뿐이다. 합동작전개념이 변화되면 전력의 조직을 변화시키고, 새로운 방법으로 훈련하여야 하는데 그런 것이 불가능하다.

미군의 국방정책편람(United States Defense Policy Handbook) 다음과 같이 미래에 관한 설명을 하고 있다. 가까운 미래(Near-term)는 현재로부터 약 2~3년 이후의 미래를 말한다. 이 기간 동안에는 현재의 작전계획, 교리, 훈련이 적용되는 기간이다. 상황의 변화에 따라 수정될 수 있으나 근본적인 싸우는 방법은 기존의 방법을 그대로 적용된다. 현재의 계획이 입각하여 중기 계획을 작성하고, 필요한 전력을 증강한다. 중기(Mid-term)는 현재의 계획을 벗어난 시점으로 미래국방계획(FYDP: Future Years Defense Program) 이후의 시기를 포함한다. FYDP는 국방기획관리제도(PPBE: Planning, Programming, Budgeting and Execution)에 의해 국방부의 예산이 반영되는 기간을 말하는데, 이미 예산이 확정된 향후 2년의 프로그램과 그 이후의 4년을 포함한 기간을 합한 6년간의 기간을 말한다.[67] 먼 미래(Far-term) 즉 장기는 15년에서 20년 정도의 기간을 말하는데, 이 기간에 대한 개념은 비전(Vision)으로 표현된다. 비전은 미래에 희망하는 작전개념과 필요한 능력을 말한다.[68] 미군은 Joint Vision이라는 용어를 사용하여 군사력 건설 방향을 제시하였으며, Joint Vision 2010,

67 http://www.acqnotes.com/acqnote/acquisitions/future-year-defense-program-fydp (검색일 2017. 1. 2.)

68 US DOD, *United States Defense Policy Handbook* (Washington D.C.: Department of Defense, 2008), pp. 311-312.

Joint Vision 2020 등의 문서를 발간하였다.

합동작전개념은 새로운 문제점이 발생함에 따라 현재의 개념을 발전시키는 것이 아니라 미래에 적용할 수 있는 새로운 개념을 창안하는 것이다. 여기서 미래라 함은 현재로부터 8~20년 기간을 말한다. 즉 미래국방계획(FYDP: Future Years Defense Program) 이후의 기간을 말한다. 따라서 8~20년의 기간이라는 의미는 현재 중기계획에 포함되지 않는 그 이후의 기간을 말하는 것이다. 합동작전개념은 현재 중기계획에 포함되지 않는 그 이후의 기간에 대한 싸우는 개념과 군사력 건설 요구가 되는 것이다. 즉 새로운 개념을 창안하여 새로운 무기체계의 건설이 필요할 경우 반영하겠다는 기간이다. 합동작전개념에서 대상으로 하는 기간은 향후 8~20년까지의 기간이므로 중기와 장기를 포함한다. 즉 현재의 싸우는 방법과 CONOPS가 대상으로 하는 기간 이후의 모든 미래를 대상으로 한다. 이러한 대상 기간의 장기성 때문에 미래에 대한 혼란이 발생하며, 먼 미래라는 기간을 예시하여도 잘못이라 할 수 없다. 미래에 개발될 수 있다고 주장하는 전력을 상정하고 미래의 작전개념을 제시하여도 인정될 수 있다.

이렇게 개발된 새로운 개념은 무기체계의 건설과 DOTMLPF의 변화 등을 거쳐 향후 약 20년간 지속될 수 있는 개념이 된다. 다시 말해서 현재의 문제점을 시정하기 위해 앞으로 약 20년까지 적용할 수 있는 개념을 말하는 것이다. 이 기간 동안에 개념의 정비, 무기체계의 개발, 전력화, 기타 전투발전요소의 변화 등을 통해 군사력을 운용하겠다는 것이다. 따라서 이 개념은 비전과 같은 성격의 내용은 아닌 것이다. 현재의 싸우는 방법을 대체할 수 있는 개념이기 때문에 채택과 동시에 현재의 개념을 대체하여 전장에서 활용되어야 하는 매우 현실적인 개념이 되어야 한다. 구현 가능성, 전력화 가능성을 고려하지 않은 희망 사항의 제시가 아니라 경제력과 기술력, 인적 및 조직적 능력으로 구현할 수 있는 개념이 되어야 한다.

그러면 장기까지를 포함한 기간에 개발하는 전력과 현재의 전력과는 어떠한 관련이 있는가? 2012년에 발간된 CCJO는 '세계적 통합작전(Globally Integrated Operations)'을 미래 합동작전개념으로 제시하지만, 이러한 개념을 달성하기 위한 전력의 약 80%가 현존 전력이라 하고 있다.[69] CCJO는 합동작전개념을 구현하기 위해서는 두 가지 방법을 제시하는데, 그중 하나는 나머지 20%의 전력을 변화시키는 것이고, 다른 하나는 기존 전력의 사용 방법을 변화시키는 것이다. 즉 기존 전력을 현재와 같이 운용하지 않고 새로운 개념에 따라 다르게 운용한다는 것이다. 새로운 전력의 건설도 중요하지만 훈련, 리더십, 교육, 인사관리 등을 통해 현재 전력을 개선함으로써 새로운 합동작전개념을 구현한다는 것이다.

이러한 내용으로 볼 때, 비전의 기간을 포함한 합동작전개념이라 할지라도 현존 전력의 비중이 여전히 크다는 것을 알 수 있다. 오늘날 존재하지 않는 새로운 전력을 구상함으로써 이 새로운 전력을 중심으로 합동작전개념을 작성하는 것이 아니라 기존 전력을 기반으로 하면서

---

69 US JCS, *Capstone Concept for Joint Operations: Joint Force 2020* (Washington D.C.: Joint Chiefs of Staff, 2012), p. iii.

새로운 능력들을 추가한다는 것이다. 새로운 합동작전개념은 현재 발휘할 수 있는 전력들을 보다 더 효과적으로 이용한다는 것이다. 앞선 CCJO에 나타나는 요구되는 능력들은 바로 이와 같은 점을 나타내고 있다. 기존 전력을 운용한 결과 이를 효과적으로 운용하기 위해 요구되는 능력, 현재 상업적으로 존재하기 때문에 적용 가능한 능력, 작전환경의 변화에 의해 갖추어야 할 능력, 새로운 개념을 적용하기 위해 변화되어야 할 능력 등을 기술하고 있다.[70] 상상 속에 있는 새로운 무기체계를 제시하는 것이 아니다.

기존 전력의 운용 방법을 변화시킨다는 것 또한 시사하는 바가 크다. 마치 전격전에서의 전력운용과 같이 동일한 무기체계의 운용방법을 달리함으로써 새로운 합동작전개념을 구현할 수 있는 것이다. 이러한 운용을 위하여 새롭게 요구되는 능력이 존재할 것이다.

현재 존재하지 않는 전력의 개발을 가정하여 이를 중심으로 미래의 합동작전개념을 작성하는 것은 위험하다고 볼 수 있다. 대상기간에 개발 및 전력화 여부가 불투명한 전력을 중심으로 한 개념 작성은 곤란하다. 현재 전력을 최대한 활용하되 기술적 및 재정적 여건을 고려하여 개념이 작성되어야 한다. 위 CCJO는 새로운 기술을 적용한 장비의 개발이 불가능할 경우에 대해 우려를 나타내고 있다. 새로운 장비가 개발되지 않는다면 미래 합동작전개념의 추진은 곤란할 수 있기 때문에 불확실한 장비에 의존하는 개념은 배제하여야 한다.

70 US JCS, *위의 책*, pp. 8-13.

6. 합동작전개념의 체계와 변화

합동작전개념은 일련의 체계로 이루어진다. 가장 상위개념으로 합동작전기준개념(CCJO: Capstone Concept for Joint Operations)이 있고, 하위개념으로 합동작전개념(JOCs: Joint Operating concepts), 합동기능개념(JFCs: Joint Functional concepts), 합동통합개념(JICs: Joint Integrating Concepts)이 있다.

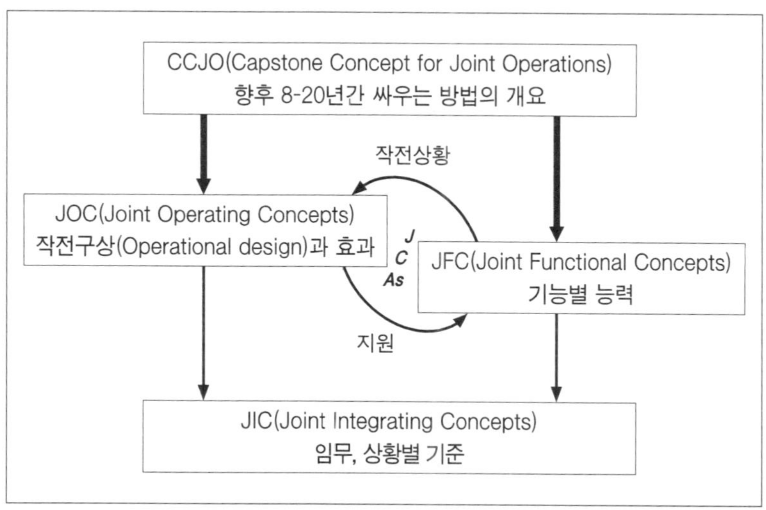

〈그림 20〉 합동작전개념 체계

CCJO는 합동작전개념의 전반적인 개념을 설명하는 개념으로서 미래 합동작전개념의 기본적인 골격을 제시한다. CCJO의 목적은 전략적 목적을 달성하기 위해서 향후 8~20년 기간 동안 군이 어떻게 싸워야 하는지에 대해 광범위하게 기술함으로써 군사력 건설과 운용에 대한 선도적인 역할을 하는 것이다. 새로운 개념은 군사력 건설 및 운용, 조직, 훈련에 모두 적용된다. 이 개념은 독자적 및 다국적군과의 작전에 공히 적용되며, 정부 및 비정부 기관과의 작전에도 적용된다. 각 군 및 하위 개념들은 CCJO의 개념들을 보다 세부적으로 발전시켜야 한다. 미래 합동작전개념의 중심사고는 보다 통합되고 작전의 속도를 조절할 수 있는 능력을 바탕으로 적에 대해 주도권을 가지며, 상황을 통제하는 개념이다. CCJO의 작성주기는 3년이다.

합동작전개념(JOC)은 주요 임무 유형별로 CCJO에서 제시된 개념의 수행방안을 보다 세부적으로 기술한 것이다. 주요 임무 유형에서는 특정한 임무와 목표가 주어지며 보다 구체적인 문제에 대한 해결이 필요하다. 이러한 임무들은 작전의 성격이 다른 작전과 구분되고, 작전의 형태와 투입되는 장비도 다르게 된다. 따라서 각각의 작전형태에 적합한 작전모델을 제시한 것이다. 이렇게 유형별 모델을 제시함으로써 특정한 형태의 상황에서 이루어지는 작전에 대한 공감대가 형성될 수 있다. 작전 유형별 상황과 문제를 제시하고 이러한 문제를 해결하기 위해서 군사작전을 수행함에 있어서 합동군 지휘관이 작전적 수준에서 작전을 어떻게 수행하여야 하는지를 설명한 개념이다. 문제를 식별하고, 이 문제를 해결하기 위한 주요 군사력 운용개념을 제시하며, 최종목표를 달성하기 위해 달성해야 하는 작전적 수준의 효과를 식별하고, 이를 위해 요구되는 능력을 제시한다. JOC는 JFC나 JIC 작성을 위한 상황을 제공한다.

JOC의 종류에는 본토방어/민간지원 합동작전개념(Homeland Defense/Civil Support JOC), 주요 전투 합동작전개념(Major Combat Operations JOC), 안정화 및 재건지원작전 합동작전개념(Military Support to Stability, Security, Transition & Reconstruction Ops JOC), 억제작전 합동작전개념(Deterrence Operations JOC), 비정규전 합동작전개념(Irregular Warfare JOC), 치안유지 및 개입 합동작전개념(Cooperative Security & Engagement JOC) 등이 있다.

합동기능개념(JFC)은 CCJO를 수행하기 위해 각 기능별로 어떤 기능을 수행하여야 하는지를 제시한다. 이 개념은 작전적 수준에서 필요한 능력을 식별하고, 미래에 필요한 능력에 대한 주요 요소를 식별한다. 또한 JFC는 JOC의 임무 수행을 위해 각 기능별 필요한 능력을 식별한다. JFC는 JOC와 JIC 임무 수행을 위한 기능적인 환경을 제공하며, 국방기획시나리오(DPS: Defense Planning Scenarios) 작성의 참고자료가 된다.

JFC의 종류에는 전장인식(Battlespace Awareness) JFC, 전력증강(Force Application) JFC, 지휘통제(Command and Control) JFC, 군수지원(Focused Logistics) JFC, 네트중심(Net Centric) JFC, 전력운영(Force Management) JFC, 방호(Protection) JFC,

합동훈련(Joint Training) JFC 등이 있다.

합동통합개념(JIC)은 향후 20년까지 작전적 수준에서 특정한 작전 또는 기능을 어떻게 수행하는가에 대한 설명이다. JIC는 특정 작전을 수행하기 위해 임무식별, 작전수행방법, 필요한 능력 등을 기술한 내용으로 매우 구체적인 작전에 대해 기술하는 개념이다. 이 특정 임무는 JOC의 수행 도중 필요하거나 JFC의 기능 수행 시 수반되는 임무일 수 있다. JIC에서는 이러한 임무들을 보다 세부적인 과업으로 구분하고 작전개념과 필요한 능력을 제시한다. JOC가 광범위한 작전의 범주별로 구분한 것이라면 JIC는 보다 세부적인 특정한 작전에 대한 합동작전개념을 기술한 것이다. JIC에 기술된 작전은 그 자체로 하나하나의 중요한 작전이다.

JIC의 종류로는 대량살상무기 대응(Combating WMD) JIC, 합동군수배분(JD-L: Joint Logistics Distribution) JIC, 통합방공(IAMD: Integrated Air and Missile Defense) JIC, 해상기지(Seabasing) JIC, 합동수중우세(JUSS: Joint Under Sea Superiority) JIC, 지휘통제(Command and Control) JIC, 타격(Global Strike) JIC, 네트중심작전환경(Net Centric Operational Environment) JIC, 지속적인 감시정찰(Persistent ISR) JIC, 합동도시지역작전(Joint Urban Operations) JIC, 테러네트워크 격퇴(Defeating Terrorist Networks) JIC, 해외 내란 대응작전(FID/COIN: The Foreign Internal Defense/Counter-Insurgency) JIC, 비정규전(Unconventional Warfare) JIC, 전략

적 대화(CS: Strategic Communications) JIC 등이 있다.

이상의 내용을 정리하면, CCJO는 안보상황에 발생한 문제점을 해결하기 위한 방안으로 전반적인 개념을 정립하고 이를 개괄적으로 기술한다. 이러한 내용을 받아서 큰 범위의 작전범주별로 싸우는 방법을 기술한 것이 JOC가 되며, JIC는 이보다 더 구체적인 특정 작전에 대한 싸우는 방법을 기술하는 것이라고 할 수 있다. JFC는 이러한 작전을 수행하기 위해 필요한 기능별로 수행하는 방법을 기술한 것이라고 하겠다.

이러한 합동작전개념 체계는 2014년 이후 일부 변화되었다. 합동기능개념(JFC)과 합동통합개념(JIC)이 없어지면서, 합동작전기준개념(CCJO), 합동작전개념(JOC), 지원개념(Supporting Concepts)의 구조로 변화되었다. 이 중에서 지원개념은 기존의 합동통합개념과 같은 내용으로 보이며, 적용되는 지역의 단일성 또는 복합성에 따라 구분한 것으로 보인다. 즉 지원개념은 합동작전개념(JOC)을 지원하는 개념으로서 합동작전개념을 수행함에 있어서 부수적으로 요구되는 작전에 대한 개념이라 할 수 있다. 이 개념은 단일 JOC에 해당할 수도 있고, 여러 개의 JOC에 공동 적용되는 개념이 될 수도 있다. 지원개념은 JOC를 수행하기 위해 사전 혹은 작전 중에 지속적으로 요구되는 별도의 작전형태라고 볼 수 있다.

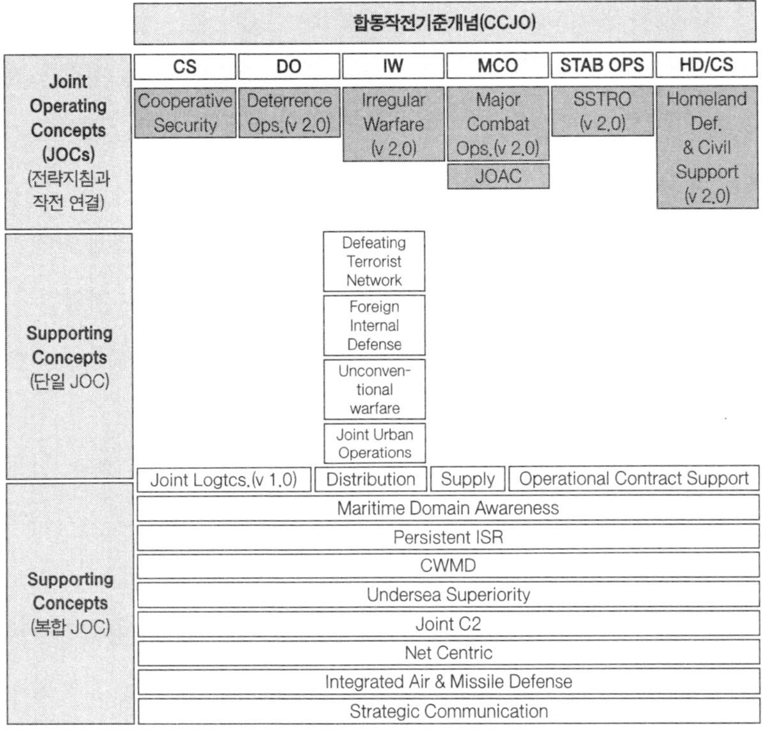

〈그림 21〉 미 합동작전개념 체계

* 출처: 미 합참, 연락장교 대상 브리핑 자료(2014. 9. 20.)

CCJO는 기존의 작성방법과 그 절차 및 내용이 동일한 수준으로 작성된다. JOCs의 경우도 기존의 구분과 유사하다. 다만 A2AD에 대응하기 위해 JOAC이라는 작전개념이 새롭게 등장하였다. JOAC은 중국과 같은 국가의 군사력 강화로 인해 작전지역에 대한 미군의 접근이 방해받을 가능성이 커졌기 때문에 이를 하나의 유형으로 구분하여 문제 해결을 위한 작전적 수준의 행동방안을 제시한 것이다. 지원

개념(Supporting Concepts)은 기존의 합동통합개념과 유사하다. 통합개념에 기술된 내용들은 성격이 각각 다른 특정한 작전에 대해 행동방안을 제시하였는데, 그러한 구분은 여전히 유지되고 있다. 다만, 특정한 작전이 단일 JCO에서 발생할 수 있는 경우와 여러 JCO에서 공통적으로 필요한 경우를 구분하였을 뿐이다. 즉 JCEO, Global Strike, Sea Basing과 같은 작전은 주요전구작전(Major Combat Operations) JCO에 요구되는 작전인 반면에, ISR, C2와 같은 작전은 모든 JOC에 필요한 작전인 것이다.

7. 주요 합동작전개념의 구조와 내용

합동작전기준개념 (CCJO: Capstone Concept for Joint Operations)

CCJO는 합동작전개념 전체를 아우르는 최상위 개념으로서 합동작전개념의 기본적인 개념을 제시함으로써 하위 개념 작성을 선도하고, 군사력 건설 방향을 제시하는 개념서이다. 이 개념에 따라 모든 군, 관련 기관, 다국적군이 동일한 사고틀 내에서 작전을 하게 한다.

CCJO(2012년 판)는 도입, 미래 안보환경, 합동작전개념, 군사력 건설 방향, 위험요소, 결론 순으로 편성되어 있다.[71]

1) 도입

- 목적: 미래 싸우는 방법과 군사력 건설 방향 제시
- 성격: 세부적인 내용의 기술이 아니라 최고 수준의 미래 싸우는 방법의 제시
- 영향: 새로운 개념에 대한 방향 제시, 독트린 및 군사력 건설의 방향 제시

71 US JCS, *위의 책*.

- 기타: 기존 개념과의 관계, 안보상황과 적의 변화, 다른 요소들과의 관계 등

2) 미래 안보환경

- 임무: 미국의 세계적 리더십 유지라는 국방전략지침을 구현하기 위한 10개의 임무 식별
- 안보환경 변화: 과거부터 지속적인 요소, 향후 발생할 변화 예상(비대칭, 기술의 확산, 사이버/네트워크, 우주, 디지털 기술 등이 특히 위험)
- 위협 성격의 변화: 세계가 더욱 취약, 국제적 경계 무의미, 빠른 고강도화, 본토에 대한 공격 → 더욱 예측불가능, 복잡, 위험 강도 증가
- 국내여건 변화: 재정적 압박, 군의 감축 경향

3) 합동작전개념

이러한 안보상황에 대응하기 위한 군사력 운용개념으로 세계적 통합 작전(Globally Integrated Operations)이라는 개념을 제시하고 있다. 이 개념은 불확실한 상황에 대응하기 위해 영역, 제대, 지리적 경계, 조직에 관계없이 신속하게 필요한 능력들을 조합하여 투입할 수 있는 군을 만든다는 것이다. 이를 달성하기 위한 방법의 핵심은 능력들의 통합에 있으며, 이를 통해 효과를 제고할 수 있다. 그리고 합동작전개념을 구현하기 위한 8개 주요 요소들을 제시하고 있다.

- 임무형 명령(Mission Command) 사용: 하위 지휘관의 판단과 결

정 존중, 네트워크를 기반으로 한 상호 협조 및 의사결정(핵 사용, 공역통제 제외)

- 주도권 장악: 적보다 빠른 의사결정
- 세계적인 기민성: 세계 도처에 빠르게 필요한 능력 집결, 전력 사전 배치, 신속한 기지 확보 등으로 작전적 접근성 증가
- 타 행위자들과 협조 강화: 정부기관, 우방국 군, 전문가, 비정부 조직 등
- 보다 유연한 합동성 추구: 현재는 지역별/기능별로 조직된 군에 의한 합동성 추구, 미래에는 지역/기능의 구분 없이 임무에 따라 합동성 구현, 하이브리드적 지휘관계(Hybrid Command)
- 전 영역 시너지(Cross-domain Synergy): 하위 제대에서도 육·해·공·해병·우주의 구분 없이 모든 영역을 작전에 활용, 특히 A2 작전에 중요
- 작전흔적을 최소화할 수 있는(Sow-signature or Small-footprint) 전력 사용의 증가: 사이버, 우주, 특수부대, 전 세계 타격, ISR 능력 등
- 타격의 정밀성 강화: 타격 목표만 정확하게 타격

4) 군사력 건설

- **지휘통제**

- 임무형 명령을 구현하기 위한 교육
- 지휘관과 참모가 사용할 수 있는 이동형 클라우드 지휘통제 기술 개발: 지휘관이 지휘통제본부와 연결되어 있지 않아도 지휘 가능

- 사이버 및 우주 시스템이 공격받는 최악의 상황에서도 작동할 수 있는 시스템 구축
- 지역 또는 기능별로 사전에 조직된 합동군이 아닌 임무별 신속한 합동군 조직
- 모든 군, 제대, 지휘관이 물자 뿐 아니라 교리, 조직, 훈련, 리더십 개발 등에 대한 상호운용성 인식 보유
- 일반 상비군과 특수부대의 통합 강화

• **정보**
- 정보분석과 정보수집 능력의 강화
- 대규모 데이터의 융합, 분석, 이용 능력 강화

• **화력**
- 사이버 능력을 포함한 모든 화력을 통합 운용할 수 있는 능력
- A2AD 위협을 격퇴할 수 있는 능력

• **이동과 기동**
- 세계의 도처에 신속히 도달할 수 있는 능력
- 군 내 지역 정보 전문가 육성
- 전략 및 작전적 기동성 향상
- 전술적 기동성 향상
- 작전지역의 공항/항구의 신속한 확보로 신속한 수송 보장

- 부대의 기민한 운용이 가능토록 전술, 절차, 기술의 표준화

• **방호**
- 사이버 방어능력 향상
- 방어적 우주 통제, 우주 상황인식 등 방어적 우주 작전능력 강화
- 미사일 방어 체계 통합

• **작전지속능력**
- 합동 군수지원 엔터프라이즈 개발 및 시행
- 유류를 비롯한 에너지 절약 및 대체 에너지 개발

• **동반자 전략**
- 상황에 따른 동반자 선정 및 통합 능력 강화
- 외부 동반자와 통합 강화를 위한 정보 공유 환경 조성

5) 개념 채택의 위험성
- 이 개념을 구현하기 위한 통신기술의 미개발 가능성
- 동반자의 통합 곤란 및 회피 가능성
- 요구되는 기술의 확보 곤란성
- 과도한 분권화로 인한 협조 곤란 및 자원의 비효율적 사용 가능성
- 요구되는 전 세계적 기민성을 달성하지 못할 가능성
- 표준화가 다양성, 융통성, 탄력성, 비효율성 초래 가능성

- 중복성의 감소가 초래할 위험과 불안정성
- 조직의 융통성 강조가 작전 효율을 감소시킬 가능성

6) 결론

앞서 살펴본 CCJO는 다음과 같이 평가할 수 있다.

첫째, CCJO의 구조는 매우 간단명료하다. 즉 안보상황, 합동작전개념, 군사력 건설 방향의 구조로 합동작전개념에서 필요한 부분을 제시하고 있다.

둘째, 합동작전개념은 개념과 개념의 특징을 잘 설명하고 있어 향후 군이 어떤 모습으로 싸우는지를 알기 쉽게 설명하고 있다. 추상적이고 개념적인 수준에 머무는 것이 아니라 매우 구체적이고 세부적인 내용으로 묘사하여(여덟 가지 요소: 임무형 명령(Mission Command) 사용, 주도권 장악, 세계적인 기민성, 타 행위자들과 협조 강화, 보다 유연한 합동성 추구, 전 영역 시너지(Cross-domain Synergy), 작전흔적을 최소화할 수 있는(Low-signature or Small-footprint) 전력 사용의 증가, 타격의 정밀성 강화 등) 실전에서 작전형태가 느껴질 수 있도록 하였다.

셋째, 8~20년 기간의 작전개념이라 하더라도 CCJO에서 제시된 능력은 기존 능력과 커다란 차이가 없어 보인다. 이는 이미 요구되는 능력의 80%가 현존하고 있고, 이를 이용한다는 것을 말해주고 있다. 새로운 개념의 작전을 수행하기 위해 무기체계를 새로 개발해야만 하는 것은 아니다.

넷째, 미래를 대상으로 한다고 하나 혁신적이라기보다는 현존 전력 극대화의 느낌이 있다. 현재 전력을 더 효과적으로 이용할 수 있는 능력을 개발하여 기존 전력의 운용방법을 변화시킨다.

다섯째, 요구되는 능력은 현재 없는 장비나 시스템을 만들어 내는 것이 아니라 기존 기술의 기반이나 상용기술이 가능한 범위 내에서 새로운 능력을 요구하고 있다.

여섯째, 새로운 기술이 가용하지 않을 위험성을 인식하고 있다. 따라서 획기적인 무리한 무기체계의 요구를 하지 않는다.

주요전구 합동작전개념(MCO JOC: Major Combat Operations Joint Operating Concept)

CCJO의 개념을 적용하기 위해 미군이 발전시킨 유형별 JOC는 총 7개이다. 그중 한반도 작전에 가장 중요하며, 한국의 합동작전개념 작성에 참고할 수 있는 개념은 주요전구 합동작전개념(MCO JOC)이다. 이 개념은 한반도나 중동의 대규모 부대를 투입한 전쟁 수행에 대비한 개념으로서, 국가와 국가 간의 대규모 부대의 격돌이라는 통상적인 형태의 작전에 대한 개념이다.

미군의 CCJO 개념은 지속적인 발전을 거듭하여 2012년에는 세계적 통합 작전(Globally Integrated Operations) 개념을 제시하고, 새로 등장한 JOAC에서도 이 개념을 채택하여 전 영역 시너지(Cross-domain Synergy)를 중심사고로 채택하였다. 따라서 MCO JOC에서도 이러한 개념의 작전이 이루어질 것으로 예상된다.

2006년의 MCO JOC는 목적, 범위, 미래 작전환경과 문제점, 해결 방법, 위험요소, 함의 등의 순으로 기술되어 있다.[72]

1) 목적

- 작전적 수준에서 군사력 운용개념 제시 및 미래 전력증강 방향 제시

2) 범위

- CCJO의 개념 구현: 주도권 장악 및 전장 지배
- 타 JOC와의 관계: 타 JOC도 MCO JOC에 부분적으로 적용될 수 있음
- 가정: 대부분 전력은 미 본토 주둔 전력, 현재 타국과 조약은 유효, 각 군별 독자성 유지

3) 안보환경 및 문제점

• 미래 작전환경의 특징

- 세계화, 정보화로 인해 모든 분야가 상호 연결 → 불확실성 가중, 본토 위협
- 미래 군사적 태세: 신속히 전개, 작전할 수 있는 기민성 요구
- 새로운 C2 구조 필요: 작전지휘관뿐 아니라 기능 분야 지휘관도 주도적인 역할 필요, 일치된 작전을 위해 조직 구조 변경 필요

---

72 US DOD, *Major Combat Operations Joint Operating Concept. Version 2.0* (Washington D.C.: Department of Defense, 2006).

• **전장과 적에 대한 체계적 접근 필요**

- 체계적 접근을 통한 적의 중심, 취약점, 해결을 위한 방법 모색
- 적은 정밀, WMD를 비롯한 다양한 무기, 다양한 전법으로 미국과 세계 안보 위협

4) 해결방법: 작전수행방법

• **중심사고**

- 전 전장/영역에 걸친 분산작전(Distributed Operations)으로 적의 조직적 대응을 와해(Disintegration)시키고, 와해된 적의 중심을 향하여 상대가 되지 않는(Overmatching) 전력을 집중하여 적 격퇴
- 적 와해(Disintegration)를 통한 격퇴: 전 방위 공격으로 적 체계를 교란함으로써 적 대응의 집중력 파괴
- 분산작전(Distributed Operations): ① 모든 영역/차원에서의 기동전을 의미, 대규모 작전지역에서 소규모 부대의 신속한 집중을 통해 효율성을 극대화하는 형태의 작전, 전술적 수준에서 분산 및 합동 전력을 활용하여 작전 ② 지휘 및 의사결정의 신속성 요구 ③ 광범위한 지역에 분산된 부대에 대한 지속적인 지원 ④ 항구 및 비행장 확보 ⑤ 비선형 작전을 위해 공중기동 및 공중지원 능력의 활용(공중우세권 장악) ⑥ 작전적 및 전술적 수준의 합동성 활용 ⑦ 네트워크 기반 환경에 의한 적의 지속적인 탐지, 추적, 주도권 유지 가능 ⑧ 정보능력 및 체계에 의해 하급부대 지휘관도 독립적인 의사결정

가능 ⑨ 군사/비군사적 능력의 통합, 군/기관/다국적군 능력의 통합 가능

• **작전구상**(Operational Design)

- 가능한 한 조기 공세작전 수행으로 주도권 장악 및 전장 지배: 정보력, 기만, 선제공격 등 활용하여 주도권 장악, 결정적 지점에 압도적인 전력 집중으로 전장 지배(모듈화된 전력의 지속적 투입), 안정화/재건지원 작전 병행 수행/지원
- 작전수행방법: ① 적 고립 ② 작전지역 진입/유지 ③ 적 전장인식 거부 ④ 적 행동의 자유 제한(결정적 지점, 취약점, 중심, 주요 조직/활동 공격) ⑤ 적 C2능력 교란 ⑥ 적 WMD 사용 거부 ⑦ 적 지속능력 파괴 ⑧ 적 결정적 기반시설 파괴

• **지원 개념**(Supporting Ideas)

- 중심사고 구현을 위해 필요한 개념
- 세계 어느 곳에도 신속히 투사할 수 있는 전력 관리, 조정, 투사, 유지
- 상호운용성이 강화된 합동능력
- 다국적군 및 타 부서 능력의 통합
- 정보능력의 우위 유지
- 분산작전을 위한 지휘통제 능력: 상황인식, 적/아 능력, 의도, 체계 등 파악
- 주도권 유지를 통해 작전의 속도 통제

- 속도, 정확성, 치명성 향상으로 전장 주도

• **작전수행방법 묘사**

- 앞의 작전수행방법을 작전의 진행에 따라 가시적으로 묘사

• **요구되는 능력**

- 작전을 수행하기 위해 필요한 능력을 52개로 식별: ① 작전의 의도를 명확히 표현할 수 있는 능력 ② 말단 부대까지 요망효과와 최종상태를 인지할 수 있는 능력 ③ 집권화 또는 분권화 의사결정 능력 등
- 이러한 능력을 앞선 여덟 가지 작전수행방법과의 관련성 식별

〈표 18〉 JOC 작전수행목표와 요구능력 관계

	작전수행 요구능력	적 고립	진입	전장 인식 거부	적 자유 제한	적 C2 교란	WMD 거부	지속 능력 파괴	기반 시설 파괴
001	작전의도 표현	×	×	×	×	×	×	×	×
⋮	⋮	⋮	⋮	⋮	⋮	⋮	⋮	⋮	⋮
052	모의실험	×	×		×	×	×	×	×

- 이 요구능력을 합동능력영역(JCA: Joint Capability Area)의 Tier 1, Tier 2와 비교하여 관련성 기술

〈표 19〉 요구능력과 JCA(Joint Capability Area)와의 관계

	요구 능력	관련 JCA		비교 결과 및 의미
		Tier 1	Tier 2	
001	작전의도 표현	합동 C2	지휘관 의도 및 지침; 협력적 계획 작성	지휘관 의도 작성시 하급 지휘관 참여 미고려; 예하 지휘관의 작전목적 숙지 필요

5) 위험요인과 대책

• 위험요인

- 신 개념과 기술을 사용하는 새로운 전쟁양상의 등장 가능성
- 오늘날의 투자가 미래의 요구에 부합하지 못할 가능성

• 대책

- 지속적인 투자로 지속적인 신기술 개발
- 현재와 미래에 대한 균형 있는 투자 필요

6) 함의

• 작전적 또는 전력 개발

- 충분히 훈련, 무장, 통합된 합동군 제공
- 작전계획 수립 시 타 기관, 다국적군 포함
- 최소한 수일 내 합동작전 지휘가 가능한 지휘부 구성

• **개념 개발 및 실험**

- 제시된 요구능력은 실험을 통해 검증 필요
- MCO JOC는 전투 실험의 개념적 틀 제공
- MCO JOC는 다른 JOC의 개념 발전에 기여

주요전구 JOC는 다음과 같이 평가할 수 있다.

첫째, 버전 2.0의 분산작전을 통한 적 와해의 개념은 그대로 유효하나, 이 개념에서 2012년 CCJO에서 채택된 전 영역 시너지(Cross-domain Synergy)를 접목할 것으로 생각된다. 즉 영역 구분이 없는 합동성을 추구함으로써 최하위 제대까지 합동성 추구를 목표로 한다는 것이다. 이러한 내용은 기존 개념을 그대로 유지하면서 필요한 부분을 더욱 발전시킨다는 것으로 이해할 수 있다.

둘째, JOC의 개념은 작전지휘관이 해당 지역에서 임무를 수행할 때의 작전 형태와 필요한 능력을 식별한 것이다. 즉 실제 전장에서 전쟁을 수행하는 지휘관이 전력을 운용하는 개념이다.

셋째, 미래 안보환경의 특징 및 문제점에서는 안보환경의 변화를 기술하고, 이런 변화가 초래하는 문제점을 식별하여 기술하고 있다.

넷째, 이 문제를 해결하기 방법으로 미래 합동작전 개념을 제시하고 있는데, 이는 매우 구체적으로 중심 개념과 작전수행 절차까지 자세하게 설명하고 있다. 즉 분산작전을 통해 적을 와해시켜 타격하는 개념을 쉽게 인식할 수 있도록 설명하고 있다.

다섯째, 미래에 수행되는 작전은 작전구상에서 기본적인 개념을 제시하고 있다. 즉 조기 공세를 통한 주도권 장악 및 전장지배라는 형태의 구상 속에서 작전수행방법을 적 고립으로부터 작전의 전개에 따라 순서대로 설명하고 있다.[73]

여섯째, 분산작전에 대해서는 분산작전이 이루어지기 위해 어떤 요소들이 충족되어야 하는지를 설명하고 있다. 이러한 설명은 분산작전이 가능하게 하는 요인들인 동시에 전력증강 요인도 된다. 이러한 설명은 지원개념(Supporting Ideas)에서도 나타난다.

일곱째, 이러한 개념을 제시함으로써 작전지휘관은 작전을 구상할 때 이러한 순서에 입각하여 전략목표를 세우고, 부대를 운용하면 될 것이다. MCO의 특징은 작전의 중심사고와 작전이 진행되는 과정을 매우 가시화될 수 있도록 설명하고 있다는 것이다.

여덟째, 요구되는 능력은 무기체계가 아니라 어떤 능력으로 표현하고 있다.

아홉째, MCO JOC는 한반도와 같은 지역을 대상으로 작성된 합동작전개념서이다. 한국군의 합동작전개념서도 핵심개념과 구체화의 정도에서 이러한 수준으로 작성되어야 한다. 미군은 그들이 보유한 첨단 무기체계에 적합한 개념서를 작성하였으나, 한국군은 한국군의 수준에 적합한 내용을 이런 수준으로 기술하여야 한다.

---

73 이것은 미래에 대한 설명이지만 현재에도 이미 이러한 형태대로 작전이 수행되고 있다.

대량살상무기 대응 지원개념 (Supporting Concept for Combating WMD)

대량살상무기 대응개념을 비롯한 지원개념은 과거의 합동통합개념을 적용 대상에 따라 두 가지로 분류한 것으로 그 내용은 같다. 합동작전개념(Joint Operating Concepts)의 내용이 버전 2가 여전히 사용되는 것과 같이 지원개념은 버전 1이 유효한 것으로 추정된다(2014년 미 합참 브리핑 자료). 대량살상무기 대응개념(CWMD)의 구조와 내용은 다음과 같다.[74]

1) 목적

- 미래 대량살상무기 대응작전의 개념을 제시하고, 소요를 지원

2) 범위

- **개념정의**

- CWMD는 대량살상무기의 개발, 확산, 획득, 사용에 어떻게 대응할 것인가를 제시

- **NMS의 전략지침(Strategic Guidance)**

- 목적: 미국과 미군, 동맹국, 우방국, 미국의 이익이 WMD로부터 압박 또는 공격 받지 않도록 보장

---

74 US DOD, *Joint Integrating Concept for Combating Weapons of Mass Destruction. Version 1.0* (Washington D.C.: Department of Defense, 2007), p. 6.

- 방법(군사전략목표 MSOs: Military Strategic Objectives)
- 수단: 미 전략사령부 사령관(CDRUSSTRATCOM: Commander, US Strategic Command)이 계획/실행의 책임이 있으며, 군과 관련 기관이 협조

• **가정**

• **군사전략목표에 따른 군사작전(8개의 임무)**

- MSO를 달성하기 위해 사용할 수 있는 임무: 위협제거 협력, 안보협력, 차단, 공격, 제거, 능동방어, 수동방어, 사후관리

〈표 20〉 군사전략목표와 임무 관계

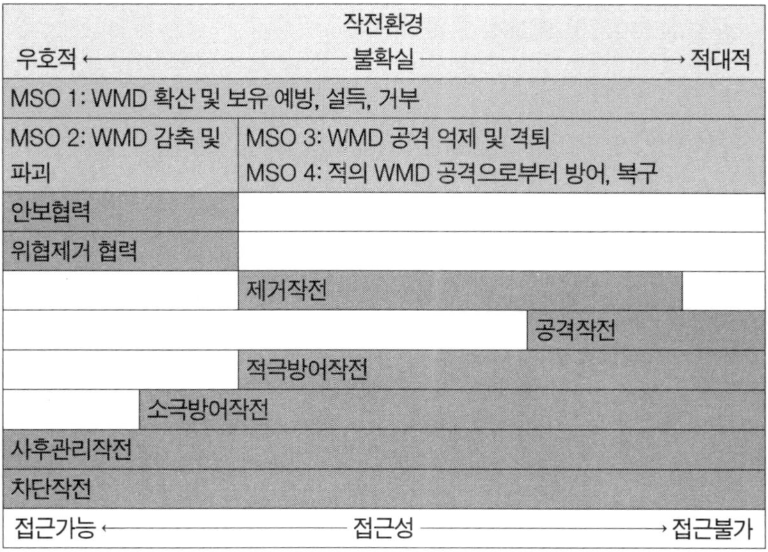

<table>
<tr><td colspan="5">작전환경
우호적 ← 불확실 → 적대적</td></tr>
<tr><td colspan="5">MSO 1: WMD 확산 및 보유 예방, 설득, 거부</td></tr>
<tr><td colspan="2">MSO 2: WMD 감축 및 파괴</td><td colspan="3">MSO 3: WMD 공격 억제 및 격퇴
MSO 4: 적의 WMD 공격으로부터 방어, 복구</td></tr>
<tr><td colspan="2">안보협력</td><td colspan="3"></td></tr>
<tr><td colspan="2">위협제거 협력</td><td colspan="3"></td></tr>
<tr><td colspan="2"></td><td colspan="2">제거작전</td><td></td></tr>
<tr><td colspan="3"></td><td colspan="2">공격작전</td></tr>
<tr><td colspan="2"></td><td colspan="3">적극방어작전</td></tr>
<tr><td></td><td colspan="4">소극방어작전</td></tr>
<tr><td colspan="5">사후관리작전</td></tr>
<tr><td colspan="5">차단작전</td></tr>
<tr><td colspan="5">접근가능 ← 접근성 → 접근불가</td></tr>
</table>

* 출처: US DOD, 『Joint Integrating Concept for Combating Weapons of Mass Destruction』 Versions 1.0, 2007. 12. 10., p. 6.

3) 문제

- 미국의 군사적 우위에 대응할 수 있는 고가치 무기로 인식
- 정보화 및 기술의 확산으로 핵무기 기술 발전
- 비국가 단체도 핵무기 보유 가능, 이들 활동의 탐지 곤란

4) 해결방법

• **중심사고**

- WMD 사용에 의한 이익은 없으며, 손실이 크다는 것을 인식시켜 적의 의사결정에 영향

• **주요 요소**

- 정부의 조기개입 외교적 노력 지원
- WMD 개발의 결정적 지점 발견 노력, 짧은 경고시간에 행동할 수 있는 준비
- 단일 작전이 아닌 단계별, 다양한 작전 실시: 단일 작전으로 인한 실패 방지
- 군사작전은 지휘통제를 비롯한 군수시설, 운반체계, 인원, 전문가, 자금, 기술 요소에 대해 이루어질 수 있음
- 적 WMD에 대한 주요 속성(Attribution) 파악 지속, 이후 활용

• **CWMD 작전설명**

- 계획: 상황평가 → 적 중심 파악(적 결정적 능력 파악) → 결정적 취

약점 파악 → 목표/요망효과 설정 → 작전선(Line of Operations) 선정(4개의 작전선: 정보획득, 여건조성, 적 손실 강요, 적 이익거부) → 방책 및 표적선정 → 결과 예측 → 합동/다국적/타 기관과 협조

- 준비: 지휘부 구성 → 군사적 자산 선택 → 기동 및 배치 → 전장정보 제공 → 지원(개입, 감시정찰, 여건조성, 동맹국 지원) 또는 주도적(차단, 제거, 공격, 방어 등) 작전 수행
- 실행(4개의 작전선): ① 정보획득-미국군, 동맹 및 우방국 군, 경찰, 정보기관 활용 ② 여건조성-군사적 지원 및 협력을 통한 안보지원, 위협 제거 활동, 연합훈련 등 군사적 지원 강화 ③ 적 손실 강요-차단, 제거, 공격 작전 ④ 적 이익 거부-능동방어, 수동방어, 사후관리
- 평가: 최종상태 달성 여부 평가, 후속 소요 결정

• **능력과 임무**

- 4개의 작전선 수행에서 요망하는 효과를 달성하기 위해 요구되는 능력과 이 능력을 발휘하기 위해 달성해야 하는 임무를 기술

• **조건**

5) 위험요인과 대응

- 부대관리, 미래의 도전, 작전수행 간 발생하는 위험 기술

6) 의미

- 전투발전요소(DOTMLPF)에 대한 의미: CWMD 작전 수행을 위해 각 전투발전요소에서 변화되어야 할 사항 기술
- 정책적 의미
- 다른 지원개념에 대한 의미

7) 평가계획

- 실험 및 평가, 건의

V.
작전술

1. 작전술의 유래와 의미

군사전략을 수행하기 위한 수단을 클라우제비츠는 전투라고 하였으나, 총력전 시대로 접어들고, 무기체계가 발전하면서 군사전략의 수단은 전투만이 될 수 없게 되었다. 궁극적으로는 전투를 수행하겠지만, 전투를 최소화하고, 대량 유혈전 없이 승리를 추구할 수 있는 다양한 방법과 조직적 능력들이 동시에 필요하게 되었다. 따라서 전투를 지원하는 요소가 중요해지고, 이런 요소들을 효과적으로 운용하는 기술로서 작전술이 대두되게 되었다. 작전술은 전투와 기동, 그리고 군수지원, 동원 및 증원, 기만작전의 수행 등 종합적인 능력의 발휘를 의미한다. 그리고 이러한 전력들이 싸우는 방법에 의해 운용된다.

전략 수립 이후 전장에 임하여 전투를 수행하기 이전까지의 행위는 모두 작전술 차원에 속한다. 국가목표를 달성하기 위해 군사전략을 수립하고, 주요 부대의 운용개념을 설정하였다면, 기동 및 전투를 통해 이 목표를 달성해야 한다. 때로는 기동을 통해서, 때로는 전투를 통해서, 혹은 이 양자의 조합을 통해서 군사전략의 목표를 달성하여야 한다. 이렇게 전투와 기동이 가능하게 하고 조합하는 술(術)이 바로 작전술이다.

작전술은 한국에서 제대로 인식되지 못한 면이 있고, 대체로 작전술이 기동의 요소를 강조하는 것처럼 인식되고 있는데,[75] 사실상 작전술은 기동을 포함한 다양한 활동을 의미하며, 특히 대부대가 투입되어 전쟁을 수행하는 경우에 중요하게 취급되어야 할 분야이다.

작전적 수준과 작전술은 1980년대에 미군에 대두되어 1980년대 후반에 매우 왕성하게 토의된 개념이다. David Jablonsky, Edward N. Luttwak, Michael Howard, William W. Mendel, L. D. Holder 등이 주요 논자들이다. 따라서 이러한 개념의 논의는 1990년대 초에 이미 정립되었다고 볼 수 있다. 그 때문에 현 시점에서 이들 개념을 논의한다는 것이 자칫 묵은 이론을 다룬다고 할 논자도 있을 수 있다. 그러나 비록 미군에서는 이미 이론적으로 정립되었다 하더라도 한국에서는 아직 이 부분이 정립되어 있지 않고, 특히 미군의 이론을 그대로 적용하면서, 오류가 발생하고 있다. 한국군은 이 부분을 깊이 다루지 않고 있으나, 사실상 이 문제는 매우 중요하게 다루어야 한다. 이러한 현상은 한국만의 문제는 아니다. 영국, 캐나다, 호주, 남아프리카 공화국 같은 경우도 역시 2000년대 초에 작전적 수준과 작전술에 관한 논의를 전개한 것을 보면, 이들 국가 역시 이러한 개념 정립의 필요성을 뒤늦게 인식하였다고 볼 수 있다. 2차 대전 이후 세계의 주도권을 상실한 영국의 경우, 전쟁행위는 주로 전술적 수준 즉 전투(Battle)가 주 고려 대상이었기 때문에 작전적 수준에 대한 고려가 필요하지 않았지만, 이제 이들을 논의할 때가 되었다고 언급하고 있

---

75 교육사 발행 『군사이론연구』에서도 이러한 측면이 보인다.

거나,[76] 호주의 경우에는 과거에는 미국과 동맹하에 주로 전술적 차원의 고려만 하였으나, 이제는 남태평양의 중간세력(Middle Power)으로서 작전적 차원의 고려를 할 필요가 있다고 말하고 있다.[77] 이와 같이 과거 군사력 약소국이었던 국가들도 안보환경과 자국의 군사력 신장을 계기로 작전적 수준과 작전술에 관한 논의의 필요성을 인식하고 이론적 정립을 위해 노력하기 시작한 것이다. 이러한 점을 고려한다면, 한국도 이제 이러한 논의를 체계적으로 시작하고, 개념을 정립하여야 하며, 대응개념을 도출하여야 한다. 한국은 북한에 대해서는 한반도 작전의 주도권을 행사하여야 하고, 주변국에 대해서도 대응 전략개념을 정립하여야 하는데, 이러한 문제들에 대한 해답의 핵심이 바로 작전적 수준과 작전술에 대해 올바른 인식에 있다.

작전술의 이해를 돕기 위해 작전술의 탄생 배경과 경과를 살펴보는 것은 도움이 될 것이다. 산업혁명과 1차 대전 이전의 전쟁은 비교적 단일 전장에서의 전투가 주였다. 나폴레옹 이전까지의 전쟁은 어떤 의미에서는 제한전쟁이었으며, 전략은 하나의 전장에서 전투를 수행하는 기술과 동일시되었다. 그러던 것이 18세기 말 나폴레옹에 의해 전쟁의 범위가 확대되고 대규모 병력이 전쟁에 참여하기 시작하면

---

76 John Kiszely, "Thinking about the Operational Level," FOCUS: British Defence Policy and Doctrine, *RUSI Journal,* December 2005. pp. 38-43.

77 Michael Evans, "The Closing of the Australian Military Mind: The ADF and Operational Art," *Security Challenges,* vol. 4. no.2(Winter 2008), pp. 105-131.

서 전쟁 기술에 대한 의미가 달라지게 되었다. 전략이란 결정적 지점에서 전투를 하기 위해 대부대를 여러 규모의 종대로 나누어 전장으로 기동하게 하는 다양한 활동들, 즉 접근, 행군, 후퇴, 기동 등을 의미하였고, 전술이란 제한된 전투공간에서의 전투를 위한 기술을 의미하게 되었다. 그러나 전장이 확대되기는 하였지만, 나폴레옹 시대의 전쟁개념도 과거의 개념을 확대한 것에 지나지 않았다. 나폴레옹은 대규모 부대를 여러 부대로 나누어 단일 전투를 위해 집결한 것에 지나지 않았다. 따라서 이 시기까지 전쟁에 관한 기술은 대체로 전략-전술의 구분으로 만족하였다.

그러다가 19세기 말 산업혁명으로 인해 전쟁의 패러다임이 변하게 되었다. 산업혁명 이후 전쟁은 총력전의 양상으로 변하였다. 대규모 충원이 가능하게 되었으며, 증기기관과 전기의 발명으로 전례 없는 신속성으로 대규모 병력의 전장 투입이 가능하게 되었고, 이러한 대규모 군대의 전투준비와 전개를 위해 대규모의 철저한 계획과 준비가 필요하게 되었다. 또한 무기체계의 발전으로 인해 사거리와 치명도가 향상되었으며, 이러한 화력을 조정하고 통합하는 기술이 필요하게 되었고, 전장의 규모가 확대됨에 따라 그에 따른 전쟁계획과 지도가 필요하게 되었다. 이러한 변화는 기존의 전략-전술의 이분법적인 계획만으로는 전쟁수행을 불가능하게 되었다. 패러다임의 변화에 수반되는 각종 조치들을 계획하고 조정, 통제하는 기술이 필요하게 되었으며, 특히 전투와 기동을 효과적으로 계획함으로써 최소의 손실로 전쟁에서 승리할 수 있도록 구상하여야 하였다. 이러한 발전은 전쟁술에 대한 변화를 수반할 수밖에 없었다. 즉 전장 내에서의 병력 이동, 전구로의 병력 동원, 전쟁 지속을 위한 자원과 인력의 문제, 전방 및 후방의 연계, 무기체계의 치명성에 대응하기 위한 병력의 분산과 신속한 전개, 정면공격을 피한 우회기동, 확대된 전장에서의 지휘, 단 시간 내에 끝나는 전투의 승리가 전쟁의 승리와 직결되는 것이 아닌 현상으로 인해 발생하는 전투와 전략적 승리와의 새로운 관계, 군수지원 등을 다룰 수 있는 기술이 필요하게 되었다. 나폴레옹 식의 전략적 관점은 이미 집결하거나 전개되어 있는 군대끼리의 하나의 전구에서 단 하나의 회전을 대상으로 한 것이었으며, 따라서 군수지원도 한 시즌에 대한 준비만을 요하거나 전구 내에서의 징발로 충분하였다. 그러나 변화된 세계에서의 전쟁은 더 이상 단일 결정적인 전투로 끝나는 것이 아니라, 시간, 장소, 의도에 따라 다양한 전투의 집합이 이루어졌으며, 수 주 이상의 기간이 요구되었다. 따라서 병력의 동원, 재집결, 지휘통제에서의 변화, 군수지원을 위한 대규모의 계획과 준비가 필요하게 되었으며, 더욱 중요한 것은 이러한 활동들이 하나의 전략 개념을 충족할 수 있도록 상호 긴밀히 연계되도록 하여야 하였다. 단일 전투에서의 승리가 전쟁의 승리를 의미하지는 않았기 때문에 작전의 중심을 잃지 않는 것이 중요하였다. 또한 전구 밖에서의 지원 능력, 즉 동맹, 잠수함, 공군과 같은 능력을 통합하는 능력도 요구되었다.

이러한 문제를 가장 먼저 인식한 것은 소련의 군사 이론가들이었다. 1920~1930년대의 소련 이론가들은 전략과 전술 사이에 이러한 문제들이 존재함을 인식하고 작전술(Operational Art)이라는 개념을 도입하였다. 소련은 단일 작전이 전략적 승리를 보장하지 않음을 인식하고, 일련의 연속적이고 동시적인 작전이 필요함을 인식하였고, 이를 위해 군수지원과 철도가 전쟁의 규모, 깊이 등을 결정짓는 중요한 요소로 인식하였다. 또한 무기체계의 발달로 인한 다양한 효력의 화력들을 통합하여 효율성을 극대화하는 것(orchestrate)이 필요함을 인식하였고, 이러한 개념을 발전시켜 종심작전(Deep Operation)의 개념을 탄생시켰다. 소련은 미래의 전쟁은 체계적이어야 하고, 장기전이 될 것이라고 인식하였고, 따라서 군수지원이 중요할 것이라는 개념하에 대규모 산업화에 착수하였다. 반면 독일은 작전술의 중요성을 인식하였으나, 소련과 다르게 소모전을 배격하고 단기전 개념을 발전시켰는데, 독일은 최초 국면에서 충분한 규모와 속도에 의한 단일 작전으로 전략적 승리를 추구하였다. 그러나 독일은 궁극적으로 전투와 후방 지원이라는 체계적인 연계에 실패함으로써 2차 대전에 패배하였다.

미국은 2차 대전에 참가함으로써 작전술의 중요성에 관해 느끼기는 하였으나, 2차 대전 종료와 핵무기에 의한 냉전이 시작됨에 따라 작전술의 중요성이 인식되지 못하였다. 그러다가 베트남 전쟁의 경험과 다양한 성능의 무기체계 개발 등으로 인해 기존 이론의 부족함을 인식하게 되었다. 또한 소련과의 핵 균형으로 인해 미래의 전쟁이 재래식 전쟁이 될 가능성이 커짐에 따라 작전술에 대한 관심이 태동하게 되었다. 전장이 확대되게 되고, 수 개의 전투가 연속적으로 전개됨에 따라 기존의 전략-전술의 관계로는 해결할 수 없는 문제가 발생하게 되었고, 월남전과 같이 매 전투에는 승리하였지만, 전쟁에는 패하는 어처구니없는 결과도 발생하게 되었다. 이러한 이유로 전략과 전술을 연결시켜 줄 수 있는 새로운 영역이 인식되기 시작하였다. 즉 전략적 목적 달성을 위해 전략과 전투를 연결시키는 작업이 필요하다는 것이 식별되게 되었다. 독립적으로 기동하면서 최고 사령부 및 다른 부대와 독립적으로 수 개의 전투를 수행하되, 동시에 이 모든 행위를 전략적 목적에 기여하도록 연결시키는 개념이 필요하다는 것을 인식하게 되었다. 이러한 중간 역할을 하는 행위를 작전(Operation)이라 부르게 되었고, 그러한 능력을 발휘하는 기술을 작전술(Operational Art)이라고 부르게 되었다. 그 결과 전쟁을 수행하는 수준이 전략-작전-전술적 수준의 3개의 수준으로 구분되게 되었다.[78] 소련이 종심타격 전법을 발전시키자, 새로운 기술의 통합, NATO의 전력증강, 기동전 개념의 필요성 등이 강조되기 시작하였으며, 1980년대부터 작전술의 개념이 발전되기 시작하였다. 1982년의 FM 100-5는 기민성, 주도권, 종심, 통합성 등을 강조하였으며, 1986년의 FM 100-5는 작전술을 전략적 목표 달성을 위한 군사력의 계획, 조직, 전역과 주요작전의 수행 등으로 정의함으로써 소련의 개념과 유사한 개념을 채택하였다. 군사기술이 발전해 감으로써 정보, 화력, 기동, 군수, 방호, 지휘통제 등의 기능이 작전술의 중요한 기능으로 여겨지게 되었으며, 특

78 Panos Mavropoulos, LGen(Ret), "Operational Level of War: A Tool for Planning and Conducting Wars or an Illusion?," *Journal of Computations & Modelling*, Vol.4, no.1, 2014, p. 92.

히 현대전에서는 군수지원과 전투력 유지의 비중이 높아지게 되었다.[79]

앞서 살펴본 바와 같이 작전술은 전쟁의 범위가 넓어지고, 전쟁에 참여하는 요소가 다양하고, 대규모 됨에 따라 이 모든 요소를 효과적으로 조직하여 원활한 작전이 가능하도록 하는 기술로 볼 수 있다. 전략적 목적을 달성하기 위하여 전투와 기동을 중심으로 전투를 배열하며, 이를 가능하게 하기 위해 정보, 화력, 방호, 군수, 동원, 후방지역으로부터의 증원 및 방호 등의 요소를 적절히 기획하고 계획하며, 작전이 진행되고 상황이 변화됨에 따라 전쟁에 관련된 모든 요소를 변화시키고 적절한 조치를 취하는 전투 이전의 일련의 행동이라고 할 수 있다. 전투 자체도 중요하지만, 효율적인 전투가 가능하도록 모든 조치를 취하는 행위가 작전술에 포함되며, 수 개의 전투를 수행하면서 전역에서의 승리를 달성할 수 있도록 하는 것이 중요하다. 이러한 영역은 현대전으로 갈수록 더욱 중요해진다고 할 수 있다. 이러한 의미에서 전략, 작전술, 전술을 전쟁의 수준(Levels of war)으로 볼 것이 아니라 관점(Perspectives on war)의 차이로 보아야 한다는 설명은 타당성이 있다.[80] 즉 전략과 작전술, 전술은 상호 밀접히 관련되거나

---

79 작전술 발전의 역사적 경과는 Bruce W. Menning, "Operational Art's Origins," in Michael D. Krause & R. Cody Phillips ed. 『Historical Perspectives of the of the Operational Art』, Center of Military History, US Army, Washington D.D. 2005, pp. 3-18.

80 Operational art: Definition from Answers.com, http://www.answers.com/topic.operational-art

중첩되어 있는 전쟁술의 분야인데, 어떠한 관점에서 보는가에 따라서 다루는 분야가 다르다는 것이다. 전략·작전술·전술은 각각 상하위 수준으로 엄격하게 구분되는 것이 아니라 상호 중첩성이 많은 하나의 전쟁 행위에서 각각의 목적과 대상이 다른 전쟁술이라고 할 수 있다.

노르망디 상륙작전에서 전략은 유럽 대륙에 상륙하여 독일군을 격멸하기 위하여 노르망디라는 상륙지점을 결정하고, 육·해·공군의 운용개념이나, 자원의 할당, 군사 및 정치적 정보작전의 전개, 동맹군과의 연합작전 및 주요 전역을 계획한 것이라면, 작전술은 전략 목적 달성을 위한 작전목표, 작전선, 일련의 전역 계획, 공격군과 후속군 간의 전력 할당, 해군과 공군의 지원, 군수지원, 효과적인 지휘통제 등을 다루는 것이다. 전술은 교두보를 확보하고, 증원군이 올 때까지 생존성을 보장하는 것과 같은 행위가 된다. 독일군이 전격전을 수행하기 위해서는 군수지원이 중요함을 인식하고, 기동부대인 팬저 사단으로 하여금 자체적으로 군수물자를 수송하도록 편성한 것이라든지, 아르덴느를 통과하려면 7일이 소요될 것이라는 예상을 깨고 5일 만에 돌파하도록 한 기동, 포병의 속도가 지연되기 때문에 효과적인 화력증원을 위해서 급강하 폭격기를 육군에 배속한 점, 구데리안이 아르덴느 수로를 도하한 이후 교두보를 강화하는 것이 전술적으로 요구됨에도 불구하고 작전적 목적을 위해 계속 기동하기로 결정한 점, 프랑스군이 세당에서 병력 및 장비의 집결을 기다리다가 작전적 역습의 기회를 상실한 점, 구데리안과 롬멜이 전격적 기동으로 달성한 작전적 이점을 놓치지 않고 독일군 참모부도 놀랄 만큼 신속하게 적 지역으로 기동하여 적을 유린한 점 등이 작전술의 대표적인 예로 들 수 있다.[81] 이러한 의미에서 현대의 모든 전쟁은 전략·작전술·전술이 동시에 적용되며, 과거보다 작전술의 영역이 중요한 비중을 차지하고 있다고 볼 수 있다. 또한 역으로 어느 하나의 전쟁술로만 이루어지는 전쟁은 존재하지 않는다.

전장의 확대와 총력전 시대의 전쟁 성격으로 인해 작전술의 예는 다음과 같이 다양하게 구분할 수 있다. 첫째는 전장과 전투가 단순히 확대되는 경우이다. 이것은 과거의 일정한 지역에서 수행되었던 전투가 지역적 또는 총력전 양상으로 확대된 경우를 의미하는데, 전투의 확대에 따라 많은 요소들이 필요하게 된다. 하나의 회전을 위해 많은 요소들을 동원하여야 하고, 상당한 기동 공간에 이들을 배치하는 한편, 작전의 목적에 부합되도록 조직하고, 통합하며, 집중시켜야 하는 기술들이 필요하게 되었다. 전투 행위도 중요하지만, 전투가 가능하도록 제 요소들을 조직하는 능력이 중요하게 된 것이다. 노르망디 상륙작전과 같은 경우가 대표적 예이다. 단순한 상륙작전이지만 무수한 요소들이 동원되었기 때문이 이들을 조직하는 기술은 매우 중요한 것이다. 둘째는 하나의 전구 내에서 공간적·시간적으로 여러 번의 전투가 수행되는 경우를 들 수 있다. 전장이 확대되고, 작전지역이 단일 지

81 Karl-Heinz Frieser, "Panzer Group Kleist and the Breakthrough in France, 1940," in Michael D. Krause & R. Cody Phillips ed. 『Historical Perspectives of the of the Operational Art』, Center of Military History, US Army, Washington D.D. 2005, pp. 169-179.

역에 국한되지 않을 경우, 또는 시기적으로 한 번의 회전에 의해 승패가 결정되는 것이 아니라 공방의 반복이 있을 경우 이러한 전투를 수행함에 있어서 전략적 목적에 부합되도록 중심을 잃지 않는 일관된 작전이 필요한데, 이러한 능력이 작전술이다. 즉 수 개의 전투를 계획함에 있어서 전략적 승리를 위한 목적에 부합되도록 하는 능력이 작전술인 것이다. 이러한 예는 미군 입장에서의 월남전이나 한국전쟁과 같은 경우를 들 수 있다. 셋째는 오늘날 미군과 같이 전 세계를 전구로 구분하고, 전구 내에서도 작전지역을 구분하여 작전지역의 사령관이 작전을 계획하는 경우에 해당하는 작전술이다. 전구사령관은 전구작전을 위해 전구전략을 수행하지만, 전구 내에서 분쟁이 발생하였을 경우에는 그 분쟁을 해결하기 위한 작전지휘관을 임명하고, 이 작전지휘관이 분쟁을 해결하기 위한 작전을 계획하는데, 이 경우 작전지휘관이 수행하는 행동이 바로 작전술을 발휘하는 것이다. 한국의 경우에는 평시부터 한미 연합사가 존재하고 있고, 연합사령관이 그 임무를 수행하기 때문에 연합사령관은 작전술을 발휘하여 한반도에서의 작전을 지휘한다. 이때 연합사령관은 미 합참 또는 태평양사령부의 전략적 지침을 참고하여 이에 부합되도록 작전을 계획하는 것이다. 넷째의 경우는 범위가 큰 작전의 일부로 참가하는 부대가 수행하는 작전술이다. 노르망디 상륙작전의 경우, 전체 작전은 아이젠하워가 지휘하였지만, 상륙 후에는 몽고메리, 브래들리, 크리라 등이 이끄는 부대가 각각 다른 경로를 통해 목표를 향하여 공격하였다. 이들 사령관은 임무를 부여받고 자체로 계획을 수립, 변경, 조정하여 공격을 감행하였으니 대부대의 일부로 참가하는 이들이 수행하는 행위도 작전술에 포함시킬 수 있다. 1945년 일본군을 물리치고 만주를 점령한 소련군의 경우도 이에 해당한다고 볼 수 있다. 전체 목적을 위해 각각 다른 경로로 진입하면서 각 방면의 사령관들은 전혀 다른 지형을 돌파하기 위한 능력을 발휘하여야 하였으니, 동원한 무기체계, 부대의 배치, 운용 등이 각각 달랐던 것이다.

전략은 주요 전투를 계획하며 전승을 목표로 하며, 전투는 승리를 목표로 하지만, 작전술은 가용한 자원을 이용하여 전략의 수행이 가능하도록 하며, 최소한의 전투로 승리하도록 하는 분야인 것이다. 전략이 아무리 우수하고, 유능한 전투 지휘관이 있다 하더라도 효과적인 작전술을 발휘하지 못한다면, 효과적인 전투가 불가능할 수 있고, 단일 전투의 승리가 전략적 목적 달성에 기여하지 못하는 경우도 있는 것이다. 1, 2차 대전을 겪으면서 소련이 작전술의 중요성을 인식하고 발전시켰다든지, 미군도 1980년대 이후 작전술의 중요성을 강조하기 시작했다는 것은 작전술이 그만큼 전쟁의 성패를 좌우할 수 있는 중요한 요소라는 의미이며, 따라서 작전술은 현대전을 수행하는 대규모 군에게 요구되는 영역인 것이다. 전투에서 승리하고, 전략적 목적을 달성할 수 있도록 모든 기능들을 발휘하는 것이 작전술이다.

작전술에 관련하는 제대는 통상 군단급 이상의 부대로 인식되고 있으나, 현대전에서 감시장비 및 화력, 기동장비 등 무기체계의 발달과 군수지원 체계의 발달로 사단급 부대도 작전술 부대로 인식될 수 있다. 걸프전이나 이라크전에서의 미군 부대는 전투력 향상으로 인해 사단급 부대도 작전적으로 중요한 임무를 충분히 수행하였다. 사막의 방패(Desert Shield) 작전에서 미 82공정사단은 미 증원전력이 걸프지역에 집결할 때까지 1주일 동안 충분히 이라크군을 저지하는 역할을 할 수 있었으며, 이라크 자유(Iraqi Freedom)작전에서는 미 3사단이 작전적 기동을 수행함으로써 주도적인 역할을 하였다. 이와 같이 군사기술의 발달로 사단은 과거의 군단, 군단은 과거의 군 작전지역에서 임무를 수행할 수 있게 되었기 때문에 사단급도 작전술제대라고 할 수 있다.[82] 그러나 이러한 상황은 무기체계의 수준에 따라 국가마다 다를 것이다.

작전술이라고 명명할 수 있는 경우의 다양성은 작전술을 이해하거나 규정하는 데 혼란을 초래하는 원인이 된다. 작전술이라고 칭할 수 있는 경우가 다양하기 때문에 국가마다 전략과 작전술을 구분하는 기준이 다르게 되고, 이를 준용하는 국가에서도 혼란을 초래한다.

작전술의 범위가 확대됨에 따라 군사전략의 의미도 변화를 겪을 수밖에 없게 되었다. 과거에는 적에 대해 전력을 운용하기 위한 군사적 행동방안의 의미로서의 군사전략이 작전적 영역의 확대와 더불어 그러한 의미를 고수할 수 없게 되었다. 적을 대상으로 한 과거의 군사전략과 같은 사고를 작전적 지휘관이 하게 되었고, 전략적 제대는 더 큰

---

82 John S. Brown, "The Maturation of Operational Art, Operations Desert Shield and Desert Storm," in Michael D. Krause & R. Cody Phillips ed. 『Historical Perspectives of the of the Operational Art』, Center of Military History, US Army, Washington D.C. 2005, p. 452.

의미의 사고를 하게 되었다. 미 합참의 경우 군사전략은 더 이상 특정 적을 대상으로 싸우기 위한 고려를 하는 것이 아니라, 그 준비 즉 태세에 해당하는 구상을 의미하게 되었다. 따라서 미군의 군사전략서(National Military Strategy)는 전통적인 군사전략의 의미를 벗어난 내용을 수록하고 있다. 이러한 의미에서 전통적인 군사전략은 작전전략이라고 부르는 것이 더 타당할 수 있게 되었다. 이와 같은 이유 때문에 미군의 기준을 한국군이 그대로 준용할 수 없는 것이다. 전략과 작전술의 범위가 각각 다르기 때문이다. 미군의 경우 한반도에서의 작전은 작전지역에서의 작전술 발휘의 대상이며, 미군의 국가군사전략은 그러한 구체적인 내용을 대상으로 하지 않는다. 그러나 한국의 경우 최초 구상이 바로 적과의 전쟁을 대상으로 할 수밖에 없기 때문에 한국의 군사전략은 미군과 같은 넓은 개념이 아니라 작전전략과 같은 개념이 되어야 하는 것이다. 이렇듯, 전략과 작전술은 적용되는 전구의 범위에 따라 다른 의미로 해석될 수 있다.

2. 작전적 수준

작전적 수준의 의미

나폴레옹 시기까지의 전쟁은 비교적 좁은 지역에서 양측이 맞붙어 교전하는 형태의 전쟁이었다. 일정한 지역에서 전투(Battle)를 벌여 적의 주력을 격멸하는 형태의 전쟁이었다. 이 시기에는 전략(Strategy)과 전술(Tactics)의 두 개념만 있으면 충분하였다. 즉 전략은 예나 지금이나 국가전략 및 군사전략으로 구분되었을 것이고, 군사력의 사용은 국가전략의 일환으로 외교나 경제적 수단 등의 동원 이외의 마지막 수단으로 사용되었을 것이다. 군사력 사용을 위한 전략이 군사전략이며, 대부분 적과의 전투를 언제, 어디서, 어떻게 수행할 것인가 정도를 고려하면 되었다. 그 결정 후에, 대부분 왕이 직접 군대를 이끌고 전장에 나가 적과 교전하였다. 단일 전투가 전쟁의 승패를 결정짓는 요인이 되었기 때문에 전투를 위한 군사력의 운용이 곧 전략적 군사력 운용과 직결되었다.

나폴레옹 시대에는 군의 규모가 커지고, 도로망이 제한되어 있기 때문에 군은 사단으로 나누어 기동하여야 하였다. 그러나 그러한 분리 기동은 하나의 전투를 위해 분리하여 기동한다는 것 이외에 큰 의미가 없었다. 나폴레옹은 전투가 일어날 지역을 미리 지정하고, 사단의 지휘관에게 언제 어떤 형태로 전투에 돌입하여야 하는 것을 지시하였기 때문에 결국 나폴레옹의 전쟁도 하나의 전장에서 일어나는 전투를 위해 부대를 분산하여 기동한 것에 지나지 않았다. 분산되어 기동하는 부대는 독립적으로 전투를 수행하는 것이 아니라, 최초 계획된 하나의 전투를 위해 기동하는 것이었다. 결국 하나의 전투를 위해 전 부대를 집중하는 것이었으며, 그 전투 결과에 따라 대부분 그 전쟁의 승패가 결정되었다. 즉 이 시기까지 전쟁의 유일한 수단은 전투(Battle)라고 할 수 있었고,[83] 전략과 전술이 직접 연결되어 있었다. 이때의 군사전략이란 전투를 수행하기 위한 고려에 한정되었다. 예를 들면 언제, 어디서 전투를 수행할 것인가의 정도가 군사전략에 해당되었다.[84]

전략과 전투의 이분법적 사고에서 다른 차원의 고려가 등장하게 되는 가장 중요한 계기는 작전지역의 확대라고 할 수 있다. 산업혁명의 결과 철도와 항공기 등이 발달하고, 전쟁이 총력전 양상을 띠게 되며, 무기의 치명성이 확대되는 등 전장이 확대될 수밖에 없는 요인이 발생하였다. 그 결과 과거 단 하나의 전투에 의해 승패가 결정되는 형태의 전쟁이 아니라 전쟁에서 이기기 위해서는 하나 이상의 전투를 수행하여야 되었고, 심지어는 전혀 다른 지역의 2개 이상의 전장도 포함되게 되었다. 월남전과 한국전과 같은 경우는 하나의 전장(전구)에서

---

83 김만수 역, *전쟁론(Carl von Clausewitz, Vom Kriege) 제1권* (서울: 갈무리, 2006), p. 108.

84 Panos Mavropoulos, LGen(Ret), “Operational Level of War: A Tool for Planning and Conducting Wars or an Illusion?,” *Journal of Computatiohns & Modelling,* Vol.4, no.1, 2014, p. 95.

수 개의 전투가 수행된 경우이지만, 1, 2차 대전의 경우에는 유럽의 전 지역, 심지어는 2개 이상의 대륙을 포함한 지역으로까지 전장이 확대되게 되었다. 오늘날 미국은 전 세계를 잠재적 전장으로 설정하고 군사력을 배치 및 운용한다.

작전적 수준이란 전략과 전투를 연결시키는 제대 또는 역할을 의미하고, 이들 제대에서 수행하는 기능을 작전술이라고 칭하게 되었다. 즉 작전적 수준이나 작전술은 전투 수행을 전략적 목적에 기여하도록 연결시키는 기능을 의미하는 것이다.

그런데, 1, 2차 대전이나 오늘날 미군과 같이 세계를 대상으로 전쟁을 수행하는 입장에서 보면, 전략-작전-전술의 구분 또한 부족한 면이 있다. 전장이 확대되기 때문에 3단계의 구분으로는 설명할 수 없는 부분이 생기게 되었다. 전략적 수준이나 전술적 수준은 쉽게 이해가 갈 수 있고 명확한데, 그 중간 부분이 증가함으로써 복잡성을 띠게 된다. 작전적 수준에 대한 이해가 복잡하게 되는 원인도 이 때문에 발생하며, 전략과 작전의 개념이 혼돈되는 것도 이 때문이다.

2차 대전에서 노르망디 상륙작전을 예로 들어보자. 미 합참 입장에서 볼 때에 노르망디 상륙작전은 하나의 전구(Theater)다. 즉 아이젠하워는 유럽전구의 사령관이고, 맥아더는 태평양 전구의 사령관이었으며, 이 둘은 모두 작전적 수준의 지휘관이었다. 반면 미 합참은 이들 모두를 총괄하는 제대 즉 전략제대라고 할 수 있다. 미 합참에서 할 수 있는 일은 모든 전구의 상황을 모니터하고, 각 전구에서의 달성할 목표를 설정하며, 전력을 배분하는 일이 될 것이다. 즉 미 합참은 전체에 대한 군사전략을 수립하고, 유럽전구와 태평양 전구에서 달성할 목표를 설정하며 자원을 할당하였을 것이다. 작전의 목표에 대한 대략적인 구도는 설정할 수 있지만 어떻게 작전을 전개할 것인가를 미 합참에서 결정할 수는 없다. 이미 미 합참은 전투나 작전을 실행하는 제대가 아니기 때문이다.

전략목표를 달성하기 위해 아이젠하워는 노르망디 상륙작전을 수행한다. 아이젠하워는 목표와 자원을 할당받았지만, 어떻게 싸울 것인가는 자신이 결정하여야 하였다. 즉 아이젠하워는 서유럽 전구의 작전을 위한 전략을 수립하여야 했던 것이다. 그래서 칼레 방면으로 양동작전을 수행하고, 상륙지역으로 노르망디를 선정한다. 그리고 상륙성공 후 프랑스를 경유하여 독일의 심장부까지 진격하는 작전의 목표를 세운다. 이렇게 선정하는 것이 전구전략이다. 즉 전구에서도 해당 전구의 작전을 위한 전략을 수립하여야 하는 것이다. 한편, 아이젠하워는 상륙작전과 이후의 공격작전을 계획하지만, 아이젠하워가 직접 작전을 하지는 않는다. 아이젠하워의 계획은 패튼, 브래들리, 몽고메리 등이 지휘하는 부대에 의해 수행된다. 이들은 상륙작전 이후 각각 다른 접근로를 이용하여 아이젠하워에 의해 설정된 목표를 향해 공격한다. 이들은 전구전략에 설정된 목표를 염두에 두고 각각 독립적으로 활동하여 목표에 도달하면 되는 것이다. 이들은 그들이 전진하는 접근로에서 수많은 적들과 교전(Engagement)과 전투(Battle)를 계획하고, 수행하며 전구전략목표를 달성하려고 한다.

앞의 예에서 전쟁이 이루어지는 수준을 구분하여 보면, 가장 말단의 교전과 전투가 이루어지는 전술적 수준, 패튼·브래들리·몽고메리 등에 의해 전투를 계획하는 수준, 아이젠하워에 의해 이루어지는 수준, 서유럽과 태평양을 포괄하는 수준의 단계로 나누어볼 수 있다. 작전적 수준의 정의에 의하면, 아이젠하워의 수준과 패튼 등의 수준이 모두 작전적 수준이다. 즉 작전적 수준이란 전략적 목표를 달성하기 위해 작전전구(Theater of Operations) 또는 작전지역(Area of Operations)에서 전역(Campaigns)이나 주요작전(Major Operations)이 계획·수행·유지되는 수준을 의미한다. 전략목표 달성을 위한 작전목표(Operational Objectives)를 설정하고, 작전을 전개하며, 작전지속을 위해 자원을 제공하여 전술과 전략을 연계시키는 활동이 이루어지는 수준이다.[85] 좀 더 쉽게 설명하면, 작전적 수준이란 전략적 목표를 달성하기 위해 전술적 수준의 부대를 운용하며, 이를 위한 행정지원, 군수지원을 제공하고, 성공적인 전투가 될 수 있도록 자원들을 제공해서,[86] 독립적인 작전을 수행할 수 있으며, 주요 전투와 전역을 계획하는 수준을 말한다고 할 수 있다. 여기서 작전적 수준은 전구(Theater)와 지역(Area)으로 구분될 수 있다. 즉 미 합참은 전략적 수준이며, 미 합참보다 낮은 단계에 있는 수준은 전술적 수준을 제외하고 모두 작전적 수준이 된다. 오늘날의 예를 들면, 태평양 지역은 작전전구(Theater of Operation)가 되고, 그중에서 한국은

85 http://usmilitary.ablut.com/od/glossary/termso/g/o4531.htm

86 U.S. Col. Michael J Morin, *Military Strategy and Unified Operations (Draft)* Carlisle, (PA: U.S. Army War College, 1988), pp. I-10.

작전지역(Area of Operation)이 되는 것이다. 태평양 전구에는 한국뿐만 아니라 호주를 중심으로 한 남태평양 작전지역도 있고, 베트남과 같은 인도차이나 작전지역도 속하게 된다. 작전전구나 작전지역 모두 전투를 직접 수행하지 않고 수 개의 전투를 계획하는 제대이기 때문에 작전적 수준이 된다. 따라서 아이젠하워나 맥아더는 전구차원의 작전적 수준의 지휘관이며, 패튼이나 브래들리는 그보다 낮은 차원의 작전적 수준의 지휘관이 되는 것이다. 맥아더의 인천상륙작전은 당연히 작전적 수준의 작전이다. 아이젠하워와 마찬가지로 인천에 상륙하며, 차후 작전을 계획하고 다양한 전투를 수행하며, 이를 위한 자원을 할당하였기 때문에 작전적 지휘관이라고 할 수 있다.[87]

한편, 미군과 같이 전 세계를 군사력 사용의 대상으로 하는 국가는 전구 또는 지역을 구분하여 전략적 및 작전적 수준의 구분을 명확히 할 수 있지만, 중소국가는 그 국가의 합참 자체가 전구 또는 지역 사령부가 되어 직접 전쟁을 수행하는 제대가 된다. 중소국에서도 정부차원의 국가이익 고려와 합참 차원의 국가군사전략적 고려가 있겠지만, 동시에 합참 자체가 동시에 작전적 수준의 행위 즉 전역과 전투를 계획 및 수행하여야 하는 것이다. 미 합참은 전략적 수준의 결정을 하면

87 이러한 교리를 잘 설명한 글은 Col(Dr). James Jacobs, South African War College, "Illustrating the Level of War-Operation Zitadelle(Kursk), 5-14 July 1943, A Case Study," *Scientia Militaria*, South African Journal of Military Studies, Vol 33, Nr 2, 2005. pp. 78-87. 그는 국가전략적 수준(National Strategic Level), 군사전략적 수준(Military Strategic Level), 작전적 수준(Operational Level), 전술적 수준(Tactical Level)으로 설명하고 있다.

되고, 군사력 운용은 전구사령관 또는 지역사령관이 몫이지만, (또 그래서 전구전략이 필요하게 되지만) 중소국가의 합참은 전략적 결정과 동시에 작전적 수준의 결정도 하여야 하는 것이다. 이와 같은 상황에서 중소국의 합참이 전략적 수준의 역할만 하려고 한다면, 전쟁의 당사자가 작전적 임무를 회피하는 것과 마찬가지이다. 특히 미군의 교리에 근거하여 이론의 통일성을 꾀하려고 할 경우, 전구에서 작전적 수준의 고려를 한다면, 중소국가의 합참은 이미 전구에 속해 있기 때문에 동일한 수준의 고려를 하여야 하는 것이다.

한편, 오늘날의 무력행사는 항상 전략제대-작전술제대-전술제대의 순차적인 절차를 거쳐서 이루어지지 않을 수 있다. 예를 들어 영국의 포클랜드 전쟁이나, 미국의 빈 라덴 공격작전과 같은 작전은 비록 전술제대 또는 그 이하 규모의 전투부대에 의해 교전이 이루어지나, 그들의 행위가 곧 국가이익과 직결되기 때문에 그 부대의 행동은 곧 작전적 수준의 행동이라 할 수 있는 것이다. 작전적 수준은 국가이익을 달성하기 위한 전략적 목표에 기여하는 방향으로 전역이나 전투가 전개되도록 유지하는 것이 임무이기 때문이다. 이들의 교전 결과가 곧 국가이익과 직결된다. 전투부대의 행동 결과에 따라 국가이익이 영향을 받기 때문에 최고 통수권자를 비롯하여 정부나 군의 지도자들은 이들 전투부대의 교전이 국가이익에 기여하는 방향의 결과를 도출해 주기를 원하는 것이다. 영국이나 호주에서 작전적 수준의 연구의 필요성이 대두되는 것도 이 때문이다.

이렇게 볼 때, 오늘날 작전적 수준은 투입된 부대의 규모나 작전지역의 대소와 관계없이 이들의 행동이 국가이익과 직결되는 전략에 직접적인 영향을 미치느냐의 유무에 의해 결정된다고 볼 수 있다. 소규모 부대의 행동이 작전적 수준의 행동이 될 수도 있는 반면, 역으로 대규모 부대라도 전술적 수준이 될 수 있다. 즉 대규모 부대라고 하더라도 작전술 차원의 고려가 아닌 단순한 전투행위의 임무에 투입될 경우 이들은 전술적 차원의 행위를 하는 것이다.

앞에서 설명한 이유로, 작전적 수준에 대한 이해는 매우 혼란스럽다. 작전지역의 크기, 작전에 투입된 부대의 규모, 작전을 담당하는 제대의 역할 등에 따라 각각 다른 해석이 가능하기 때문이다. 단편적인 지식을 가지고 모든 경우에 적용하려 할 경우 오류가 발생하는 것은 이 때문이다. 우리의 군사이론 체계가 미군의 그것을 기준으로 하고 있다면, 그 이론을 적용하되, 우리의 현실에 맞게 올바른 이해를 가지고 적용하여야 한다. 미군의 이론을 그대로 적용하려고 할 경우 문제가 발생하게 된다. 작전적 수준은 전투 행위가 전략목표 달성에 연결되도록 기획하느냐의 여부로 결정되어야 하며, 작전지역이나 투입제대의 크기에 의해 결정되는 것은 아니다.

작전적 수준 지휘관의 임무

작전적 수준의 지휘관이 전역이나 주요전투가 전략목표 달성에 기여하도록 하기 위해서 수행하는 임무가 바로 전역계획(Campaign Plan)을 작정하는 것이다. 작전적 수준의 지휘관은 전역계획을 작성함으로써 전략목표를 달성하기 위한 행동을 제시한다. 그것이 바로 작전개념이다. 예하부대 지휘관들은 이 작전개념에 의해 자신들의 임무를 분석하고, 세부계획을 수립한다. 즉 작전적 지휘관은 전략목표 달성을 위한 작전목표(Operational Objectives)를 설정하고, 그 목표 달성을 위한 방안을 고안하며, 전투를 계획하고, 필요한 부대를 할당하고, 군수지원을 통해 부대가 작전을 지속할 수 있도록 하는 것이다. 이렇게 함으로써 작전적 수준의 지휘관은 전략과 전투를 연계시킨다.

작전적 수준의 지휘관은 세계 또는 전구지역의 전략환경을 이해하고, 국가의 전략목표를 이해하며, 자신에게 부여된 전략지침(Strategic Direction or Strategic Guidance)을 이해하여, 전략목표 달성에 기여할 수 있는 전구전략을 수립한다. 전구전략을 수립하기 위하여 군사적 목표를 결정하고, 어떻게 전구의 전장을 운영할 것인가를 계획하여야 하며, 예하부대에 지침을 하달하여야 한다. 그는 또한 목표 달성을 위한 작전의 형태를 결정하여야 하며, 전장운용에 대한 비전을 제시하고, 노력을 통합할 수 있어야 한다.[88] 이렇게 하여 작전적 수준의 지휘관은 전투와 전략을 연계시키는데, 이 모든 개념들이 종합되어 나타나는 것이 바로 전역계획(Campaign Plan)이다.[89] 작전적 수준의 지휘관은 전역계획을 작성함으로써 그에게 주어

---

88 U.S. Col. Michael J Morin, *Military Strategy and Unified Operations (Draft)* Carlisle, (PA: U.S. Army War College, 1988), pp. I-14-15.

89 Major Charles Bauland, "The operational Level: Vital Knowledge for Today's Officer," http://www.globalsecurity.org/militry/library/report/1989/BCI.htm

진 군사력을 가지고, 군사적 행동 즉 작전을 통해 전략목표를 달성하기 위한 계획을 수립하는 것이다. 작전적 수준의 지휘관은 전략목표만을 수립하는 역할을 하는 것이 아니라 주어진 작전상황에 직접 뛰어들어 전투력을 운용하고 예하부대들을 행동하게 하는 제대의 지휘관인 것이다. 실제 전투는 예하부대가 담당하겠지만, 작전적 지휘관은 전투를 계획하고, 자원을 할당하고, 지속적인 지원을 하여야 한다. 그는 전략목표를 가장 효과적으로 달성할 수 있는 방법을 찾아야 하며, 최소한의 희생으로 그 목표를 달성할 수 있도록 고민하여야 한다. 그리고 그 방법을 전역계획으로 발전시키고, 이를 보다 더 구체화하여 작전계획(OPLAN: Operation Plan)으로 발전시키는 것이다.

전역계획의 수립에 가장 중요한 것이 바로 어떻게 작전을 전개할 것인가에 대한 방향을 결정하는 것이다. 즉 전략목표 및 작전적 목표를 달성하기 위해 주어진 전력을 활용하여 어떻게 싸울 것인가를 결정하는 것이다. 이것이 바로 전구전략의 최초 구상이 되는 것이며, 작전의 접근(Operational Approach)이라 하고, 작전술의 가장 핵심적인 부분이 된다.[90] 작전의 접근에는 두 가지 방법이 있는데, 적의 중심(Center of Gravity)을 향해 직접 공격하는 직접접근(Direct Approach)과 적의 강점을 피해 최소 저항선을 향해 공격하는 간접접근(Indirect Approach) 중 적절한 방법을 선택한다. 공격을 위한 결정적 지점(Decisive Points)을 선택하고, 주공(Main Effort)을

---

90 US JCS, *Joint Doctrine for Campaign Planning* Joint Publication 5-00.1 (Washington D.C.: Joint Chiefs of Staff, 2002), p. II-12.

결정하고, 작전적 예비대를 지정하며, 전력을 통합시키고, 주공이 계속 전투력을 발휘할 수 있도록 지속적인 지원을 하고, 작전의 단계를 구상하며, 우발계획과 후속계획을 구상하는 등의 노력이 전역을 구상하는 요소이다.[91] 이러한 요소들이 전역계획을 작성하는 데 필요한 주 고려사항이다. 이어 참모 및 지휘관은 지휘관의 접근방법에 대해 수 개의 방책(COA: Course of Action)을 선정한 후 최선의 방책을 결정한다. 방책을 비교하여 선정된 최선의 방책이 바로 작전의 접근을 구체화하여 예하부대 및 지원부대가 행동할 수 있는 지침이 되는 개념이다. 이것이 바로 해당 전구의 싸우는 방법이 되는 것이고, 해당 전구의 전략개념(Strategic Concept)이 된다.[92] 이 전구의 전략개념이 합참의장(Chairman of the Joint Chiefs of Staff)의 승인을 받으면, 공식적인 작전개념(Concept of Operation)이 되며,[93] 이 둘은 같은 개념이다. 이렇게 하여 전구의 전략개념(또는 작전개념)이 선정됨으로써 전구의 전역계획이 완성되고, 이것을 보다 더 세부적으로 발전시킨 것이 작전계획(OPLAN)이 된다.[94]

전략개념(또는 작전개념)이 바로 전구 사령관의 해당 전구에서 전력을 어떻게 운용하겠다는 개념이 된다. 이 작전개념은 전구의 전략 목표를 달성하기 위한 군사력 운용의 최종적인 안으로서, 예하부대를

91 US JCS, *위의 책*, p. II-14-20.
92 US JCS, *위의 책*, p. III-12.
93 US JCS, *위의 책*, p. II-14.
94 US JCS, *위의 책*, p. II-14.

이러한 방법으로 사용하겠다는 군사력 운용개념이다. 즉 사령관의 전구에 대한 최초 복안인 작전의 접근이 방책선정 과정을 거쳐 구체화된 운용개념이 되는 것이다. 전략개념(Operational Concept)[95]은 최선의 방책을 보다 더 구체적으로 기술한 것이다. 전략개념은 두 가지 중요한 역할을 한다. 그 하나는 부대의 할당, 배치, 운용, 지속지원에 대한 지휘관의 의도를 나타내는 것이요, 또 다른 하나는 작전의 성공을 위한 목표를 식별하고, 목표달성의 시간을 제시하는 것이다.[96] 전자의 역할은 미군의 입장에서 보면, 주어진 전력을 사용하는 것에 지나지 않지만, 중소국가의 입장에서 보면 군사력 건설과 관계있는 분야다. 전술한 바와 같이 미군은 미 합참에서 군사력을 건설하여, 국가군사전략에 따라 각 전구의 전략목표를 설정하고, 군사력을 할당하면, 전구에서는 이렇게 할당된 전력을 운용하기 위해 전구전략개념을 수립한다. 그러나 중소국가는 이러한 과정이 분리되지 않고, 동시에 일어난다. 즉 별도의 전구를 갖지 않고, 그 국가 자체가 전구이기 때문에 국가군사전략과 전구군사전략이 동시에 이루어져야 한다. 즉 군사력을 사용하기 위한 역할과 건설하기 위한 역할이 동시에 같은 제대에서 이루어져야 하는 것이다. 따라서 전시 군사력 사용을 위한 전구전략을 수립하고, 이때의 전력운용을 염두에 두고, 그 전력을 평시에

---

95 Operational Concept(작전개념)는 최선의 방책을 더 구체적으로 기술한 것으로서 작전에 대한 전반적인 그림을 설명한 것이며(Idea 차원), 이것을 검토한 후 구체화하여 예하부대의 운용까지 세부적으로 기술한 것이 Concept of Operations(작전개념)이다.

96 US JCS, *위의 책*, p. III-12.

건설해야 하는 것이다. 따라서 중소국의 합참은 전략수준의 국각군사 전략과 작전적 수준의 전구군사전략을 동시에 수립하고, 한편으로는 군사력 운용을 구체화하기 위하여 작전계획을 발전시키고, 한편으로는 군사력을 건설하기 위하여 필요한 전력을 선정하고 획득하는 계획을 동시에 발전시켜야 하는 것이다. 미군은 전구의 전략개념이 합참의장의 승인을 받으면, 작전개념이 되지만, 중소국에서는 합참의 승인을 받는 과정이 필요 없고, 합참에서 작성하는 것 자체가 이미 전구 전략개념이요, 작전개념이 된다.

3. 작전술의 내용

작전술은 합동작전기획과정을 통해 작전의 접근(Operational Approach)을 도출하는 과정이라 하였다. 작전술 또는 작전구상의 결과 도출되는 것이 작전의 접근이라면, 작전의 접근이야말로 작전술의 요체요, 작전적 수준의 지휘관이 제시하여야 할 핵심적인 내용이라는 것을 의미한다. 미군의 경우, 전구사령관이나 지역사령관과 같이 한 지역의 작전을 담당하는 사령관이 자신의 전력을 운용하기 위해 결심하여야 할 전력운용의 복안이 되고, 이 복안이 궁극적으로 전역계획으로 발전하게 되는 것이다. 즉 작전의 접근은 군사적 최종상태를 달성하기 위해 부대를 운용하기 위한 지휘관의 의도로서,[97] 작전적 수준의 제대에서 발휘해야 하는 가장 중요한 개념이 되는 것이다. 이 개념이 곧 작전지역의 전략이 되는 것이며, 이 개념대로 부대를 운용한다.

작전의 접근은 최종상태에 도달하기 위한 방법을 설명한 것으로서, 이에는 목표, 중심, 결정적 지점, 접근전략(직접접근전략 또는 간접접근전략), 부대의 운용개념, 작전선, 종말점, 작전의 범위, 작전의 한계,

---

97 US JCS, *Joint Operation Planning* Joint Publication 5-0 (Washington D.C.: Joint Chiefs of Staff, 2011), p. III-1. p. III-5.

위험요소 등이 포함된다.[98] 이러한 설명은 작전이 어떻게 진행될 것이라는 지휘관의 비전을 대략적으로 설명한 것으로서 이 개념만 들어도 참모 및 예하부대 지휘관은 자신들이 행동할 수 있는 개념을 인식할 수 있을 것이다. 이와 같이 작전의 접근은 목표달성을 위해 작전적 수준의 부대 및 예하부대가 어떠한 행동을 하여야 하는지를 제시하는 개념이고 아군의 의도이기 때문에 적에게는 노출되어서는 안 되는 극비의 사항이 된다.

작전의 접근을 도출하기 위한 방법이 바로 작전구상이라 하였다. 즉 지휘관이 작전의 접근을 발표하여 구체적인 계획작성의 단계를 지시하기 이전까지는 작전구상의 요소에 따라 사고를 한다. 작전구상은 작전의 접근을 도출하기 위한 개념적인 도구(Conceptual Tools)이며, 작전술의 핵심이다. 지휘관 및 참모는 작전구상의 요소에 따라 사고함으로써 복잡한 문제를 해결한다. 즉 작전환경에 대한 이해와 문제점을 식별하고, 이를 해결하여 최종상태에 도달하기 위한 작전의 접근을 도출하는 것이다. 작전구상의 요소는 다음과 같다.[99]

• 종결조건(Termination): 종결조건은 대통령 및 국방장관이 전쟁을 통해 원하는 결과를 의미한다. 종결조건을 이해하여야 군사적 최종상태와 목표를 결정할 수 있다.

98 US JCS, *위의 책*, pp. III-14-17.

99 US JCS, *위의 책*, pp. III-18-38.

- 군사적 최종상태(Military End State): 군사적 최종상태는 더 이상 군사행동이 요구되지 않는 상태를 의미하며, 군사적 목적을 달성하였을 때 이루어진다.
- 목표(Objectives): 목표는 최종상태에 도달하기 위하여 군사력을 지향하여 달성하여야 대상을 말한다. 목표는 명확해야 하며, 수단과 방법을 추론해야 하는 과업(Task)의 형태로 제시되지 않아야 한다.
- 효과(Effects): 군사적 행동으로부터 야기될 수 있는 정치, 외교, 경제, 군사, 정보 등에 대한 물리적 및 행동과학적 결과를 의미한다.
- 중심(Center of Gravity): 중심은 피아의 사기, 전투력, 행동의 자유, 의지 등 전력의 원천이 되는 요소를 의미한다. 작전구상 시 적의 중심은 파괴하고, 아 중심은 보호한다.
- 결정적 지점(Decisive Points): 결정적 지점이란 여기를 타격하였을 때, 적에 대해 우위를 점할 수 있거나, 성공에 기여할 수 있는 지점, 중요 사건, 결정적 요소, 기능 등을 말한다.
- 작전선 또는 효과선(Lines of Operation and Lines of Effort): 작전선은 적을 상대하기 위한 내선 또는 외선 작전선을 의미하거나, 목표에 도달하기 위해 결정적 지점을 연결한 가상의 선을 의미한다. 효과선은 작전적 및 전략적 조건 달성을 위해 임무와 과업을 논리적으로 연결시키는 작업을 말한다.
- 직접 또는 간접접근(Direct and Indirect Approach): 직접접근은 적의 중심을 직접 공격하는 것이며, 간접접근은 적의 중심을 직접 공격하는 것이 아니라, 일련의 결정적 지점을 공격함으로써 적의 중심을 파괴하는 것을 의미한다.

• 예상(Anticipation): 작전과정 중에 예측하지 못했거나, 기회를 이용하기 위해 지속적으로 정보를 획득하고 다음에 일어날 일을 예상하는 것을 말한다.
• 작전범위(Operational Reach): 작전이 전개될 수 있는 지역이나 기간을 의미한다.
• 종말점(Culmination): 작전의 동력이 유지될 수 없는 점을 말한다.
• 작전의 배열(Arranging Operation): 최종상태에 도달하기 위해 동시 또는 연속적으로 작전을 계획하며, 합동전력을 배분하는 것을 의미한다.
• 적 전력 또는 기능(Forces and Functions): 아 전력을 적 전력 파괴에 집중할 것인지 또는 기능의 파괴에 집중할 것인지, 아니면 두 가지에 모두 집중할 것인지를 계획하는 것을 의미한다.

앞에서 설명한 작전구상과 작전의 접근은 합동작전기획과정의 일부분의 역할을 하며, 합동작전기획과정의 임무분석 단계에 해당된다. 즉 작전술의 발휘를 통해 얻어진 결과인 작전의 접근은 임무와 문제를 분석하여 해결 방안을 도출한 것이고, 이후의 절차는 이를 수행하기 위해 방책을 개발하고, 비교 분석하여 최선의 방책을 선정하며, 이를 계획 또는 명령화하는 작업이 이루어진다. 작전술 또는 작전구상을 통해 얻어진 작전의 접근은 전역계획을 작성하기 위한 개념적 기반(Conceptual Basis)을 제공한 것이고,[100] 합동작전기획과정의 초기에 해당한다. 합동작전기획과정은 이를 더 구체적으로 발전시켜 부대를 운용하기 위한 완전한 계획으로 만드는 과정이다. 즉 작전의 접근은 여전히 개념적인 상태인 것이며, 이를 계획이나 명령을 통해 예하부대를 행동화한다. 합동작전기획과정은 지휘관 및 참모가 계획이나 명령을 작성하기 위해 수행하여야 할 과정을 의미하며, 각자의 역할과 노력들이 일련의 연속성과 논리를 갖도록 체계화한 절차를 의미한다. 이러한 절차를 따라 각자의 역할을 수행함으로써 노력의 중복을 피할 수 있으며, 중요한 요소가 생략되는 오류를 범하지 않을 수 있다.

작전의 접근은 작전을 수행하기 위한 개략적 개념이므로 이를 구체화하기 위해서 방책을 개발 및 선정한다. 개념과 방책이 다른 점은 방책은 누가, 언제, 어떤 형태의 작전을 수행하며, 왜, 어디서 수행하는지, 그리고 전력의 운용은 어떻게 되는지를 포함하는 것이다. 따라서 하나의 작전의 접근에 따라 다양한 방책이 제시될 수 있다. 다양한 방책 중 하나를 선정하여 최선의 방책을 결정한다.

최선의 방책을 선정하여 지휘관이 이를 결심하고, 전구지휘관이 이를 전략제대인 합참의장에게 상신하여 결재를 받으면, 이것이 곧 해당 전구의 작전개념이 된다. 작전개념에 의해 작전계획을 발전시키며, 앞에서 설명한 전역계획은 이렇게 하여 작성되는 것이다.

---

100 US JCS, *위의 책*, pp. III-IV-1.

VI.

합동기획체계의 한국적 적용

한국군이 미군의 합동기획체계를 준용하는 것은 타당하다고 볼 수 있다. 미군의 전쟁경험과 한미 동맹에 의한 연합작전의 측면에서 볼 때, 동일한 교리를 사용하는 것이 효과적일 수 있다. 어느 국가나 실제 전쟁에 임하여서는 미군과 동일하게 사고하는 것이 필요하다.

그러나 곳곳에서 언급한 바와 같이 미군의 체계를 한국에 준용함에 있어서 전쟁기획의 수준에 따른 조정이 필요하다. 미국의 경우는 전 세계를 대상으로 하기 때문에 국가 군사전략, 전구 군사전략, 주요 작전이 구분되지만, 한국과 같이 단일 전구에서의 전쟁에 한정된 국가는 이러한 구분이 필요 없다. 한국은 단일 주요작전에 의해 전쟁을 수행할 뿐이다. 따라서 한국의 군사전략은 주요 작전에 해당하는 내용을 포함하고 있어야 한다. 즉 미군과 같이 전략 목표나 군사력 배분만 제시하는 것이 아니라 군사력 운용에 대한 개념을 제시하여야 하는 것이다. 주어진 전력을 사용하여 전략목표를 어떻게 달성할 것인지에 대한 개념을 제시하어야 하는 것이다. 작전지역의 군사전략에 해당하는 목표, 운용개념, 수단이 포함된 내용을 제시하여야 하며, 군사력 배분, 기동, 전투 등의 개념이 포함된 내용이 되어야 한다. 전쟁기획의 수준에 맞는 내용을 제시하지 못하고, 미군의 체계와 수준에 맞추려고 하면, 우리 몸에 맞지 않는 옷을 입은 것처럼 기획체계와 그 산물, 담당하는 부서의 임무가 우리의 실정에 맞지 않을 수 있다. 그리하여 우리에게 불필요하거나 의미 없는 내용들이 기획문서에 기술될 수 있거나, 중요한 내용들이 빠져버리는 결과를 초래할 수 있다. 따라서 미군의 기획체계를 준용하되, 전쟁기획의 수준 차이에서 발생하는 차이점을 명확히 인식하고, 한국군에게 반영하는 것이 필요하다.

1. 합동기획체계의 차이 인식

미군의 합동기획과정을 적용할 때에는 전쟁기획의 수준 차이에서 오는 차이점을 명확히 인식하고 한국의 기획문서 내용의 수준을 정립하여야 하는 것이다. 〈그림 22〉에서 보듯이 미군은 자신의 수준에 적합하도록 전쟁기획의 수준과 기획문서의 수준을 결정하였다. 즉 NMS는 세계를 대상으로 한 미군의 목표와 방법을 기술하였으며, JSCP는 이를 수행하기 위해 각 전구별로 임무를 부여하고, 군사력 할당을 주요 내용으로 하고 있다. 실제 전쟁을 위한 전투력 운용은 이러한 지침을 바탕으로 연합사령관이 결정한다.

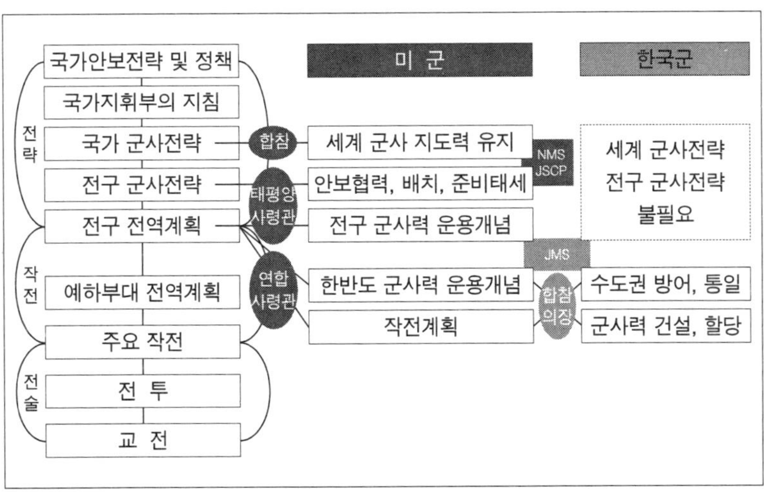

〈그림 22〉 한미 전쟁기획 수준 차이

한반도에서 전쟁을 위한 구상은 연합사령관이 실시하는데, 연합사령관이 수행하는 과정은 작전구상-작전의 접근-방책결정의 과정을 통해 작전계획을 작성하는 것이다. 즉 연합사령관은 한반도에서 How to Fight를 개발하고, 이를 구체화하여 작전계획을 작성하는 것이다. 미군은 이러한 과정을 '작전'이라고 할 뿐이다. 미래 전작권을 한국이 환수하여 합참의장이 한반도 작전을 주도할 경우, 합참의장은 연합사령관과 동등한 역할을 수행할 것이다. 즉 한반도에서의 군사력 운용개념을 결정하고 이를 발전시켜 작전계획을 작성하여야 할 것이다. 미래 한반도의 전쟁에 직면하여 합참의장의 사고의 출발점은 이 시점부터가 될 것이다. 미군의 NMS와 JSCP의 내용과 같은 전 세계적 군사력 운용의 목표, 전구의 임무지정, 전구에 대한 자원할당과 같은 임무는 한국 합참의장이 고려할 필요가 없는 임무다. 따라서 한국의 합동기획 문서도 이와 같은 한국의 수준에 적합한 내용부터 기술되는 것이 타당하다.

물론, 한국 합참은 군사력 운용에 관한 최고기관으로서, 정부를 보좌하고 국가전략에서 설정한 전략목표를 군사력으로 구현하기 위한 일련의 활동을 하여야 한다. 그뿐만 아니라 미 합참과 동등한 자격으로 한미 연합전력의 운용에 대한 전략지시를 하달하는 것도 필요하다. 이런 의미에서는 미 합참과 같은 역할을 수행하여야 한다. 다만 군사력 운용의 측면에서 한국 합참은 미 합참과 같이 세계~작전지역에 이르는 과정에 대한 고려를 할 필요가 없다는 것이다. 군사력 운용에서 한국 합참은 바로 작전지역에 대한 군사력 운용개념을 창출해 내야 하는 당사자인 것이다. 이러한 의미에서 한국 합참은 미 합참 수준의 고려와 연합사 수준의 고려를 동시에 수행해야 하는 것이다. 즉 미군의 입장에서 보면 전략적 차원과 작전적 차원의 동시 고려가 필요한 것이다. 이것이 바로 한미의 전쟁기획 수준 차이에서 발생하는 근본적 차이의 근원이며, 이에 대한 혼란이 다른 혼란을 유발한다.

합동기획체계를 적절히 적용한다는 것은 'How to Fight'의 개념을 적절히 적용하기 위해 필수적으로 중요하다. 서두에 언급한 것처럼 미군과 같이 주 위협이 사라지고, 위협의 종류가 다양한 국가에서는 자신들의 능력에 기반한 싸우는 방법을 개발하는 것이 필요하지만, 한국에서는 주 위협에 대한 대응개념 즉 싸우는 방법을 결정하고, 이에 대한 우리의 작전개념을 발전시키는 것이 필요하다. 즉 한국에서는 적에 대한 싸우는 방법, 즉 대응개념 또는 군사전략 또는 미군의 용어에 의하면 작전지역에서의 작전의 접근 개념을 결정하는 것이 무엇보다도 중요하다.

한국의 합동작전개념은 한반도에서의 군사전략을 잘 수행하기 위해 개발하는 것이다. 한국의 합동작전개념은 한국의 군사전략을 근거로 발전되어야 한다. 한국의 군사전략은 합참의 합동기획과 군사력 건설뿐만 아니라 각 군의 기획문서에도 영향을 주는 모체 문서가 되어야 한다.

군사전략이란 의미에서의 How to Fight의 개발과정이 곧 합동기획의 과정이다. 합동전략기획 및 합동작전기획의 과정에서 도출되는 것이 적에 대해 어떻게 싸울 것일까를 결정하는 과정인 것이다. 즉 목표 및 수단이 주어졌을 때 방법(Ways)을 결정하는 과정인 것이다.

한국에서는 합동작전기획의 가장 중요한 과정인 작전의 접근(Operational Approach)과정을 언급조차 하고 있지 않은데, 이 개념은 중요하게 다루어져야 한다. 반면에 작전의 접근을 도출하기 위한 작전구상의 요소인 중심, 작전선(Lines of Operation), 효과선(Lines of Effort)과 같은 용어는 학교기관을 비롯하여 일상적으로 사용되고 있는데, 이와 같은 선택적 채택은 시정되어야 할 문제다. 작전의 접근과 같은 중요한 부분은 개념 이해나 용어 선택의 곤란 등으로 아예 다루지 않고 있기 때문에 합동작전기획과정에 대한 혼란이 발생하고 있다.

2. 합동군사전략서(JMS)의 구체화

한국의 군사전략은 작전지역에서 군사력 운용을 위한 내용이 핵심이 되어야 한다. 주적을 대상으로 전쟁을 기획하는 상태이기 때문이다. 어떻게 적을 격멸할 것인가에 대한 구상이 핵심적 내용이 되어야 한다. 그러나 한편, 국가 군사전략으로서 국가차원의 일반적인 내용과 개념적인 내용의 기술도 필요하다. 연합사의 작전계획과 달리 한국의 JMS는 국가 차원의 내용도 포함하여야 하기 때문에 작전지역에서의 군사력 운용만을 기술할 수는 없다. 전반적인 세계정세 속의 동북아, 동북아에서의 한반도와 한국의 위상과 전략, 그리고 한반도 안보정세에 대한 평가와 이에 대한 전략 등 군사력 운용 이전의 내용들이 포함될 수 있다. 그리고 북한과 주변국에 대한 한국의 입장과 전략 등의 내용이 개념적으로 기술될 필요가 있다. 이러한 내용들은 연합사령관에게는 필요 없는 내용이 될 수 있으나 일국의 군사전략으로서 그의 위상에 걸맞은 내용으로 볼 수 있다. 국가의 군사전략이 작전지역에서의 전력운용 내용으로만 기술될 수는 없다고 본다. 이러한 내용들은 안보전략과 유사하다고 볼 수 있으나, 관련된 군사적인 부분에 대한 한국군의 입장을 기술한다.

그러나 이러한 내용은 전략상황에 속한 내용이기 때문에 구체적인 군사행동이 무엇인지 알 수 없다. 만일 이러한 내용만을 기술하게 되면, 군사전략이 무엇인지 알 수 없게 되고, 군사전략서의 내용에서 참고할 만한 것이 없게 될 것이다. 한국은 작전지역의 당사자로서 구체적인 전략을 제시하여야 한다. 따라서 다음과 같은 운용개념을 기술하여야 한다. 어디까지나 작전지역의 군사전략의 핵심은 군사력 운용개념이기 때문이다.

한반도에서의 군사력 운용이 연합사령관의 그것과 동일한 수준으로 고려되어야 한다는 논리와, 전통적인 군사전략의 의미 즉 전략목표 달성을 위해 적에 대해 군사력을 운용하는 것이 군사전략이라는 의미를 고려해 볼 때, 한국의 군사전략서는 어떤 내용이 기술되어야 하는지를 추정할 수 있다. 즉 한국의 군사전략은 적에 대해 전략목표를 달성할 수 있는 싸우는 방법을 기술하여야 한다는 것이다. 이러한 내용은 곧 미군의 내용으로 볼 때, 작전지역에서 목표 달성을 위한 방법(Ways)으로서 군사력 운용개념을 제시하는 것과 같다. 즉 작전의 접근 개념과 동일한 개념인 것이다.

이것이 무엇을 의미하느냐에 대해서 한국에서 논란이 많다. '어떻게 싸울 것이냐'가 무엇을 의미하느냐에 대한 혼란인 것이다. 이 내용에 대한 명확한 인식이 있어야 군사전략서에 어떤 내용이 기술되어야 하는지에 대한 해답이 도출될 수 있다. 예를 들어, 수도권 북방에서 적 방어, 조기에 공세이전, 속전속결로 북한정권 붕괴, 통일 여건 조성이라는 개념이 싸우는 방법을 의미하는가의 문제이다.

싸우는 방법은 어떻게 전력을 운용할 것인가를 제시하는 것이다. 앞에서 살펴본 많은 군사전략과 같이 전력운용이 어떻게 될 것이라는 그림이 그려질 수 있는 개념을 제시하여야 하는 것이다. 이런 측면에서 우리가 알고 있는 전략개념은 그 자체가 싸우는 방법이 아니라, 전쟁의 단계를 의미할 뿐이라고 할 수 있다. 수도권 북방에서 적을 방어하고, 공세 이전하여, 북한정권을 붕괴하고, 통일을 달성한다는 것은 싸우는 방법이 아니라 단계 또는 절차의 의미다. 싸우는 방법은 그 단계대로 진행하기 위해 어떻게 군사력을 운용하여야 하는 것인가를 의미하는 것이다. 예를 들어 한국군의 전략목표가 수도권 북방에서 적을 방어하고, 조기에 공세를 이전하여 통일을 달성한다고 한다면, 수도권 북방이라면 어느 장소를 의미하며, 수도권 북방에서 적을 방어하기 위해서는 어떠한 전략을 택할 것인가? 통일을 달성하기 위해 어떤 방법으로 공격을 할 것인가? 등을 결정하여야 하는 것이다. 즉 방어와 공격은 어떻게 할 것인가를 제시하는 것이 How to Fight에 대한 해답을 제시하는 것이다. 어떻게 전력을 운용하여 요망하는 상태를 달성할 것인가에 대한 해답을 제시하여야 한다. 예를 들어 1951년 춘계공세와 같이 대치되어 있는 상태에서 어떻게 전력을 운용할 것인가를 창출하여야 하는 것이다. 중공군의 공세에 직면하여 유엔군은 어떻게 적을 방어할 것인가 즉 어떻게 싸울 것인가를 결정한 것과 같이, 북한군의 적화야욕에 대해 어떻게 방어하고 공격할 것인가를 결정해야 하는 것이다.

유엔군은 4월에는 축차적 방어, 5월에는 진지방어라는 방법을 채택하였다. 중공군도 마찬가지로 4월에는 문산 축선, 5월에는 동부전선으로 공격하면서 공격방법을 변화시켰다. 이러한 예가 바로 싸우는 방법을 결정하는 것이다. 전쟁에 직면하여 대치되어 있는 양측의 지휘관은 이러한 결정을 하여야 하는데, 이것이 바로 싸우는 방법을 결정하는 것이다. 이러한 상황에서 개념적 용어 즉 '능동적으로 방어하라, 적극적으로 방어하라, 거부적으로 방어하라, 공세적으로 방어하라'라는 말은 의미가 없다. 어떤 개념으로 전력을 운용하고, 그를 위해서 어떻게 전력을 배치하는지를 결정해야 하는 것이다. 그것이 군사전략이다.

미래의 한반도 작전에서 전작권 전환 이전에는 연합사령관이, 전환 이후에는 합참의장이 이러한 결정을 내려야 한다. 어떻게 적을 방어할 것인가? 이 개념이 싸우는 방법이다. 이론적으로는 연합사령관에게는 작전의 접근의 개발, 한국군 합참의장에게는 군사전략의 개발이 되는 것이다. 방어를 위한 방법으로는 단계별 지연전, 전방방어(Forward Defense), 적극방어(Active Defense), 후속제대 타격(FOFA), 전선의 고수방어, 부분적인 후퇴를 허용하는 방어, 유인격멸, 후방에서 예비대의 기동에 의한 격멸, 정면의 적은 소수로 지탱하고 적 지역에서 적 격멸, 지형을 이용한 지역방어, 회랑 지역에서 매복 격멸, 역공격 등을 채택할 수 있다. 그리고 공격의 방법으로는 포위, 돌파, 우회기동, 전격전, 점진적 공격, 섬멸전, 소모전, 간접접근, 직접접근, 충격과 공포, 참수전략 등을 적용할 수 있다. 이러한 방어와 공격의 예들은 역사적으로 적에 대한 대응개념으로서 적용되었던 방법이요, 곧 군사전략의 예이다. 이러한 수준의 개념이 기술되어야 군사전략이라고 할 수 있다.

앞에서 든 예들은 그 개념 자체만으로도 그 개념을 구현할 수 있는 주 전력을 식별할 수 있으며, 전력의 배치 또한 유추할 수 있다. 어떻게 싸울 것인가는 최소한 작전선을 포함한 전력운용과 목표의 식별이 가능한 개념이 제시되어야 한다. 4월 공세에서 유엔군의 최후 방어선은 수도권 직전방이었기 때문에 밴플리트는 400여 문의 화포를 서울을 방어하기 위해 배치하였다. 반면, 5월 공세에서는 방어진지를 사수하려고 하였기 때문에 화포는 전방을 지원하기 위해 배치하고, 대량의 탄약을 사용하였다. 이와 같이 어떤 방어전략을 채택하느냐에 따라 전력의 운용이 달라진다. 이 개념에 따라 주 전력의 배치와 방어준비 자체가 달라지는 것이다. 군사전략이란 이러한 개념을 기술하는 것이다.

3. 합동능력기획서(JSCP)는 한국에서 불필요

미군의 합동전략기획체계에서 JSCP는 NMS의 하위문서로서 NMS와 전구 및 작전사령부를 연결해 주는 중요한 역할을 한다. NMS에서 세계 차원의 전략목표, 군사력 운용개념을 기술하였다면, JSCP는 이를 실현하기 위해 각 전구의 목표와 임무, 수단 즉 군사력 할당, 그리고 군사력 적용지침과 작전수행지침을 하달한다. 따라서 미군의 전략기획에서 JSCP는 없어서는 안 되는 매우 중요한 문서이다. NMS의 내용을 구현하기 위해 전구에 여러 가지 지침을 하달하기 때문이다.

한국군의 합동전략기획에서도 이러한 역할을 하는 문서가 필요한 것인가를 검토하여야 한다. 미군 JSCP의 역할은 NMS를 구현하기 위해 전구 또는 작전지역에 목표 및 임무, 군사력 할당, 작전기획지침을 하달하는 것이다. 그러나 작전지역의 작전에 한정되어 있는 한국에서는 전 세계를 전구로 구분하고 있는 미군과 같이 임무, 군사력 할당, 작전기획지침을 기술하기 위한 JSCP가 필요하지 않다.

한국이 JMS, JSCP, 작전계획의 체제를 유지하는 것은 미군 합동기획의 체계를 그대로 수용하였기 때문이라고 판단된다. 한국과 미군의 전쟁기획 수준이 다르기 때문에 발생할 수 있는 차이를 고려하지 않고 미군 체제를 전용하다보니 미군에 필수적이나 한국군에게는 불필요한 절차도 그대로 수용하였을 것으로 예상된다. 그 결과 특별한 내용 없이 JMS나 JSCP의 체계가 유지되고 있다고 생각된다.

JMS는 앞에서 설명한 바와 같이 싸우는 방법에 대한 내용을 기술하면 되며, 여기에서 국가전략에서 제시한 목표와 수단을 식별할 수 있다. 먼저 목표 및 임무에 대해서 살펴보면, 한국군은 군사전략을 수립하기 위해 국가의 안보전략과 국방전략, 또는 한미군사위원회(MC)로부터 목표나 지침을 부여받을 수 있다. 한국 정부는 세계나 전구를 고려할 필요가 없기 때문에 국가전략에서 바로 군사력 사용을 위한 목표를 제시하면 된다. 예를 들면, 수도권 북방에서 방어, 조기 공세이전, 통일여건 조성과 같은 내용을 전략목표로 제시할 수 있다. 이와 같은 내용은 미군의 경우에는 JSCP에서 각 전구에 부여할 내용이지만, 한국은 국가전략 자체가 미군의 JSCP와 같은 역할을 하는 것이다.

군사력 할당 측면에서도 한국은 미군의 JSCP와 같이 각 전구에서 활용할 수 있는 군사력을 할당할 필요가 없다. 미군은 전력이 여러 곳에 분포되어 있고, 동원의 종류도 다양하기 때문에 전구별로 사용할 수 있는 전력의 지정과 할당이 필요하다. 그러나 한국은 미군과 같이 복잡한 경로를 통해 사용할 수 있는 전력을 식별할 필요가 없다. 한국군이 보유한 전력 자체가 바로 그 전력이기 때문이다. 미 증원전력은 미군에 의해 결정되는 전력으로서, 한국군이 할당할 수 없는 전력이다. 기존에 한국이 보유하고 있는 전력 전체를 활용하면 되기 때문에 군이 전력 할당을 위한 문서를 별도로 작성할 필요가 없다.

작전기획에 대한 지침 역시 국가차원에서 지시할 수 있다. 미 JSCP에서 제시되는 작전기획에 대한 지침은 당사국 군사력 우선적 사용, 미군 사용은 최후 수단으로 사용, 정치적 목적 달성에 중점을 둘 것, 정부기관 및 타 국가와의 노력 협조, 당사국 정부는 항상 정통성이 있어야 할 것, 단기적 목표보다는 장기적 목표에 집중할 것, 문제 해결에 필요한 상황에서만 군사력을 사용할 것 등의 내용인데, 이러한 내용은 국방부 차원에서 제시할 수 있다. 작전지역에서 군사력을 운용할 때, 염두에 두어야 하는 사항으로서, 미군은 JSCP를 통해 작전지역의 군사력 운용지침을 하달하지만, 한국군은 한반도의 군사력 운용을 위해 국가차원 또는 한미 동맹차원의 지침(MC)을 받을 수 있으며, JSCP라는 중간단계를 거칠 필요 없이 군사력을 운용하면 된다. 이와 같은 한미 간의 기획체계를 군사이론 부분에서의 국가전략과 군사전략과의 관계를 이용하여 그림으로 도식하면 〈그림 23〉과 같다. 일반적으로 군사전략은 국가전략의 일부분으로서 국가에 의해 부여받은 임무와 전력을 사용하여 군사적 운용개념을 수립하는 것으로 한국을 포함한 대부분의 국가가 이에 속한다. 반면, 미국은 일반적인 국가전략과 군사전략과의 관계와는 다른 특수적 상황을 반영한다고 볼 수 있다.

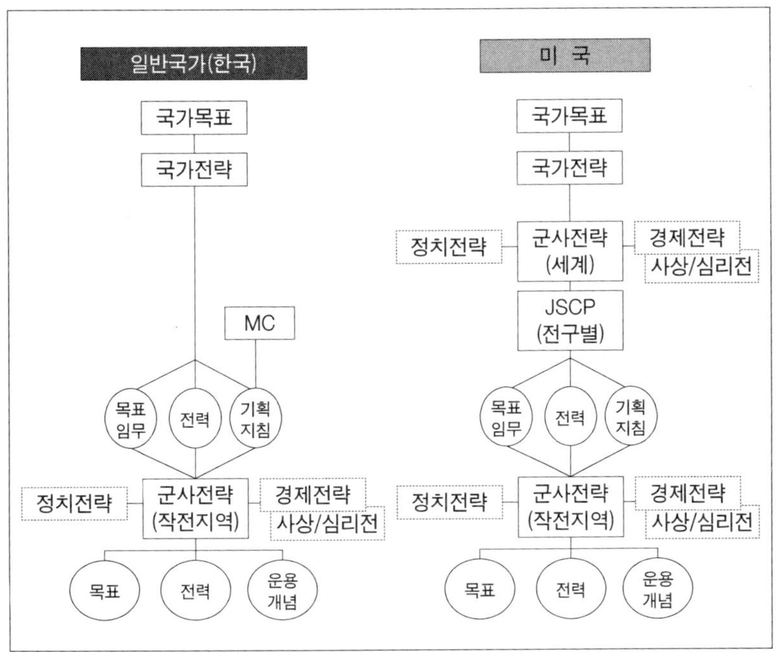

〈그림 23〉 한미의 국가전략과 군사전략과의 차이

만일 한국에서 JSCP를 작성할 경우, 이 문서에 작성할 내용이 불분명해진다. JSCP를 통해 지시되어야 할 내용은 이미 국가적인 차원에서 지시되었기 때문이다. JMS는 한반도에서 군사력 운용에 대한 내용을 기술하여야 하기 때문에, JSCP라는 하위 문서가 상위 문서에 지침을 하달한다는 것도 절차에 맞지 않는다. 이러한 이유로 한국군의 합동기획체계에서 JSCP의 위치를 적절히 발견하기 어렵다.

한편, 미군의 경우, 작전지역에서 작전을 수행할 때 해당지역의 정치, 경제, 문화, 심리 등등의 요소를 파악하고 적용하여야 하기 때문에 군이라 하더라도 이러한 요소들에 대한 이해가 필요하다. 일반 국가와 같이 작전지역에서 정부를 운용하는 것이 아니기 때문에 군이 모든 것을 새로이 파악하고, 고려하여 작전을 수행하여야 한다. 따라서 미군은 작전지역의 DIME(Diplomatic, Information, Military, Economic) 요소나 PMESII(Political, Military, Economic, Social, Infrastructure, Information)와 같은 요소의 파악이 필요하다. 그러나 한국은 미군과 상황이 다르다. 한국은 한반도에서 작전을 수행하기 때문에 DIME, PMESII 같은 요소는 평소에 정부차원에서 판단되어 있어야 하고, 군은 이미 이러한 사항을 파악하고 있어야 한다. 정부의 전쟁연습인 을지훈련의 경우에도 정부 부처가 참석하는 것도 이러한 이유에서이다. 따라서 군에서는 사전에 파악된 요소를 적용하고 정부와 협조하면 되는 것이다. 작전에 직면하여 별도로 이런 요소를 파악한다는 것은 업무의 중복이 될 가능성이 크다.

4. 합동작전개념

합동작전개념의 이론적 측면을 고찰할 때, 한국은 아직도 혼란스럽다. 특히 이러한 혼란은 미군의 이론을 참고하여 한국에 적용할 때 부각되고 있으며, 또한 개념의 설정과 소요제기 때에도 발생하고 있다. 한국은 미래의 개념을 선정하기 위해서 선진국의 무기체계를 참고하기 때문에 선진국의 개념을 준용하고, 이들의 무기체계와 유사한 성능을 요구하는 경향이 있다. 따라서 소요제기된 무기체계가 확실히 전력화될지 예측이 곤란하며, 이를 기반으로 작성된 개념이 미래 한국군의 싸우는 방법이라고 할 수 있을지 의문시되는 것이다. 이러한 혼란은 과거부터 지속적으로 존재하고 있다. 이러한 혼란을 방지하기 위해서는 특히 다음과 같은 점에 유의하여야 할 것이다.

첫째, 군사전략 및 작전개념과 합동작전개념의 혼동을 방지하여야 한다. 군사전략은 합동전략기획에 의해 결정된 전략이고, 여기에는 군사력을 어떻게 운용할 것인지에 대한 전략개념이 포함되어 있다. 이를 보다 더 구체화하고 전투력을 할당하여 목표를 달성하게 하는 것이 작전개념이다. 즉 작전개념은 작전계획의 선행단계로서 전략개념을 구현하고, 작전계획의 지침이 되는 개념이다. 반면, 합동작전개념은 군사전략을 구현하기 위해 한국군이 어떤 양식으로 싸우느냐를 결정하는 것으로 일반적인 싸우는 방법이다. 이것을 근거로 교리와 소요가 제시되며, 부대는 훈련된다. 이런 개념하에 훈련된 군을 가지고 작전지휘관은 작전개념을 구상하며 예하부대를 운용하는 것이다. 따라서 군사전략 및 작전개념과 합동작전개념은 다른 트랙에서 움직여지는 개념이다. 상호 참고하고 영향을 주기는 하지만 다른 체계에서 이루어지는 과정인 것이다.

둘째, 이러한 이유로 합동작전개념이 합동기획에서 점하는 위치를 확립할 필요가 있다. 합동작전개념은 군사전략을 구현하기 위해 싸우는 방법 또는 군대를 훈련하는 방법을 제시하는 것으로서 합동기획의 '실행'하는 단계에서 이루어지는 과정이다. 즉 합동기획의 과정은 아니며, 이에 포함되지 않는다. 합동기획에서 결정된 사항을 실행하는 과정에서 필요한 싸우는 방법을 개발하는 과정인 것이다.

셋째, 합동작전개념의 체계에서 한국이 기술할 수준을 결정하여야 한다. 미군은 CCJO와 JCO, Supporting Concept 로 구분하여 내용을 제시하고 있는데, 한국도 이러한 체계를 따를 것인가의 여부를 결정하여야 한다. CCJO는 모든 것을 아우르는 개념이고, JCO는 전투력이 사용되는 유형 즉 전쟁이 수행되는 형태별로 구분하여 작성되었다. 이러한 유형에는 한국과 밀접히 관련되는 유형도 있고, 한국은 고려할 필요가 없는 유형도 있다. 또는 주요 작전형태에 다른 형태가 혼합될 가능성도 있다. CCJO와 JOC의 차이는 CCJO는 개괄적인 개념을 제시한 데 비하여 JOC는 작전지휘관이 어떻게 작전을 계획하고 전개하여야 하는지에 대해 매우 구체적으로 기술하고 있다는 점이다.

즉 CCJO의 개념이 각 작전형태에 그대로 반영되어 JOC에서는 보다 더 발전된 형태로 구체화되어 기술된 것이라 볼 수 있다. 다시 말하면, CCJO는 모든 작전에 적용될 수 있는 일반적인 개념이기 때문에 이것만으로는 부족하다 할 수 있다. JOC에 이르러 특정한 형태의 전장에서 싸우는 모습이 그려지는 것이다.

따라서 한국에서 합동작전개념을 작성한다면 CCJO의 수준이 아니라 JOC의 수준과 동일한 수준으로 합동작전개념을 기술하여야 할 것으로 생각된다. 한국에서는 특정한 적이 존재하고 있고, 이에 대한 작전의 형태를 예상할 수 있기 때문에 일반적인 개념보다는 한국적 상황에 적합한 개념으로 발전시키는 것이 타당하다.

넷째, 합동작전개념에서 어떤 내용을 기술하여야 하는지를 명백히 하여야 한다. 합동작전개념의 예에서 본 바와 같이 합동작전개념은 작전에 임하는 군의 행동양식을 설명한 개념이다. 따라서 모든 장병은 군의 싸우는 방법이 어떠한지를 숙지하여야 한다. 그래야 차후 행동방안과 준비사항들에 대한 합의가 이루어질 수 있고, 같은 개념하에 사고할 수 있는 것이다. 물론 군사력도 이 개념에 의해 준비되어야 한다. 즉 합동작전개념은 공통된 사고의 준거틀(Framework)이 되는 것이다. 막연하게 그럴듯한 용어만을 제시하는 것이 아니라 행동방안이 되는 내용을 제시하여야 한다.

다섯째, 합동작전개념은 어느 정도 구체화된 내용을 기술하여야 한다. JOC의 내용을 보면 특정한 목표, 임무, 작전선, 지역 등만 결정되지 않았지 일반적인 작전의 모습을 그대로 묘사하고 있다. 분산작전을 위해서 어떤 순서대로 사고하여야 하는지, 중점적인 사항은 무엇인지, 그리고 이러한 작전을 위해서는 어떤 요소들이 구비되어야 하는지 등이 매우 상세히 설명되고 있다. 전 영역작전 또는 분산작전의 큰 개념만 제시한 것이 아니라 그 작전을 수행하기 위해 수반되어야 할 요소와 절차가 기술되어 있다. 이러한 개념을 숙지할 때, 어떤 모습으로 군이 작전할 것인가에 대한 그림이 그려질 수 있다. 한국의 예를 들어 입체고속 기동전을 한다고 할 때, 그 개념을 구현하기 위해서는 어떤 요소들이 수반되어야 하는지를 구체적으로 제시하여야 하는 것이다. 합동작전개념을 구체화하기 위한 요소를 식별하다 보면 개념은 각 기능별로 나뉘게 되고, 개념의 특징을 식별할 수 있게 될 것이다. 이렇게 개념의 구체화가 이루어지지 않는다면 그것은 실현 가능성이 모호한 개념이 될 수 있다.

여섯째, 개념을 구체화하여 제시할 때, 구체적으로 제시된 각각의 요소들을 전장에서 구현할 수 있는 능력이 있어야 한다. 현존전력을 사용하거나 새로운 전력을 개발하여 전장에서 구현할 수 있는 개념을 제시하여야 한다. 개념을 구체화시키지 않으면, 개념을 구현할 수 있는 능력이 가능한지 여부를 알 수 없다. 구현이 곤란하거나 모호한 개념의 제시는 곤란하다. 합동작전개념이 전투발전요소(DOTMLPF)에 영향을 미치기 때문이다. 새로운 개념의 작전을 수행하기 위해 개념이 능력을 선도할 수 있다. 그러나 그 개념은 능력으로 뒷받침될 수 있는 개념이어야 한다.

일곱째, 앞의 문제는 자연히 미래의 시점과 연결된다. 합동작전개념이 미래에 대한 개념이고, 따라서 현재 존재하지 않는 무기체계도 개발하면 된다는 식의 사고를 할 수 있다. 그러나 전격전 이후부터의 합동작전개념의 변천과 미군의 합동작전개념에 대한 사고를 고려할 때, 획득 가능성이 막연한 무기체계를 근거로 전군에 적용되는 합동작전개념을 작성할 수는 없다. 미래라 하더라도 현재에 기반을 둔 미래이며, 현존전력이 근간을 이룬다. 80%가 현존 전력을 이용한다고 하는 것과 같이, 존재하지 않는 무기체계를 가정하여 현재와 크게 다른 미래를 상정하기는 곤란하다. 개념에서 제시되는 무기체계가 개발되지 못할 위험이 있기 때문에 그 위험에 기반을 둔 개념을 제시하기는 곤란한 것이다. 따라서 새로운 개념의 제시라 하더라도 위험 요소를 극복할 수 있는 방안이 강구되어야 하며, 전장에서 구현이 가능한 개념이어야 한다.

여덟째, 개념의 타당성 여부는 반드시 실험을 거쳐 증명되어야 한다. 실험은 개념의 타당성을 검증할 뿐 아니라 필요한 무기체계를 전력화하는 검증단계이기도 하다. 따라서 새로운 개념은 반드시 실험의 단계를 거쳐야 한다. 역으로 실험단계를 거치지 않은 개념 즉 책상에서 만들어진 개념은 그대로 정책화할 수 없다는 것을 의미한다. 개념은 개념일 뿐이고 현실에서 구현할 경우 생각할 수 없었던 갖가지 문제점에 부딪히게 될 것이다. 이러한 문제를 극복할 수 있는지의 여부는 개념의 구현에 결정적인 영향을 줄 것이다. 만일 개념은 좋으나 구현이 어렵다면 그 개념은 채택할 수 없다. 선진 개념을 표방하였더라도 실험으로 구현 가능성이 입증되지 않는다면, 우리의 수준을 인식하고 보다 덜 선진적인 개념으로 변경하여야 할 것이다. 될 것처럼 가정하고 추진하면 결국은 낭비를 가져오거나 공허한 개념이 될 것이다. 실험의 단계를 심각하지 않게 생각한다면 발전을 저해하는 요인이 될 것이다.

미군의 합동작전개념은 위협이 아닌 능력에 기반한 작전개념으로서 전 영역 우위(Full Spectrum Dominance)라는 개념을 채택하고, 주요 전구에서의 합동작전개념으로는 분산작전(Distributed Operation)이라는 개념을 채택하였다. 이 두 개념은 유사한 개념으로서, 고도의 능력을 요구하는 합동작전개념이다. 즉 각 제대는 고도의 적응성을 보유하여, 비선형 분산작전을 수행하고, 전장인식 능력 및 우수한 정보력을 바탕으로 적보다 빠른 결심을 하며, 이를 바탕으로 항상 결정적 우위를 확보한다. 분산작전을 위해서는 하위 제대에서도 합동작전이 가능하도록 네트워크를 연결하며, 하급 지휘관이 의사결정을 할 수 있다. 또한 군수지원은 네트워크를 이용하여 하급제대까지 군수지원을 한다.

이와 같은 미군의 합동작전개념은 주 위협이 사라지고 위협이 다양화된 미래의 전장상황에서 미군의 싸우는 방법을 창출한 것이다. 즉 어떠한 위협에 맞춤형으로 대응하기 곤란하기 때문에 모든 위협에 적합한 군을 만들기 위해 첨단 기술력을 바탕으로 모든 상황에 적응 가능한 싸우는 방법을 설정한 것이다. 물론 이러한 싸우는 방법은 기술력이 무기체계를 뒷받침하기 때문에 가능한 것이다. 이러한 싸우는 방법에 의해 훈련된 군으로, 각 종 상황에 적절한 전략개념(또는 작전개념)을 수립하여 전쟁을 수행한다.

미군과 달리 한국군은 위협과 관련 없이 독자적인 싸우는 방법을 개발할 수 없다. 이미 주 위협이 주어져 있고, 이를 위한 전략개념이 수립되어 있기 때문에, 한국군의 싸우는 방법인 합동작전개념은 이 전략개념을 잘 수행할 수 있는 개념이 되어야 한다. 한국의 전략개념은 합동작전개념 창출을 위한 상위개념이 되어야 하며, 군사전략서는 합동작전개념서의 상위문서가 된다. 군사전략서에 기술된 내용에 가장 적합한 한국군의 싸우는 방법을 제시하여야 한다.

합동작전개념을 선정할 경우에는 그러한 개념의 구현이 가능하기 위한 능력이 제공되어야 한다. 즉 전장인식은 어떤 제대까지 어느 수준의 인식이 가능하게 할 것인지, 어떤 제대의 하급 지휘관까지 독자적인 의사결정이 가능한지, 이를 위한 네트워크는 어느 수준까지 구성할 것인지, 화력지원의 요청과 이에 응할 수 있는 전력과의 네트워크는 어떻게 구현되는 것인지, 기동수단은 어떻게 제공되는지, 군수지원은 어떤 개념에 의해 구현되는 것인지 등등 합동작전개념을 뒷받침할 수 있는 각 기능별 개념과 이를 구현할 수 있는 능력이 제시되어야 한다. 이러한 능력이 제시되지 않으면, 그것은 현실로 뒷받침될 수 없는 슬로건(Slogan)에 불과하다. 어떠한 합동작전개념을 제시하느냐는 곧 그 군대의 수준을 나타내는 것이다. 이런 측면에서 미군의 전 영역 우위 또는 분산작전이라는 개념은 고도의 기술과 무기체계의 뒷받침을 요구하는 매우 높은 수준의 합동작전개념이라고 할 수 있다. 한국은 어떤 수준의 합동작전 구현이 가능한 것인가?

이렇게 마련된 합동작전개념은 우리 군의 기본적인 싸우는 방법이 된다. 병사 및 간부는 우리 군의 싸우는 방법 즉 합동작전개념이 무엇인지 알 수 있어야 한다. 미군의 경우, 아무리 소규모로 투입되었다 하더라도, 요청하면 공군이 화력지원을 위해 나타나 줄 것이라는 것을 알고 있으며, 자신과 주변의 전장상황을 첨단 전장인식 체계를 통해 알 수 있으며, 공중지원에 의해 군수지원이 가능할 것이라는 것을 알고 있다. 또한 작전 중에 부상자가 발생하거나 작전이 종료되면, 공중수송에 의해 자신들의 부대로 복귀할 수 있을 것이라는 것을 알고 있다. 그들은 이러한 개념에 의해 작전을 수행하며, 필요시 지원을 요청할 수 있도록 훈련받고 있다. 이렇게 부대원들이 어떻게 행동하면 되는지를 알고, 평소에 훈련되어 있는 것이 싸우는 방법이다. 상급부대는 이들의 요청에 따라 충분한 지원이 가능하도록 준비하고 있으면 된다.

만일, 전투 중에 평상시 훈련에 따라 어떠한 요청을 하였는데 지원이 되지 않는다면, 그것은 적절한 싸우는 방법이 되지 못한다. 개념적으로만 존재하였지 실행이 되지 못하는 것이다. 전쟁 중에 이러한 현상은 결국 전투력의 손실로 이어지게 된다. 따라서 현실적으로 지원되지 않는 내용을 개념화하여서는 곤란하다. 또한 각 기능별로 구체적인 능력이 지원되지 않는 개념은 행동화할 수 있는 개념으로서 여겨지기 곤란하다. 전 영역 작전은 모든 전장기능들의 능력이 제공되어야 가능한 것이다. 그런 능력 제공에 대한 구체적인 기술이 없거나 구현되지 않는다면, 전 영역 작전이 불가능하다. 즉 슬로건이 될 뿐이다. 따라서 너무 높은 수준의 개념을 제시하지 않도록 해야 한다. 그 개념을 구현할 수 있도록 각 기능이 뒷받침도지 않는다면 의미가 없다. 오히려 구현 가능한 능력을 중심으로 합동작전개념을 제시하는 것이 타당하다.

5. 현재와 미래의 구분

한국의 합동기획에서 혼동을 가져오는 원인 중의 하나가 시점에 대한 혼란이다. 시점에 대한 혼동 역시 한미 간의 합동기획의 차이점에 대한 혼동이 원이 된다. 미군의 기획체계에 의하면, NMS~JSCP~작전계획으로 이루어지는 과정에서 JSCP는 현재 또는 단기간의 전력에 기반하여 임무와 전력을 할당한다고 명시하고 있다.[101] 작전지역에서는 이 계획에 의해 할당된 전력을 가지고 작전을 수행한다. 따라서 작전지역에서는 할당된 전력을 운용한다.

한국의 입장에서 보면, 전쟁을 위한 전력운용의 당사자이기 때문에 합참의장은 작전지역의 사령관과 같은 위치이다. 따라서 한국의 모든 전력운용은 현재 및 가까운 미래에 보유할 수 있는 전력을 가정하고 계획되어야 한다. 따라서 한국의 JMS와 작전계획은 이러한 기반하에서 작성되어야 한다. 이와 같은 설명은 논리적으로 타당하다. 작전상황과 적에 대해 군사력을 운용하기 위한 것이 군사전략이고, 따라서 군사전략은 현재의 작전상황에 기반하여 구상되어야 한다. 만일 적과 작전상황이 변한다면, 변화된 상황에 대해 새로운 군사전략을 구상한

101 US JCS, *Chairman of the Joint Chiefs of Staff Instruction* (Washington D.C.: Joint Chiefs of Staff, 2013), p. D-3.

다. 따라서 군사전략은 현재의 작전상황과 적의 특성이 앞으로도 유사한 상황으로 지속될 경우에 대한 대응개념이다. 따라서 군사전략의 시점은 현재와 가까운 장래의 시점이라고 할 수 있다. 군사전략은 궁극적으로 전력을 운용하는 계획 즉 작전계획으로 연결된다. 군사전략을 발전시켜 구체화한 것이 작전계획이기 때문이다. 작전계획은 실제로 부대를 기동시켜 행동화하는 계획이기 때문에 현재 보유하고 있는 무기체계 또는 가까운 기간 동안에 전력화할 수 있는 무기체계를 기반으로 작성되어야 한다. 개발에 상당한 시간이 소요되거나 개념 연구 수준에 있는 무기체계를 바탕으로 작전계획을 작성할 수 없다. 한국과 같이 작전지역에서 군사력을 운용하여야 하는 지역에서는 특히 더 확실히 보유 가능한 무기체계를 근간으로 하여 군사전략을 수립하여야 한다. 이와 같은 이유 때문에 미군의 합동기획에서는 JSR, JSCP, 작전지역의 작전계획의 시점이 모두 현재 및 가까운 미래로 되어있다.[102]

군사전략에서 국가전략목표를 구현하기 위해 미래의 요구되는 능력을 요구할 수 있다. 군사전략서에 이러한 내용을 포함할 수 있기 때문에 한국 기획체계의 혼란이 발생한다. 미국의 NMS에서도 미래에 요구능력을 제시하고 있고, 때로는 Vision 2010과 같이 별도의 문서

102 미군의 JSR, NMS, JSCP는 모두 현재 및 가까운 미래의 시점을 기준으로 하고 있다. 이 내용을 뒷받침하기 위해서는 다음을 참고. Barthelmess, Bob (Lt. Col.), *Joint Strategic Planning System(JSPS); Planning, Programming, and Budgeting System(PPBS)* CWPC, USAF Documents (1998), p. 3.

로 미래 군사력 건설 요구내용을 기술하기도 했다. 이러한 요구는 군사력 건설의 지침이 된다. 그러나 미국의 NMS의 요구사항이 중간문서인 JSCP를 거치면서 작전지역으로 하달될 때에는 현재능력과 단기간의 미래로 제한이 된다. 작전지역에 대한 계획지침을 하달하면서 먼 미래의 전력을 대상으로 계획하라고 할 수 없기 때문이다. 즉 NMS는 미래 전력 요구를 할 수 있으나, JSCP는 현재전력에 기반하여 지침을 내린다.

이러한 현상을 한국이 그대로 모방하여 JMS는 미래 전력, JSCP는 현재 전력을 다룬다고 인식하면 안 되는 것이다. 한국의 JMS는 미래 전력을 언급할 수 있지만, JMS의 핵심적인 내용은 작전지역에서 군사력을 운용하기 위한 운용개념 즉 전략개념인 것이다. 따라서 한국의 JMS와 작전계획은 모두 현재 전력을 기반으로 작성되어야 한다. 한국의 JMS도 국가의 군사전략이기 때문에 군사력 운용뿐만 아니라 군사력 건설 요구를 제시할 수 있고, 그것이 군사력 건설의 지침이 될 수 있다. 군사력 건설 부분에서는 미래에 필요한 능력을 요구할 수 있을지라도, 운용은 현재 능력에 기초하여 운용개념을 제시하여야 한다. 즉, 군사력 운용 분야에 반영하기 위해서는 가까운 미래에 전력화 가능한 군사력을 명확히 구분하여야 하는 것이다. 한국은 어디까지나 작전지역이기 때문에 전력화 가능한 무기체계로 작전계획을 작성하여야 하기 때문이다.

따라서 다음과 같이 정리할 수 있다. 한국의 JMS는 군사력 운용 및 건설에 대한 내용을 기술할 수 있다. 군사력 운용은 JMS의 핵심적인 내용으로 현재 및 가까운 미래의 전력에 기반하여 운용개념을 제시한다. 방책구상 및 작전계획은 현재 또는 가까운 장래에 전력화할 수 있는 전력을 기반으로 계획한다. 그래야 실제 전장에 투입될 수 있다.

6. 합참 주도의 소요제기

미 합참은 군사력 건설에 관한 합참의장의 의견을 CPR, CPA의 형태로 국방부에 제출하지만, 군사력 건설을 위한 소요를 제기하는 기관은 아니다. 미 합참은 각 기관의 요구를 종합하여 우선순위를 결정할 뿐이다. 미군의 소요제기는 합참 예하의 각 기관이 제기하며, 미 합참은 각 군, 기관, 작전사의 요구를 종합하여 필요한 능력을 검토하고, 우선순위를 부여하여 국방부에 예산을 요구한다. 미 합참의 입장에서 볼 때에는 이러한 절차는 당연하다고 할 수 있다. 합참 자체가 전투를 수행하는 기관이 아니며, 임무 부여·조정·감독·지원하는 기관이기 때문에 자체적으로 필요한 전투력 소요를 제기하기 어렵다. 이 때문에 일선에서 직접 전투력을 발휘하는 기관으로부터 소요를 종합하여 이를 조정하는 것이 타당하다.

현재 한국의 군사력 소요제기 절차는 미 합참의 이러한 기능을 그대로 준용하고 있다. 즉 합참은 각 군에서 제기된 건설 소요를 개별적, 그리고 통합적으로 검토하여 우선순위를 결정한다. 과거에는 합참에서 수행하던 이 기능을 현재는 소요기획단을 신설하여 유사한 업무를 담당한다. 그러나, 미 합참과 유사한 바로 이러한 절차가 한국에는 다르게 적용되어야 한다.

한국과 미 합참의 역할이 다르다는 점을 인식한다면, 소요제기에서 발생하는 차이점을 쉽게 알 수 있다. 한국 합참은 예하 기관에서 상신된 요소를 종합 검토하는 이상의 역할을 하여야 하기 때문이다. 앞에서 설명한 바와 같이 한국 합참은 직접 작전을 수행하여야 하는 제대로서 군사력 건설과 운용을 주도적으로 수행해야 하는 제대이다. 미 합참과 달리 한국 합참은 직접 작전지역에서 작전을 수행하여야 한다. 따라서 한국 합참은 작전지역 작전의 책임자로서 필요한 전력을 식별하고, 건설 요구를 해야 하는 주체적 입장에 있다. 전략목표를 달성하기 위해 어떤 작전을 수행할 것이며, 그러기 위해서는 어떤 전력이 필요한지를 결정해야 하는 주체이다. 즉 군사력 건설에 필요한 개념을 창출하고, 이를 수행하기 위한 전력을 식별해야 하는 주체인 것이다. 이러한 역할을 수행해야 하는 합참이 각 군에서 상신된 전력을 검토 및 조정만 한다면, 전략개념을 수행하기 위해 군사력 건설을 주도적으로 수행하여야 하는 주체가 없어지는 것과 같고, 소요제기는 각 군 이익 챙기기의 각축장이 되고 만다. 아울러 개념과 건설의 연계가 부족하다는 비판도 일어나게 된다. 각 군은 자신의 입장에서 전력건설을 요구할 것이고, 이에는 각 군의 이기적인 요소가 삽입될 가능성이 크다. 이 때문에 일관된 개념에 입각한 군사력 건설을 위해서는 합참이 작전의 당사자로서 싸우는 방법을 설정하고, 필요한 전력을 식별하여 우선적으로 건설할 수 있는 자세와 논리가 수반되어야 한다. 합참의장은 작전을 지휘해야 하는 작전사령관으로서 성공적인 작전을 위해 필요한 전력의 건설을 요구해야 한다. 전략개념을 수립하고, 이를 수행할 수 있는 전력 건설을 요구하는 것은 작전사령관으로서 합참의장의 고유 권한이면서 책무이다. 그리고 전쟁의 승패에 책임을 지는 것이다. 한국 합참은 이러한 위치에 있다. 일관된 개념하에, 필요에 따라서는 각 군에서 제기되는 요구를 묵살할 수도 있어야 하며, 역으로 군에서 생각하지 못한 전력을 제기할 수도 있어야 한다. 또한 동일한 임무 수행을 위해 각 군에서 전력 건설 요구가 있을 경우, 합참 입장에서 필요한 전력을 식별하고, 제한하여 중복된 건설이 발생하지 않도록 하는 역할도 해야 한다. 즉 합참은 전력 건설 소요를 제기하는 주체적인 임무 수행을 하는 한편, 각 군의 요구를 검토 조정하는 역할도 수행하여야 한다. 이 점이 군사력 소요 제기에 있어서 한국과 미국 합참 역할의 차이점이다. 그 차이점 이해의 핵심은 한국 합참은 작전의 주체이며, 승리하기 위한 개념에 입각한 군사력 소요 제기의 주체라는 점을 인식하는 것이다.

이렇게 합참이 주도적으로 군사력 소요를 제기한 다음, 각 군에서 제기된 요구를 검토한다. 각 군의 요구는 합참의 싸우는 개념을 잘 수행할 수 있는 군 나름대로의 판단에 의한 요구가 되어야 한다. 합참의 싸우는 방법에 부합된 군사력과, 이를 수행하기 위한 군 특성상 파생되는 요구가 이에 해당할 수 있다. 이 모든 소요제기는 싸우는 방법과 일치하도록 제기되어야 한다. 이러한 요구를 수집하여 합참에서는 예산의 범위 내에서 필요한 전력 건설의 우선순위를 제기하고, 또한 작전 수행을 위해 필수적인 예산이 있다면, 예산의 증액을 위한 노력을 해서라도 그 전력을 확보하도록 노력하여야 한다.

한편, 한국 합참의 소요제기는 작전계획에 반영할 수 있는 전력과, 비전 성격으로 장기적으로 개발할 필요가 있는 소요를 확실하게 구분하여야 한다. 짧은 시간 내에 전력화할 수 있는 전력은 이를 운용개념에 포함할 수 있다. 그러나 전력화의 시점이 불분명한 전력은 작전계획에 반영할 수 없다. 선진국에서 사용하고 있는 새로운 무기체계의 전력화가 가능할 때에는 이를 반영하여 싸우는 방법을 변화시키고, 임무와 편성을 변화시키는 것이 타당하다. 그러나 새로운 무기체계의 개발과 획득에 장기간이 소요되고, 연구단계에 있는 것이라면, 이는 한국군의 운용개념에 반영할 수 없다. 그러한 연구는 비전 또는 장기적인 프로젝트의 성격으로, 이를 운용개념에 적용할 수는 없다. 실험을 통해서 성능이 입증되어야 운용개념에 반영할 수 있다. 운용개념은 우리의 싸우는 방법을 변화시키는 것이고, 작전계획과 부대의 편성에 변화를 주는 것이기 때문에 신중히 하여야 한다. 선진국에서는 이미 전장에서 사용하고 있더라도, 한국군의 전력화 가능성을 고려하여 운용개념에 반영하여야 한다. 미군의 경우 새로운 병사체계가 발명되면서, 분대원의 수도 줄어들고, 작전반경도 확대되었으며, 작전의 속도도 훨씬 증가되게 되었다. 이런 상황에서 과거의 분대와 같은 작전을 수행할 필요가 없게 되었다. 미군은 이미 이러한 무기체계를 개발하여 실험을 통해 효과를 확인하였고, 전력화하고 있다. 그렇기 때문에 이런 양상을 반영하여 작전계획을 수립하고, 부대의 편성과 임무를 다르게 부여할 수 있다. 즉 합동작전개념을 변화시킬 수 있는 것이다. 월등한 기술력을 적용한 신무기가 발명된다면, 이러한 무기체계는 당연히 싸우는 방법에 영향을 줄 것이다. 장거리 정밀타격 체계의 발명이 싸우는 방법에 변화를 가져온 것과 같이, 새로운 무기체계를 보유하였다면 과거와 같은 비효율적인 싸우는 방법을 고수할 필요가 없을 것이다. 그러나 문제는 그 전력의 효과가 입증되고, 전력화되어야 가능한 것이다.

이 부분이 군사력 건설 분야에서 미래전력과 현재전력의 구분을 모호하게 만드는 원인이 된다. 선진국에서 사용하고 있기 때문에, 한국군도 곧 전력화가 가능할 것이라는 착각에 빠지면 안 된다. 기술력과 예산이 있다면 개발이 가능하다고 주장하겠지만, 쉬운 일이 아니다. 개념 소개 단계에 있는 무기체계를 근간으로 한 운용개념을 창출하고, 또는 희망하는 선진국 무기체계의 개발을 미래의 운용개념에 포함시킨다면, 이는 너무나 성급하며 무책임한 일이다. 작계와 기획문서에 반영 가능한 개념과 무기체계인지, 아니면 연구개발 단계에 있는 것으로 비전 성격으로 처리해야 하는 것인지에 대한 구분이 필요하다. 이의 구분이 이루어지지 않으면, 운용개념의 창출과 무기체계의 소요제기에 현재와 미래가 혼용되는 원인이 될 것이다.

아울러, 현재 한국군이 사용하고 JSOP은 1950~1960년대 미군이 사용하던 문서로서, 명칭과 내용의 변경을 위한 검토가 필요하다고 생각한다. 미군은 이미 여러 차례 변경을 거쳐 지금은 다른 문서를 사용하고 있음에도 불구하고, 한국군이 여전히 수십 년 전에 모방한 미군의 명칭을 그대로 사용하고 있다는 것은 여러 면에서 한국군의 위상을 떨어트리는 일이다. 미군의 변경 내용을 몰랐다거나, 세월이 흘

러도 한번 입수된 내용을 고수할 만큼 생각이 없거나, 창의력이 부족하거나, 주도적 역할을 할 자세가 되어 있지 않다고 생각될 수도 있다.

참고 문헌

김만수 역. *전쟁론 (Carl von Clausewitz, Vom Kriege)*. 서울: 갈무리, 2005.

김정익. *한국의 군사전략은 무엇인가?* 서울: 한국국방연구원, 2011.

김종국 역·러 국방부. *러시아가 본 한국전쟁*. 서울: 오비기획, 2002.

국방군사연구소. *韓國戰爭 上·中·下*. 1996.

국방부. *국방개혁 2020*. 2005.

국방부 전사편찬위원회. *한국전쟁 요약*. 1986.

국방참모대학 역·미 합동참모대학 교수부. *각 군의 전쟁철학과 합동군의 통합*. 1991.

노병천. *圖解世界戰史*. 서울: 한원, 1990.

박재하. *武器體系와 戰爭 (Trevor N. Dupuy, The Evolution of Weapons and Warfare)*. 서울: 병학사, 1987.

육군 교육사. *군사이론연구*. 1987.

_________. *Gulf 전쟁전훈분석*. 1991.

육군 교육사령부 역. *전술 (Department of Army, FM 3-90 Tactics)*. 2001.

육군대학 역. *작전 (U.S. Army, Operations, FM 3-0)*. 2008.

육군본부. *전장사례연구(3) (교육참고 7-7-6)*. 1987.

______. *지상전 세부개념서 II*. 2008.

육군사관학교 전사학과. *세계전쟁사*. 서울: 황금알, 2004.

육군협회. *국가방위의 중심군 육군! 미래를 어떻게 준비할 것인가?* 서울: 육군정책포럼, 2011.

전쟁기념사업회. *한국전쟁사 제5권: 중공군의 개입과 새로운 전쟁*. 서울: 행림출판사, 1992.

합동참모본부. *합동개념서 2012~2026*. 2010.

_________. *합동기획*. 2011.

_________. *합동군사전략서 2012~2026.* 2009.

_________. *합동·연합작전 군사용어사전.* 2006.

_________. *이라크전쟁 종합분석.* 2003.

AAP-6(V). *NATO Glossary of Terms and Definitions.*

Bauland, Charles Major (Major). "The Operational Level: Vital Knowledge For Today's Officer." http://www.globalsecurity.org/military/library/report/1989/BCI.htm

Barthelmess, Bob (Lt. Col.). *Joint Strategic Planning System(JSPS); Planning, Programming, and Budgeting System(PPBS).* CWPC, USAF Documents, 1998.

Brown, John S. "The Maturation of Operational Art: Operations Desert Shield and Desert Storm." in Michael D. Krause & R. Cody Phillips ed. *Historical Perspectives of the Operational Art.* Washington D.C.: Center of Military History, US Army, 2005.

Dale, Catherine. *Operation Iraqi Freedom: Strategies, Approaches, Results, and Issues for Congress.* Washington D.C.: CRS, 2008.

Evans, Michael. "The Closing of the Australian Military Mind: The ADF and Operational Art," *Security Challenges* vol.4 no.2(2008).

Facer, Roger L. L. *Conventional Forces and the NATO Strategy of Flexible Response Issues and Approaches.* RAND, 1985.

Frieser, Karl-Heinz. "Panzer Group Kleist and the Breakthrough in France, 1940." in Michael D. Krause & R. Cody Phillips ed. *Historical Perspectives of the Operational Art.* Washington D.C.: Center of Military History, US Army, 2005.

Gawrych, George W. *1973 Arab-Israeli War: The Albatross of Decisive Victory.* Leavenworth Papers No. 21. Fort Leavenworth: Combat Studies Institute, US Army Command and General Staff College, 1996.

Glantz, David M. (Col.). *Soviet Defensive Tactics at Kursk, July 1943.* CSI

Report No.11. Fort Leavenworth: US Command and General Staff College, 1986.

______. (LTC). *August Storm: The Soviet 1945 Strategic Offensive in Manchuria.* Leavenworth Papers No.7. Fort Leavenworth: Combat Studies Institute, US Army Command and General Staff College, 1983.

______. (LTC). *August Storm: Soviet Tactical and Operational Combat in Manchuria, 1945.* Fort Leavenworth: Combat Studies Institute, US Army Command and General Staff College, 1983.

Heuser, Beatrice. *The Evolution of Strategy: Thinking War from Antiquity to the Present.* Cambridge: Cambridge University Press, 2010.

Jablonsky, David. "Strategy and the Operational Level of War: Part I," *Parameters* (Spring 1987).

Jacobs, James (Col., Dr.). "Illustrating the Level of War-Operation Zitadelle (Kursk), 5-14 July 1943, A Case Study." *Scientia Militaria* vol.33 no.2(2005).

Kiszely, John. "Thinking about the Operational Level." *RUSI Journal* (December 2005).

Krause, Michael D. & Phillips, R. Cody (eds.). *Historical Perspectives of the Operational Art.* Washington D.C.: Center of Military History, US Army, 2005.

Kugler, Richard L. *NATO's Future Conventional Defense Strategy in Central Europe.* RAND, 1992.

Luttwak, Edward N. "The Operational Level of War," *International Security* vol.5 no.3(1980/81).

Lykke, Arthur F. Jr. (Col., US Army Ret.). "Defining Military Strategy," *Military Review* (Jan-Feb 1997).

Mavropoulos, Panos (LGen, Ret.). "Operational Level of War: A Tool for Planning and Conducting Wars or an Illusion?," *Journal of Computations & Modelling* vol.4 no.1(2014).

Meinhart, Richard M. (Col.). "Chairmen Joint Chiefs of Staff's Leadership Using the Joint Strategic Planning System in the 1990s: Recommendations for Strategic Leaders," 2003.

_____. (Col.). "Strategic Planning by the Chairmen Joint Chiefs of Staff, 1990-2005," 2006.
http://www.StrategicStudiesInstitute.army.mil

Menning, Bruce W. "Operational Art's Origins." in Michael D. Krause & R. Cody Phillips ed. *Historical Perspectives of the Operational Art.* Washington D.C.: Center of Military History, US Army, 2005.

Morin, Michael J. (U.S. Col.). *Military Strategy and Unified Operations (Draft).* Carlisle, PA: U.S. Army War College, 1988.

NATO. *AAP-6 NATO Glossary of Terms and Definitions.* Brussels: NATO, 2008.

Rearden, Steven L. Council of War. *Washington D.C.: Government Printing Office,* 2012.

Robertson, William Glenn (Dr.). *Counterattacks on the Naktong, 1950.* Leavenworth Papers. Fort Leavenworth: Combat Studies Institute, 1985.

US Army. *Decisive Force: The Army in Theater Operations.* FM 100-7. Washington D.C.: Department of the Army, 1995.

_____. *The Army.* FM 1. Washington D.C.: Department of the Army, 2005.

US Army Command and General Staff College. *Sixty Years of Reorganizing for Combat: A Historical Trend Analysis.* CSI Report No.14. Fort Leavenworth: Combat Studies Institute, 1999.

US Army TRADOC. *The U.S. Army Training and Doctrine Command Concept Development Guide.* Pamphlet 71-20-3.

US Congress, Office of Technology Assessment. *New Technology for NATO: Implementing Follow-On Force Attack.* Washington, DC: U.S. Government Printing Office, 1987.

US DOD. *Joint Operations Concepts.* Washington D.C.: Department of Defense, 2003.

______. *Joint Integrating Concept for Combating Weapons of Mass Destruction. Version 1.0.* Washington D.C.: Department of Defense, 2007.

______. *Major Combat Operations Joint Operating Concept. Version 2.0.* Washington D.C.: Department of Defense, 2006.

______. *The National Military Strategy of the United States of America.* Washington D.C.: Department of Defense, 2011.

______. *United States Defense Policy Handbook.* Washington D.C.: Department of Defense, 2008.

US DOD, US JCS, Doctrine for the Armed Forces of the United States Joint Publication 1, 2013.

US JCS. *Capstone Concept for Joint Operations: Joint Force 2020.* Washington D.C.: Joint Chiefs of Staff, 2012.

______. *Chairman of the Joint Chiefs of Staff Instruction.* Washington D.C.: Joint Chiefs of Staff, 2013.

______. *Department of defense Dictionary of military and Associated Terms.* Joint Publication 1-02. Washington D.C.: Joint Chiefs of Staff, 2010.

______. *Doctrine for the Armed Forces of the United States.* Washington D.C.: Joint Chiefs of Staff, 2009.

______. *Joint Doctrine for Campaign Planning.* Joint Publication 5-00.1. Washington D.C.: Joint Chiefs of Staff, 2002.

______. *Joint Operation Planning.* Joint Publication 5-0. Washington D.C.: Joint Chiefs of Staff, 2011.

Vego, Milan (Dr.). "Introduction to Operational Art." U.S. Naval War College. http://www.au.af.mil/au/awc/awcgate/opart/opart_nwc.ppt

Weber, Jeffrey A. & Eliasson, Johan (eds.). *Handbook of Military Administration.* Boca Raton: CRC Press, 2007.

백선엽, "내가 겪은 6.25," 중앙일보, 2010. 1. 29.

KBS, "컬러로 보는 한국전쟁," 2002.

Answers.com. "Battle of France: Definition from Answers.com." http://www.answers.com/topic/battle-of-france.

Answers.com. "Operational Art: Definition from Answers.com." http://www.answers.com/topic/operational-art.

Answers.com. "Operational Art: Definition from Answers.com." Answers.com. http://www.answers.com/topic/operational-art.

Answers.com. "Principles of War." http://www.answers.com/topic/principles-of-war#Q=principles%20of%20war.

GlobalSecurity.org. "NATO's Strategy of Flexible Response And the Twenty-First Century." http://www.globalsecurity.org/wmd/library/report/1986/LLE.htm.

국방군사자료(2599). "중공군 5차 공세." Daum Blog. http://blog.daum.net/koreanmarinecopts.

육군 군사연구소. "중공군 5차(4월) 공세." http://www3.army.mil:8095/gunyun/E-book/sub9/sub9_ebook/ko(66)/ko(66).html.

National Security Archive. "Implication of a Major Soviet Conventional Attack in Central Europe." George Washington University, 1997.11.12. http://www.gwu.edu/~nsarchiv/NSAEBB/NSAEBB31/04-01.htm.

U.S. Department of Defense. "Joint Strategic Capabilities Plan 2010." http://www.fas.org/man/dod-101/dod/docs/jscp99.htm.

Wikipedia. "DOTMLPF." http://en.wikipedia.org/wiki/DOTMLPF.

Wikipedia. "Military Strategy." http://en.wikipedia.org/wiki/Military_strategy.